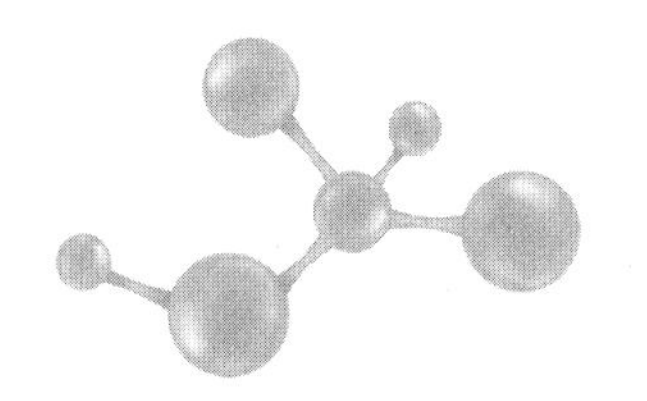

实用
食品微生物学实验

主　编 陈金峰

副主编 耿丽晶

编　委（以姓氏笔画为序）

陈金峰（重庆第二师范学院）

罗　静（重庆第二师范学院）

周　剑（重庆市食品药品检验检测研究院）

耿丽晶（锦州医科大学）

程水明（广东石油化工学院）

审　稿（以姓氏笔画为序）

王　强（重庆第二师范学院）

人民卫生出版社

·北　京·

图书在版编目（CIP）数据

实用食品微生物学实验 / 陈金峰主编. -- 北京 ：
人民卫生出版社，2025. 3. -- ISBN 978-7-117-37434-7
Ⅰ. TS201. 3-33
中国国家版本馆 CIP 数据核字第 2025T1P513 号

实用食品微生物学实验
Shiyong Shipin Weishengwuxue Shiyan

主　　编：陈金峰
出版发行：人民卫生出版社（中继线 010-59780011）
地　　址：北京市朝阳区潘家园南里 19 号
邮　　编：100021
E - mail：pmph @ pmph.com
购书热线：010-59787592　010-59787584　010-65264830
印　　刷：三河市国英印务有限公司
经　　销：新华书店
开　　本：787 × 1092　1/16　　印张：16　　插页：1
字　　数：300 千字
版　　次：2025 年 3 月第 1 版
印　　次：2025 年 4 月第 1 次印刷
标准书号：ISBN 978-7-117-37434-7
定　　价：69.00 元
打击盗版举报电话：010-59787491　E-mail：WQ @ pmph.com
质量问题联系电话：010-59787234　E-mail：zhiliang @ pmph.com
数字融合服务电话：4001118166　E-mail：zengzhi @ pmph.com

前言

食品微生物学是高等本科院校食品质量与安全、食品科学与工程、食品安全与检测等专业开设的一门专业基础课，具有理论和实验并重的特点。通过食品微生物学实验的学习，学生能够掌握微生物学的基本知识，具备微生物学基本的操作技能，获得食品微生物检验、微生物育种、微生物发酵等综合应用能力，从而能在食品相关行业开拓创新，维护食品安全，保障人民健康，满足企事业岗位需求。

本教材在编写过程中凸显“融合、创新和应用”的特点，主要体现在以下几方面：一是融合思政教育目标，体现在历史文化、社会关注、安全意识、健康生活等方面。二是增强实验的开放性，培养学生的创新思维能力。按照基础实验、综合实验和设计实验的层层递进关系编写教材。在每个实验项目的思考与拓展环节中，提出创新思维目标，加大科学探究力度，培养学生文献查阅和技术应用的能力，引导学生形成科学思维，培育创新精神。三是增加实验的应用性。按照国家标准，贴近行业实际，邀请行业人士共同编写实验项目。在各类检测性实验项目中，均以国家微生物检测标准为准则、以食品微生物的实际检测项目为内容，进行实验项目的情景化设计，对接企业岗位需求。

教材共包括55个实验项目，每个实验项目主要从实验目的、实验原理、实验材料、实验步骤、实验结果、思考与拓展等方面来编写。教材除了满足日常教学需求之外，还兼顾学生兴趣、企业岗位需求和科研开发等。其中，第一篇和附录，以及实验一～实验七、实验二十二～实验二十九、实验三十二～实验四十二、实验四十九～实验五十四由重庆第二师范学院陈金峰编写；实验八～实验十五和实验三十一由锦州医科大学耿丽晶编写；实验十六～实验二十由重庆第二师范学院罗静编写；实验二十一和实验三十由重庆市食品药品检验检测研究所周剑编写;实验四十三~实验四十八和实验五十五由广东石油化工学院程水明编写。全书由陈金峰统稿,重庆第二师范学院王强教授对全文进行审查并提出了宝贵意见,在此表示感谢。

教材在编写过程中得到各编委所在单位的大力支持,但在编写过程中难免有不妥之处,敬请批评指正。

编者

2024 年 11 月

目录

第一篇　食品微生物学实验的基本要求

第一节　无菌操作规程 002
第二节　食品微生物学检测的基本要求 006

第二篇　食品微生物学基本实验

实验一　显微镜的构造与使用 012
实验二　培养基的配制和灭菌 016
实验三　环境中微生物检测 020
实验四　细菌的简单染色和革兰氏染色 023
实验五　放线菌菌落及形态观察 026
实验六　酵母菌菌落及形态观察 028
实验七　真菌载片培养及形态观察 031
实验八　微生物细胞大小的测定 033
实验九　微生物计数 035
实验十　微生物的分离、纯化与接种 038
实验十一　微生物菌种保藏 044
实验十二　细菌生长曲线的测定 047
实验十三　温度对微生物生长的影响 049
实验十四　pH 对微生物生长的影响 051
实验十五　微生物鉴定用典型生理生化试验 053

第三篇　食品微生物检验技术

实验十六　食品中菌落总数测定 062
实验十七　食品中大肠菌群测定 065
实验十八　食品中霉菌和酵母菌计数 069
实验十九　食品中沙门菌检验 072
实验二十　食品中金黄色葡萄球菌检验 078
实验二十一　食品中志贺菌检验 084
实验二十二　食品中空肠弯曲菌检测 088
实验二十三　食品中副溶血性弧菌快速检测及鉴定 093
实验二十四　食品中单核细胞增生李斯特菌检验 097
实验二十五　大肠埃希菌 O157:H7/NM 检验 104
实验二十六　蜡样芽孢杆菌快速检测方法 110
实验二十七　肉毒梭菌及肉毒毒素检验 112
实验二十八　产气荚膜梭菌检验 118
实验二十九　食品中乙型溶血性链球菌检验 122
实验三十　乳酸菌饮料中乳酸菌的微生物检验 124
实验三十一　常规的抗原抗体实验(食品中病原性大肠埃希菌的检验) 127

第四篇　食品微生物分子生物学实验

实验三十二　微生物的人工诱变育种技术 136
实验三十三　营养缺陷型突变株的筛选与鉴定 140
实验三十四　细菌原生质体融合技术 143
实验三十五　真菌原生质体融合技术 147
实验三十六　细菌基因组 DNA 提取和检测 151
实验三十七　细菌 16S rDNA 的分子鉴定 154
实验三十八　大肠埃希菌转化实验 156
实验三十九　酵母菌转化实验 159
实验四十　丝状真菌转化实验 163
实验四十一　酵母菌双杂交实验 167

实验四十二　凝胶迁移实验……172

第五篇　食品微生物发酵实验

实验四十三　淀粉酶、果胶酶及纤维素酶产生菌的分离筛选……178
实验四十四　糖化曲的制备及其酶活力的测定……180
实验四十五　小曲中根霉菌的分离纯化及酒酿制作……184
实验四十六　毛霉菌的分离纯化及豆腐乳制作……188
实验四十七　乳酸菌的分离和酸奶制作……191
实验四十八　酱油种曲中米曲霉菌孢子数及发芽率的测定……194
实验四十九　酵母菌固定化实验……198
实验五十　啤酒生产工艺实验……199
实验五十一　枯草芽孢杆菌固态发酵及活菌数测定……205
实验五十二　酒精发酵实验……207
实验五十三　食醋酿造技术……209
实验五十四　酱油酿造技术……211
实验五十五　食用菌菌种的分离和制种技术……214

附　录

附录一　微生物实验常用培养基的配制……222
附录二　微生物实验染色剂的配制……233
附录三　微生物实验常用检测试剂的配制……234
附录四　微生物实验常用溶液的配制……236
附录五　微生物实验常用抗生素……239
附录六　微生物专用实验试剂的配制……240
附录七　大肠菌群、金黄色葡萄球菌和单核细胞增生李斯特菌最可能数（MPN）检索表……241

参考文献……243

第一篇

食品微生物学实验的基本要求

第一节 无菌操作规程

无菌操作是指在执行实验过程中，防止一切微生物侵入机体和保持无菌物品及无菌区域不被污染的操作技术和管理方法，是食品微生物实验的基本技术，是保证食品微生物实验准确和顺利完成的重要环节。

一、无菌操作原则

1. 在执行无菌操作时，用75%酒精棉球将手擦干净，待酒精挥发完后再进行操作，以防残留的酒精引起燃烧，灼伤手臂。经过消毒的手不可随意伸出无菌区取东西，在无菌操作过程中禁止大声谈笑、咳嗽、打喷嚏，更不允许把手机等带菌物品放入无菌操作区。

2. 进行接种所用的微量移液器吸头、试管、培养皿和培养基等必须经高压灭菌，打开包装未使用完的器皿，不能放置后再使用。金属用具应高压灭菌或用95%酒精烧灼3次后使用，接种环或接种针应经火焰烧灼全部金属丝，必要时还要烧到环和针与杆的连接处。微量移液器用酒精擦拭后再使用，若条件允许，配制专供无菌操作使用的微量移液器。

3. 用吸管或微量移液器量取液体时，吸管尖部或移液器吸头不能触及外露部位，更不允许离开无菌操作区，如吸管碰到手及其他未灭菌的物体，必须重新更换，以防污染。吸管吸取菌液或样品时，应用相应的橡皮头吸取，不得直接用口吸。使用吸管或微量移液器接种于试管或培养皿时，吸管尖部或移液器吸头应紧贴试管内壁或靠近培养皿底部，使液体缓慢流出，避免液滴溅起。

4. 接种微生物或处理样品时必须在酒精灯前操作，打开三角瓶和试管前都要通过火焰消毒；在操作过程中不允许将塞子放置台面，不应有大幅度或快速的动作；操作完成后在酒精灯火焰上灼烧三角瓶或试管口，塞上棉塞。

二、无菌操作环境

（一）无菌室

1. 无菌室应设有无菌操作间和缓冲间，无菌操作间洁净度应达到C级，室内温度保持在20 ~ 24℃，湿度保持在45% ~ 60%，超净台洁净度应达到A级。

2. 无菌室应保持清洁，严禁堆放杂物，以防污染。

3. 严防一切灭菌器材和培养基污染，已污染者应停止使用。

4. 无菌室应备有工作浓度的消毒液，如 5% 甲酚溶液，75% 酒精，0.2% 苯扎溴铵溶液，5% 苯酚溶液，3% 甲酚皂溶液等。

5. 无菌室应定期用适宜的消毒液灭菌清洁，以保证无菌室的洁净度符合要求。每月用苯扎溴铵溶液擦拭地面和墙壁一次的方式进行消毒；每季度用甲醛、乳酸、过氧乙酸熏蒸（2 小时），特殊情况下可增加熏蒸频次。

6. 需要带入无菌室使用的仪器、器械等一切物品，均应包扎严密，并应经过适宜的方法灭菌。

7. 无菌室使用前必须打开无菌室的紫外光灯辐照灭菌 30 分钟以上，并且同时打开超净台进行吹风，关闭紫外光灯，通风 10 ～ 20 分钟后方可进入无菌室进行工作。在样品检验完毕后，应及时清理剩余样品和各种药品及玻璃器皿，安全退出后再打开所有紫外光灯辐照灭菌 30 分钟。

8. 工作人员进入无菌室前，必须用肥皂或消毒液洗手消毒，然后在缓冲间更换专用工作服、鞋、帽子、口罩和手套。进入无菌室操作，不得随意出入，如需要传递物品，可通过小窗传递。在无菌室内如需要安装空调时，则应有过滤装置。

9. 供试品在检查前，应保持外包装完整，不得开启，以防污染。检查前，用 75%酒精棉球消毒外表面。

10. 每次操作过程中，均应做空白对照，以检查无菌操作的可靠性。

11. 凡带有活菌的物品，必须经消毒后，才能在水龙头下冲洗，严禁污染下水道。例如带有菌液的吸管、试管等器皿应浸泡在盛有 5% 甲酚皂溶液的消毒桶内消毒，24 小时后取出冲洗；如有菌液洒在桌上或地上，应立即用 5% 苯酚溶液或 3% 甲酚皂溶液倾覆在被污染处至少 30 分钟，再做处理；工作衣帽等受到菌液污染时，应立即脱去，高压蒸汽灭菌后洗涤。处理的营养基切记不要直接冲入下水道中，防止阻塞。

12. 无菌室应每月检查菌落数。在超净工作台开启的状态下，取内径 90mm 的无菌培养皿若干，无菌操作分别注入融化并冷却至约 45℃ 的营养琼脂培养基约 15ml，放至凝固后，倒置于 30 ～ 35℃ 培养箱中培养 48 小时，证明无菌后，取平板 3 ～ 5 个，分别放置工作位置的左、中、右等处，开盖暴露 30 分钟后，倒置于 30 ～ 35℃ 培养箱中培养 48 小时，取出检查。A 级洁净区平板杂菌数平均不得超过 1 个菌落，C 级洁净室平均不得超过 3 个菌落。如超过限度，应对无菌室进行彻底消毒，直至重复检查合乎要求为止。

(二)生物安全柜

生物安全柜是一种用于处理危险性微生物的箱形空气净化安全装置,其主要功能是通过将柜内空气向外抽吸和空气过滤器过滤,从而避免处理样品被污染,起到保护工作人员和环境的作用。

1. **分类** 生物安全柜可分为Ⅰ级、Ⅱ级和Ⅲ级,主要应用情况如下。

Ⅰ级生物安全柜的气流原理和实验室通风橱基本相同,但排气口装有高效空气过滤器(high efficiency particulate air filter,HEPA filter;简称 HEPA 过滤器),可过滤外排气流,防止微生物气溶胶扩散造成污染。Ⅰ级生物安全柜本身无风机,依赖外接通风管中的风机带动气流,不能保护柜内产品,因此目前已较少使用。

Ⅱ级生物安全柜是目前应用最广泛的柜型,只允许经过 HEPA 过滤器过滤的(无菌的)空气流过工作台面,可保护工作人员、环境和产品。

Ⅲ级生物安全柜完全气密,是不漏气结构的通风安全柜,工作人员通过连接在柜体的手套进行操作。实验品通过双门的传递箱进出安全柜以确保不受污染,进入的气流经数个 HEPA 过滤器过滤后送入安全柜,排出气流经双层 HEPA 过滤器过滤或通过 HEPA 过滤器过滤和焚烧来处理。Ⅲ级生物安全柜对环境、人员和样品提供较高的保护,适用于高风险的生物实验。为确保生物安全柜的使用效果,应定期进行维护保养,并遵守相应的实验操作规程。

2. **操作方法**

(1)安全柜应放置于 D 级以上的初级净化间。操作前应将本次操作所需的全部物品移入安全柜,防止双臂频频穿过气幕损坏气流,并且在移入前用 75%酒精擦洗外表消毒,以去除污染,然后打开紫外光灯,照射 30 分钟。

(2)开启风机 5 ~ 10 分钟,待柜内空气净化后,再将双臂缓缓伸入安全柜内,至少静止 2 分钟,使柜内气流稳定后再进行操作。操作中如确实需要拿出手臂或物品进入,也应垂直地缓缓进出,且可能接触感染物品时,要对手套及手臂进行表面消毒。

(3)安全柜内划分为洁净区、工作区和污染区 3 个区。物品应尽量靠后放置在洁净区,利于操作过程中取用,但不得挡住后格栅,以免搅扰气流正常活动。操作应在操作平面中部或后部距进气格栅 10cm 以内工作区进行,按照从洁净区到污染区进行,以防穿插污染。废弃吸头等弃于位于污染区的垃圾盒内。为防止可能溅起的液滴,应准备好 75%酒精棉球或用消毒剂浸泡的小块纱布,但不允许用纱布、手臂、实验记录簿、废塑料包装物、移液器等堵住进气格栅。

(4)柜内操作时,禁止使用酒精灯等明火,以防热量产生气流,搅扰柜内气流稳定,且明火可能会损坏 HEPA 过滤器。

(5)作业时尽量减少背面人员走动以及迅速开关房门,以防止安全柜内气流不稳定。

(6)在实验操作时,不能翻开玻璃视窗,应确保操作者脸部在作业窗口之上。在柜内操作时动作应轻柔、舒缓,防止影响柜内气流。

(7)安全柜应定时进行检查与养护,以确保其正常作业。作业中一旦发现安全柜作业反常(例如持续气流报警,表明安全柜的正常气流模式受到了干扰,操作者或物品当即处于危险状态),应立即停止作业,采取相应处理办法,并告知有关人员。

(8)作业完成后,封闭玻璃窗,保持风机持续作业 10 ~ 15 分钟,同时打开紫外光灯 30 分钟(注:在紫外线灭菌时要关闭通风;紫外光对人体有危害,注意个人防护)。

(9)安全柜应定时进行清洗消毒,可用 75%酒精或 0.2% 苯扎溴铵溶液擦拭工作台面及柜体外表面;每次检验工作完成后应全面消毒。

(10)柜内使用的物品应在消毒后再取出,以防止将病原微生物带出而污染环境。

3. 注意事项

(1)缓慢移动准则:为了保持正常的风路状态,操作时应尽量避免突然移动手部或物品。

(2)物品平行摆放准则:为了避免物品之间的交叉污染,柜内物品应尽量呈横向一字排列。同时,要避免堵塞背部回风隔栅,影响正常的风路。

(3)防止振动准则:应尽量避免在柜内使用振动仪器(如离心机、旋涡振荡器等)。振动会使滤膜上的颗粒物质脱落,导致操作室内部洁净度下降。如必须使用,应将其放置在靠近柜内后壁 1/3 处,并将洁净的物品放置在至少距离产生气溶胶器皿 150mm 之外。

(4)不同样品柜内移动准则:当需要移动两种或以上污染程度不同的物品时,应遵循低污染性物品向高污染性物品移动的原则,防止移动过程中造成大面积污染。

(5)明火使用准则:应尽量避免在柜内使用明火。使用明火会将高温杂质带入滤膜区域,损害滤膜。如果必须使用明火,应使用低火苗的本生灯。可以使用微型电加热器或红外线灭菌器,并使用一次性无菌接种环。

(三)超净工作台

超净工作台的工作原理是在指定的空间内,室内洁净空气经预过滤装置初滤,由小型离心式通风机压进静压箱,再经高效空气过滤器进一步过滤净化,从高效空气过滤器出风面吹出来的洁净气流有着均匀的断面风速,能够清除工作区原先的空气,再将尘埃颗粒和微生物带走，以形成无菌洁净的工作环境。超净工作台的操作注意事项如下。

1. 操作区域要清洁宽敞，不允许存放不必要的物品，保持工作区的洁净气流流型不受干扰，确保无菌操作区域内的物品、试剂和设备已经进行灭菌处理。

2. 打开超净工作台电源，开启紫外光灯照射 30 分钟以上，处理操作区内表面积累的微生物，30 分钟后关闭紫外光灯，启动风机和日光灯（注：操作真菌时不应启动风机，以防真菌孢子污染环境）。

3. 注意在操作过程中，需要避免在工作区域内晃动、打喷嚏或吹气等操作，以免带入杂菌。使用紫外光灯时，应注意不得直接在紫外线下操作，以免引起损伤，灯管每隔两周须用酒精棉球轻轻擦拭，除去上面灰尘和油垢，以减轻对紫外线穿透的影响。使用完毕后，需要将残留的物品、试剂和设备进行消毒处理，清洁操作区域，并关闭超净工作台。

4. 超净台的滤板和紫外光灯都有标定的使用年限，应按期更换。

总之，在使用超净工作台前，需要认真阅读设备的说明书，掌握正确的使用方法和操作规程，遵循无菌操作的原则，以确保实验结果的准确性和可靠性。

第二节 食品微生物学检测的基本要求

食品微生物学检测是一门应用性学科，运用微生物学的理论与技术，根据国家微生物限量标准，检测食品中微生物的种类和数量，评价食品卫生、质量与安全。GB 4789.1—2016《食品安全国家标准　食品微生物学检验　总则》规定了食品微生物学检验基本原则和要求，适用于所有食品的微生物学检验。为了保证检测结果的准确性和可靠性，食品微生物学检验实验室需要满足以下基本要求。

一、实验室基本要求

1. **检验人员**　相关检验人员需要具备专业的食品微生物学知识和技能，并且能够熟练操作检测设备和仪器，掌握常规微生物检测、无菌操作、消毒知识、生物防护等相关的知识和专业技能。同时，检验人员需要严格遵守操作规程和安全要求。

2. **环境与设施**　食品微生物检验应在洁净区域进行，保证检验结果的准确性。实验室工作面积和总体布局应能满足从事检验工作的需要，布局宜采用单方向工作流程，避免交叉污染。实验室内环境的温度、湿度、洁净度及照度、噪声等应符合工作要求。病原微生物的分离鉴定工作应在二级或二级以上的生物安全实验室进行，以保证人员与环境的生物安全。

3. **实验设备** 实验室必须配备满足检测工作要求的仪器设备，包括但不限于天平、培养箱、水浴锅、冰箱、均质器、显微镜和生物安全柜等。实验设备应放置于适宜的环境条件下，以便于清洁、消毒、校准和维护，并保持整洁和良好的工作状态。确保仪器设备的精确度符合国家标准，以保证检测结果的准确性和可靠性。实验设备应定期进行检查和/或检定，并贴上标识，同时记录日常监控和使用情况。

4. **检验用品** 无菌采样容器、试管、培养皿、锥形瓶等在使用前应保持清洁和/或无菌。检测样品应从正规的供应商或生产厂家采集，并保证样品来源的真实性、准确性和可追溯性，数量应符合检测要求和标准，以保证检测结果的可靠性。

5. **培养基和试剂** 制备和使用的培养基和试剂应符合 GB 4789.28—2013《食品安全国家标准 食品微生物学检验 培养基和试剂的质量要求》的规定，并严格按照相关要求执行，应确保培养基和试剂的质量达到要求，以保证检测结果的准确性和可靠性。

6. **质控菌株** 实验室应保存满足实验需要的标准菌株，并确保这些菌株可溯源至微生物菌种保藏专门机构或专业权威机构。这些菌株除了检测方法中规定的菌种外，还应包括应用于培养基(试剂)验收/质量控制、方法确认/证实、阳性对照、阴性对照、人员培训考核和结果质量保证等方面所需的菌株。实验室还可以使用经过鉴定的实验室分离菌株作为内部质量控制的菌株。

二、样品的采集

1. **采样原则** 食品样品采集是食品检验过程中非常重要的环节，对检验结果的准确性和可靠性有直接的影响。为了保证食品样品的质量，采样应该遵循以下原则。

(1)随机性原则：采样应该是随机的，避免选择偏差和系统误差。

(2)代表性原则：采样应该代表整个批次的情况，避免局部情况的影响。

(3)无菌操作原则：采样过程应该遵循无菌操作程序，避免外来污染。

2. **采样方案** 采样方案应该根据检验目的、食品特点、批量、检验方法、微生物的危害程度等因素进行确定，可分为二级和三级采样方案。二级采样方案设有最大可允许超出 m 值的样品数，微生物指标的最高安全限量值作为最高限量。三级采样方案在二级采样方案的基础上增加了微生物指标可接受水平限量值。对于危害程度较高的微生物，如沙门菌、单核细胞增生李斯特菌和大肠埃希菌 O157:H7，采用二级采样方案，n=5，c=0，m= 最高限量值；对于危害程度较低的微生物，如金黄色葡萄球菌和副溶血性弧菌，采用三级采样方案，n=5，

c=1，m=可接受水平限量值，M=最高安全限量值。例如，水产制品中金黄色葡萄球菌和副溶血性弧菌限量标准为：n=5，c=1，m=100CFU/g，M=1 000CFU/g。即从一批产品中随机采集5个样品，如果5个样品的检验结果均小于或等于可接受水平限量值，这种情况是允许的。如果≤1个样品的结果位于可接受水平限量值和最高安全限量值之间，则这种情况也是允许的。如果有2个或2个以上样品的检验结果位于可接受水平限量值和最高安全限量值之间，则这种情况是不允许的。如果任意一个样品的检验结果大于最高安全限量值，则这种情况也是不允许的。采样方案的合理确定可以有效保证食品样品采集的准确性和可靠性，从而保证检验结果的科学性和公正性。

3. 采集样品的贮存和运输 采样后应在接近原有贮存温度条件下贮存样品，或采取必要措施防止样品中微生物数量的变化，尽快将样品送往实验室检验，并在运输过程中保持样品完整。

三、检验

为了保证食品安全，采集样品的贮存和运输以及检验过程都需要严格遵守相关规定和标准。在采样后，应在接近原有贮存温度条件下贮存样品，或采取必要措施防止样品中微生物数量的变化，尽快将样品送往实验室检验，并在运输过程中保持样品完整。实验室接到送检样品后应认真核对登记，并按要求尽快检验，若不能及时检验，应采取必要的措施，防止样品中原有微生物因客观条件的干扰而发生变化。各类食品样品处理应按相关食品安全标准检验方法的规定执行，GB 4789《食品安全国家标准　食品微生物学检验》共有包括肉与肉制品、乳与乳制品、蛋与蛋制品等9个食品类别的样品处理方法。在样品检验过程中，应按食品安全相关标准的规定进行检验，一般食品中微生物指标都采用GB 4789《食品安全国家标准　食品微生物学检验》系列进行采样、前处理和检验。同时，实验室应根据需要设置阳性对照、阴性对照和空白对照，定期对检验过程进行质量控制，定期对实验人员进行技术考核，加强实验室各要素风险评估和过程质量控制，确保检验结果准确可靠。

四、记录与报告

实验室应按照检验方法中规定的要求，准确、客观、及时地记录实验现象并报告检验结果。日常抽检微生物原始记录也有相应的信息要求，如应包含样品编号、检验时间、检测地点、检测项目、检测依据、检测关键设备名称和编号、关键培养基名称（追溯至具体品牌、批号及配制记录）、关键试剂信息，检验过程中使用的标准菌株信息、样品具体取样量及所使用稀释液名称、培养箱温度及培养时间、详细结果记录，以及空白、阴性和阳性对照结果记录等信息。

五、检验后样品的处理

检验结果报告后，被检样品方能处理。检出致病菌的样品要经过无害化处理。鉴于微生物分布的不均匀性和动态变化性，检验结果报告后，剩余样品和同批产品不进行微生物项目的复检。

第二篇

食品微生物学
基本实验

实验一　显微镜的构造与使用

一、实验目的

1. 了解普通光学显微镜的结构、功能和基本原理。
2. 学会普通光学显微镜的正确使用方法，特别是油镜的使用。
3. 能够对普通光学显微镜进行日常维护和保养。

二、实验原理

显微镜是食品微生物学实验最常用的仪器之一。一般光学显微镜包括机械装置和光学系统两大部分（图 2-1），其中物镜是光学系统的关键部件，直接影响显微镜的分辨率，光学显微镜有低倍镜（4× 和 10×）、高倍镜（40×）和油镜（100×）三类物镜。油镜的透镜很小，光线通过玻片与油镜头之间的空气时，因介质密度不同，发生折射或全反射，使射入透镜的光线减少，物象显现不清。若在油镜与载玻片之间加入和玻璃折射率（n=1.52）相近的香柏油（n=1.515），则可使进入透镜的光线增多，视野亮度增强，物象明亮清晰。使用油镜时，镜头浸入油中（通常是香柏油），用于观察衣原体、细菌、细胞器等细微结构。

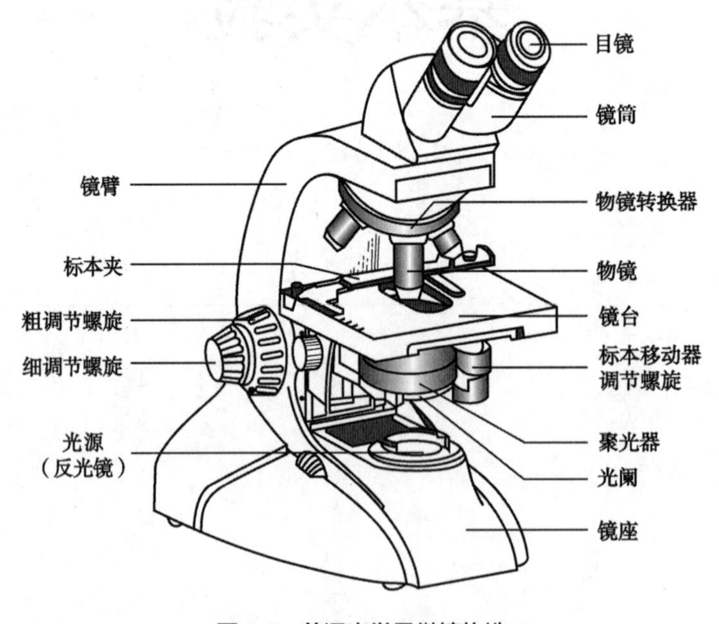

图 2-1　普通光学显微镜构造

(一)机械装置

1. **镜座** 位于最底部的构造,为整个显微镜的基座,用以支持整个镜体,起稳固作用。

2. **镜臂** 为支持镜筒和镜台的呈弓形结构的部分,是取用显微镜时握拿的部分。镜筒直立式光镜在镜臂与其下方的镜柱之间有一个倾斜关节,可使镜筒向后倾斜一定角度以方便观察,但使用时倾斜角度不应超过45°,否则显微镜会由于重心偏移容易翻倒。

3. **调节器** 也称调焦螺旋,为调节焦距的装置,位于镜臂的上端(镜筒直立式光镜)或下端(镜筒倾斜式光镜),分粗调节螺旋(粗准焦螺旋)和细调节螺旋(细准焦螺旋)两种。粗调节螺旋可使镜筒或镜台做较快或较大幅度的升降,能迅速调节好焦距,适于低倍镜观察时调焦。细调节螺旋可使镜筒或镜台缓慢或较小幅度地升降,当在低倍镜下用粗调节螺旋找到物体后,在高倍镜下进行焦距的精细调节,以对物体不同层次、深度的结构做细致的观察。

4. **镜筒** 位于镜臂的前方,它是一个齿状脊板与调节器相接的圆筒状结构,上端装载目镜,下端连接物镜转换器。根据镜筒的数目,光镜可分为单筒光镜和双筒光镜。单筒光镜又分为直立式和倾斜式两种,镜筒直立式光镜的目镜与物镜的光轴在同一条直线上,而镜筒倾斜式光镜的目镜与物镜的中心线互成45°角,在镜筒中装有使光线转折45°的棱镜;双筒式光镜的镜筒均为倾斜式的。

5. **物镜转换器** 又称旋转盘,位于镜筒下端的一个可旋转的凹形圆盘上,一般装有2～4个放大倍数不同的物镜,旋转它就可以转换物镜。旋转盘边缘有一定卡,当旋至物镜和镜筒成直线时,就发出"咔"的响声,这时方可观察玻片标本。

6. **载物台** 也称镜台,是位于镜臂下面的平台,用以承放玻片标本。载物台中央有一个圆形的通光孔,光线可以通过它由下向上反射。

7. **标本夹** 也称压片夹,两片装有弹簧的金属片,用于固定玻片标本。

(二)光学系统

1. **光源(反光镜)** 是装在镜台下面、镜柱前方的一面可转动的圆镜,它有平、凹两面。平面镜聚光力弱,适合光线较强时使用。凹面镜聚光力强,适合光线较弱时使用。转动反光镜,可将光源反射到聚光镜上,再经镜台中央圆孔照明标本。

2. **遮光器(光阑)** 是在聚光镜底部的一个圆环状结构。其上有许多大小不一的光圈。可以旋转以调节通光孔的进光量。

3. **目镜** 装在镜筒上端,其上一般刻有放大倍数(如10×)。目镜内常装有一个指示针,用以指示要观察的某一部分。

4. **物镜** 装在物镜转换器上，一般分低倍镜、高倍镜和油镜三种。低倍镜镜体较短，放大倍数较小；高倍镜镜体较长，放大倍数较大；油镜镜体最长，放大倍数最大（在镜体上刻有数字，低倍镜一般有4×、10×，高倍镜一般是40×，油镜一般是100×，“×”表示放大倍数）。

显微镜放大倍数的计算：

显微镜对实物的放大倍数 = 目镜放大倍数 × 物镜放大倍数　　式(2-1)

三、实验材料

光学显微镜、香柏油、二甲苯或镜头清洗剂（乙醚和乙醇按7∶3的体积比混合）、擦镜纸、细菌染色标本等。

四、实验步骤

（一）低倍镜的使用

1. 将显微镜放在桌面的左侧，镜臂对向胸前，坐下进行操作。持镜时要一手紧握镜臂，一手托住镜座，绝不能一把提起显微镜便走，以防目镜从镜筒滑出或反光镜脱落。用手转动粗调节螺旋，使镜筒上升，然后转动物镜转换器，使低倍镜（较短的物镜）对准镜台中央圆孔，当转动到听见“咔”声响，或同时亦感到有阻力时立即停止转动，说明物镜已与镜筒呈一条直线。

2. **对光** 旋转载物台下方的遮光器，调到最大光圈。用双眼在目镜上观察，同时用手调整反光镜，对好光源。要求视野达到完全均匀明亮。

3. **放置玻片标本** 取制作好的玻片标本放在镜台上，有盖玻片的一面朝上。玻片两端用压片夹夹住，然后移动玻片，使玻片上要观察的标本对准载物台中央圆孔（通光孔）。

4. **调节焦距（也称对焦）** 转动粗调节螺旋，使低倍镜距玻片标本0.5mm左右（注意：必须从显微镜侧面观察物镜与玻片的距离；观察的同时转动粗调节螺旋，以防镜头碰撞玻片造成损坏）。从目镜上观察，用手慢慢转动粗调节螺旋下降镜台，当视野中出现物像时，再调节细调节螺旋，直至视野中出现清晰的物像为止。如果物像不在视野中央，可稍微移动玻片位置（注意：移动玻片的方向与观察物像移动的方向恰好是相反的）。反复练习上述各实验步骤，做到迅速熟练地找到标本，以及取光合适（即较熟练的应用反光镜、光阑和聚光镜）。

（二）高倍镜的使用

1. 一定要在低倍镜下找到要观察的标本物像后，并把要放大的部分移至视野正中，同时调节到最清晰程度，才能进行高倍镜的观察。

2. 转动物镜转换器，使高倍镜（较长的物镜）转到镜台中央圆孔处。转换高倍镜时速度要慢，要细心，并从侧面进行观察（防止高倍镜碰撞玻片）。如果高倍镜碰到玻片，说明低倍镜的物距没有调节好，应重新转换到低倍镜下操作。使用油镜（100× 物镜）时，先在染色的标本部位滴加一滴香柏油，然后缓慢下降镜筒，使油镜浸没于香柏油中，几乎与玻片接触为止，但应避免压碎玻片和损坏镜头。

3. **调节焦距**　转换好高倍镜后，双眼在目镜上观察。这时物像往往不清楚，或者要观察的部分不在视野当中，可用细调节螺旋慢慢向上或向下转动，即能清楚看到物像（注意：此时物镜离玻片非常近，切勿使用粗调节螺旋，以免物镜与玻片相撞受损）。一般只需要转动半圈或一圈就能达到要求。在高倍镜下，视野相对较暗，可适当调节反光镜及遮光器，使通光量增加，提高视野亮度。

（三）显微镜的整理

1. 显微镜使用完毕后，转动粗调节螺旋使镜台下降，再转动物镜转换器，使物镜离开聚光孔。然后以右手握镜臂，左手托镜座轻轻放入镜箱中。注意油镜使用完毕后，取下玻片，用擦镜纸沿着一个方向把残留在油镜上的香柏油擦去，再用二甲苯或镜头清洗剂清洗镜头，最后擦干镜头后进行放置。

2. 每次使用显微镜之前，先逐项检查显微镜各部分有无损坏。如发现损坏，应及时向教师报告。使用之后，认真检查显微镜各部分有无损坏并放回镜箱中。

五、实验结果

根据实验结果，绘制所观察菌株的形态结构图。

六、思考与拓展

1. 使用显微镜时为何调节下列结构：反光镜、遮光器、粗调节螺旋、细调节螺旋、物镜转换器？

2. 为何要选用与玻璃折射率相似的香柏油作为油镜的介质？油镜的原理是什么？

3. 查阅文献,列出不同显微镜的应用范围,并举例说明。

实验二 培养基的配制和灭菌

一、实验目的

1. 了解培养基配制原理和方法,掌握其配制过程。
2. 了解实验室常用的灭菌方法,掌握高压蒸汽灭菌锅的使用方法。
3. 具备实验室的安全意识和防护能力。

二、实验原理

培养基是人工配制的适合微生物生长繁殖或积累代谢产物的营养基质,用以培养、分离、鉴定和保存各种微生物或积累代谢产物。培养基的原材料可分为碳源、氮源、无机盐、生长因子和水。除了满足微生物所需的营养条件之外,还应注意微生物生长的酸碱度、渗透压和缓冲性。微生物学实验需要对培养基和微生物接触的器皿进行灭菌,满足微生物生长的外界环境,防止杂菌污染。高压蒸汽灭菌法具有应用范围广、效率高和操作简便等优点,适合培养基、无菌水、玻璃器皿、微量移液器吸头等灭菌,但灭菌前需要经过严格的包扎,灭菌后保证无菌方可使用。除了高压蒸汽灭菌外,还有干热灭菌、紫外线杀菌、过滤除菌等其他方式,应根据实验需要选择合适的灭菌方式。

三、实验材料

1. **牛肉膏蛋白胨培养基** 牛肉膏3g,蛋白胨10g,氯化钠5g,琼脂15 ~ 20g,蒸馏水1 000ml。

2. **仪器及其他用品** 试管、三角瓶、烧杯、量筒、玻璃棒、天平、牛角匙、pH试纸、棉花、记号笔、线绳、纱布、滤纸、漏斗、漏斗架、胶管、培养皿、牛皮纸(或旧报纸)、立式高压蒸汽灭菌锅、表面皿、电热套、电热鼓风干燥箱、紫外光灯、微孔滤膜过滤器。

四、实验步骤

（一）牛肉膏蛋白胨培养基的配制

1. **称量**　按配方计算实际用量后，称取各种药品放入烧杯中。牛肉膏常用玻璃棒挑取，放在小烧杯或表面皿中称量，用热水溶化后倒入烧杯；也可放在称量纸上称量，随后放入热水中，牛肉膏与称量纸分离，立即取出纸片。蛋白胨极易吸潮，故称量时要迅速。

2. **溶化**　在烧杯中加入少量所需要的蒸馏水，置于电热套上，小火加热，并用玻璃棒搅拌，待药品完全溶解后再补充所需蒸馏水。若配制固体培养基，则将称好的琼脂粉放入已溶解的药品中，加热融化，最后补足所失的水分。

3. **调 pH**　检测培养基的 pH，若 pH 偏酸，可滴加 1mol/L NaOH 溶液，边加边搅拌，并用 pH 试纸检测，直至达到所需 pH 范围；若偏碱，则用 1mol/L HCl 溶液调节。pH 调节通常在加琼脂粉之前，应注意 pH 不要调过头，以免回调而影响培养基内各种离子的浓度。

4. **过滤**　液体培养基可用滤纸过滤，固体培养基可用 4 层纱布趁热过滤，以利于结果的观察。但是供一般使用的培养基，这步可省略。

5. **分装**　按实验要求，可将配制好的培养基分装入试管或三角瓶内。固体培养基分装时可用漏斗以免培养基粘在管口或瓶口上而造成污染。分装量：固体培养基约为试管高度的 1/5，灭菌后制成斜面；半固体培养基以试管高度的 1/3 为宜，灭菌后垂直待凝；液体培养基一般装 4 ~ 5ml，约为试管的 1/4 高度；分装入三角瓶内以不超过其容积的一半为宜。

6. **加棉塞**　试管口和三角瓶口塞上用普通棉花（非脱脂棉）制作的棉塞。棉塞的形状、大小和松紧度要合适，四周紧贴管壁，不留缝隙，才能起到防止杂菌侵入和有利通气的作用。有些微生物需要更好地通气，则可用通气塞，有时也可用试管帽或塑料塞代替棉塞。

7. **包扎**　加塞后，在三角瓶的棉塞外包一层牛皮纸或双层报纸，以防灭菌时冷凝水沾湿棉塞。若培养基分装于试管中，则应以 5 支或 7 支在一起，再于棉塞外包一层牛皮纸，用绳扎好。然后用记号笔注明培养基名称、组别、日期。

8. **灭菌**　将上述培养基于 121℃，湿热灭菌 20 分钟。如因特殊情况不能及时灭菌，应放入冰箱内暂存。

9. **倒平板摆斜面**　灭菌后，倒平板或制斜面（如制斜面应趁灭菌后未冷却前摆放成斜面，倒平板可放置到需要时，再加热熔化制作）。

10. **无菌检查**　将灭菌的培养基放入 37℃ 温箱中培养 24 ~ 48 小时，无菌生长即可使用，或贮存于冰箱或清洁的橱内备用。

（二）灭菌方法

1. **干热灭菌** 干热灭菌是利用高温使微生物细胞内的蛋白质凝固变性而达到灭菌的目的。细胞内的蛋白质凝固性与其本身的含水量有关，在菌体受热时，当环境和细胞内含水量越大，则蛋白质凝固就越快；含水量越少，凝固越慢。因此，与湿热灭菌相比，干热灭菌所需温度要高（160 ~ 170℃），时间要长（1 ~ 2 小时），但干热灭菌温度不能超过 180℃，否则，包器皿的纸或棉塞就会烧焦，甚至引起燃烧。干热灭菌一般使用电热鼓风干燥箱。

2. **高压蒸汽灭菌** 在同一温度下，湿热的杀菌效力比干热大。其原因有三：一是湿热中细菌菌体吸收水分，蛋白质较易凝固，因蛋白质含水量增加，所需凝固温度降低。二是湿热的穿透力比干热大。三是湿热的蒸汽有潜热存在。1g 水在 100℃时，由气态变为液态可放出 2.26kJ 的热量。这种潜热能迅速提高被灭菌物体的温度，从而提高灭菌效率。在使用高压蒸汽灭菌锅灭菌时，锅内冷空气排出是否完全极为重要，因为空气的膨胀压大于水蒸气的膨胀压，当水蒸气中含有空气时，在同一个压力下，含空气蒸汽的温度低于饱和蒸汽的温度。灭菌锅内留有不同分量空气时，压力与温度的关系见表 2-1。

表 2-1 灭菌锅留有不同分量空气时压力与温度的关系

压力数			全部空气排出时的温度 /℃	2/3 空气排出时的温度 /℃	1/2 空气排出时的温度 /℃	1/3 空气排出时的温度 /℃	空气不排出时的温度 /℃
MPa	kg/cm^2	Ib/in^2					
0.03	0.35	5	108.8	100	94	90	72
0.07	0.07	10	115.6	109	105	100	90
0.10	1.05	15	121.3	115	112	109	100
0.14	1.40	20	126.2	121	118	115	109
0.17	1.75	25	130.0	126	124	121	115
0.21	2.10	30	134.6	130	128	126	121

注：现在法定压力单位已不用 Ib/in^2 和 kg/cm^2 表示，而是用 Pa 表示，其换算关系为：

$1kg/cm^2$=98 066.5Pa；$1Ib/in^2$=6 894.76Pa。

一般培养基用 0.1MPa（相当 $15Ib/in^2$ 或 $1.05kg/cm^2$）、121℃，15 ~ 30 分钟可达到彻底灭菌的目的，例如牛肉膏蛋白胨培养基。灭菌温度及维持时间随灭菌物品的性质和容量等具体情况而有所改变。例如葡萄糖溶液用0.06MPa(9Ib/in^{2}或0.61kg/cm^2)、115℃单独灭菌,然后以无菌操作方式加入灭菌的培养基中。又如盛于试管内的培养基以0.1MPa,121℃灭菌20分钟即可,而盛于大三角瓶内的培养基最好以0.1MPa,121℃灭菌30分钟。易燃易爆物品(如硝化甘油、硝化纤维、乙醚、酒精等)严禁用高压灭菌法灭菌。灭菌完成后,压力表上的指针为"0MPa"后才能打开锅盖。

3. **紫外线灭菌** 紫外线灭菌是用紫外光灯进行的。波长为200 ~ 300nm的紫外线都有杀菌能力,其中以260nm的杀菌力最强。在波长一定的条件下,紫外线的杀菌效率与强度和时间的乘积成正比。紫外线杀菌机制主要是诱导胸腺嘧啶二聚体的形成和DNA链交联,从而抑制DNA复制。另一方面,由于辐射能使空气中的氧气电离成[O],再使O_2氧化生成臭氧(O_3)或使水(H_2O)氧化生成过氧化氢(H_2O_2)。O_3和H_2O_2均有杀菌作用。紫外线穿透力不大,所以只适用于无菌室、接种箱、手术室内的空气及物体表面的灭菌。紫外光灯距照射物以不超过1.2m为宜。此外,为了加强紫外线灭菌效果,在打开紫外光灯以前可在无菌室内(或接种箱内)喷洒5%苯酚溶液,一方面使空气中附着有微生物的尘埃降落,另一方面也可以杀死一部分细菌。无菌室内的桌面、凳子可用3%甲酚皂溶液擦洗,然后再开紫外光灯照射,即可增强杀菌效果,达到灭菌的目的。

4. **过滤除菌** 过滤除菌是通过机械作用滤去液体或气体中细菌的方法。根据不同的需要选用不同的滤器和滤板材料。微孔滤膜过滤器是由上下两个分别具有出口和入口连接装置的塑料盖盒组成,出口处可连接针头,入口处可连接针筒,使用时将滤膜装入两个塑料盖盒之间,旋紧盖盒,当溶液从针筒注入滤器时,此滤器将各种微生物阻留在微孔滤膜上面,从而达到除菌的目的。根据待除菌溶液量的多少,可选用不同大小的滤器。此法除菌的最大优点是不破坏溶液中各种物质的化学成分,但由于滤量有限,一般只适用于实验室中小量溶液的除菌。

五、实验结果

1. 记录各种不同物品所用的灭菌方法及灭菌条件(温度、压力等)。
2. 试述培养基的高压蒸汽灭菌过程及注意事项。

六、思考与拓展

1. 培养基配制完成后,为什么必须立即灭菌?若不能及时灭菌应如何处理?已灭菌的培养基如何进行无菌检查?

2. 查阅资料，举例说明不同培养基在高压蒸汽灭菌时对温度和时间的要求。

实验三 环境中微生物检测

一、实验目的

1. 了解周围环境中微生物的分布情况和菌落特征。
2. 掌握环境中微生物的取样方法。
3. 认识环境微生物与人类健康的关系。

二、实验原理

自然界环境中微生物检测对于产品质量和消费者人身安全来说都至关重要，食品会因在生产过程中的不清洁表面、污染空气、病菌感染者未隔离等原因而受到污染。因此，在食品生产过程中，空气中微生物和表面微生物检测是保持生产清洁、最大限度地减少污染风险的关键性措施。为更好地控制食品中微生物生长繁殖，以细菌菌落总数为食品生产环境的主要检测指标。

三、实验材料

牛肉膏蛋白胨培养基、培养皿、无菌棉签、酒精灯、打火机、采样管、三角瓶、记号笔、灭菌生理盐水、标签等。

四、实验步骤

（一）倒平板

将灭菌后的培养基融化，冷却至 50 ~ 60℃，倒平板。常用的倒平板方法有持皿法和叠皿法。

1. 持皿法

（1）将无菌培养皿叠放在酒精灯左侧，以便拿取。

（2）点燃酒精灯。

(3)酒精灯旁,左手握三角瓶底部,倾斜三角瓶,右手旋松棉塞,用右手小指与小尾鱼际(即小指边缘)夹住棉塞并将其拔出(切勿将棉塞放在桌上),随之将瓶口在火焰上过一下(不可灼烧,以防爆裂),以杀死可能粘在瓶口的杂菌。然后将三角瓶从左手换至右手(用拇指、食指和中指拿住三角瓶的底部)。操作中瓶口应保持在火焰 2 ~ 3cm 处,瓶口始终向着火焰,以防空气中微生物的污染。左手拿起一套平皿,用无名指和小指托住皿底,用中指和拇指夹住皿盖,食指于皿盖上为支点,在火焰旁,摆动拇指打开皿盖,让三角瓶伸入,随后倒入培养基(图 2-2)。一般倒入 15ml 左右培养基即可铺满整个皿底。盖上皿盖,置水平位置待凝。然后将三角瓶移至左手,瓶口再次过火并塞紧瓶盖。

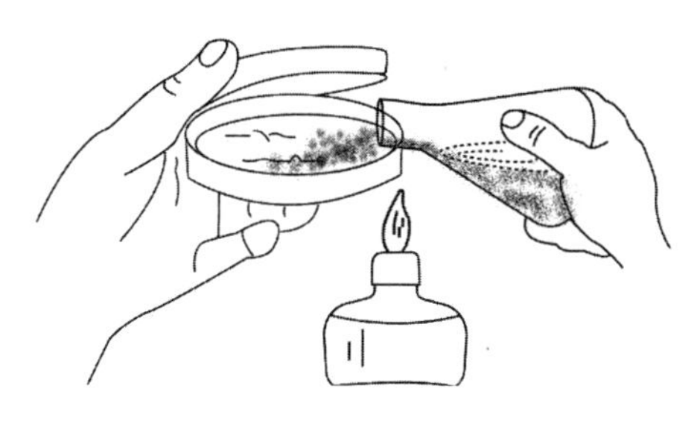

图 2-2　持皿法

2. **叠皿法**　此法适于在超净工作台上操作,基本步骤同持皿法。不同之处是左手不必持皿,而是将培养皿叠放在酒精灯的左侧并靠近火焰。按上述方法用右手拿三角瓶,左手打开最上面的皿盖,倒入培养基,盖上皿盖后即移至水平位置待凝(图 2-3)。再依次倒下面的平皿。操作中瓶口始终向着火焰,以防空气中微生物的污染。

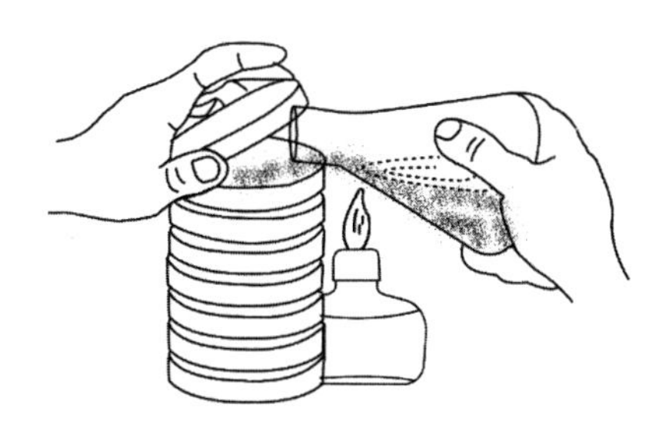

图 2-3　叠皿法

待培养基完全凝固后,在皿底贴上标签,注明检测类型、组别及日期(也可用记号笔书写在皿底)

(二)取样

1. **空气** 检测实验室空气中的微生物时，打开无菌培养基的皿盖，让其暴露在空气中5～10分钟，然后盖上皿盖即可。

2. **桌面** 检测实验台桌面微生物时，可用一根无菌棉签，先在无菌平板的一个区域内湿润和试划几下，然后用其擦抹桌面等物体表面，再以此棉签在平板的另一区域做来回划线接种。本操作应以无菌操作要求进行，即在火焰旁用左手拿起平板，用中指、无名指和小指托住皿底部，用食指和大拇指夹住皿盖并开成一缝，右手持棉签在培养基表面划线接种，无菌棉签湿润和试划区可作为无菌对照。

3. **操作人员手指采样** 被检人双手五指并拢，用一根浸湿生理盐水的棉签在右手指曲面，从指尖到指端来回涂擦10次，然后剪去手接触部分棉棒，将棉签放入含10ml灭菌生理盐水的采样管内。将已采集的样品在6小时内送实验室，每支采样管充分混匀后取1ml样液，放入灭菌平皿内，倾注营养琼脂培养基，每个样品平行接种两块平皿，置36℃±1℃培养48小时，计数平板上细菌菌落数。

计算公式：

$$Y=A\times 10 \qquad \text{式(2-2)}$$

式中，Y为人员手表面细菌菌落总数，CFU/只手；A为平板上平均细菌菌落数。

(三)培养

将以上各种检测平板倒置于36℃±1℃培养箱中培养48小时，计数各平板上的菌落数。

五、实验结果

1. 描述不同环境中微生物菌落的形态特征。
2. 计算操作人员手表面细菌菌落总数。

六、思考与拓展

1. 实验中哪些步骤属于无菌操作？为什么？
2. 查阅文献，探究环境微生物与人类健康之间的关系。

实验四 细菌的简单染色和革兰氏染色

一、实验目的

1. 了解革兰氏染色的发明史和应用范围。
2. 学习无菌操作技术，掌握细菌涂片的制备方法。
3. 掌握细菌简单染色和革兰氏染色技术的原理及实验步骤。

二、实验原理

细菌在中性和弱碱性环境中常带负电荷，所以通常采用带正电荷的碱性染料（如亚甲蓝、结晶紫、碱性品红或孔雀绿等）使其着色。当细菌分解糖类产酸时，细菌所带正电荷增加，易被带负电荷的酸性染料（如伊红、酸性品红或刚果红）着色。简单染色是只用一种染料使细菌着色以显示其形态的方法。

革兰氏染色（gram staining）由丹麦病理学家 Christian Gram 于 1884 年创立，是常见的微生物鉴别方法，可将细菌分为革兰氏阳性菌（G^+）和革兰氏阴性菌（G^-）。细菌个体微小、结构简单，通常呈透明状态，未经染色的细菌在光学显微镜下难以观察和区分。经革兰氏染色后，可以清楚地观察细菌的形态、细胞排列方式及某些结构特征，还可以用于细菌分类鉴定。革兰氏阴性菌呈红色，阳性菌呈紫色，是因为这两类菌的细胞壁结构和成分不同。一般认为革兰氏阴性菌的肽聚糖层很薄，脂肪含量高，经乙醇处理后脂类被溶解，细胞壁孔径变大，不能阻止溶剂透出，因而洗去结晶紫与碘的复合物细胞被脱色，再经番红复染就染成了红色；革兰氏阳性菌的肽聚糖层较厚，经乙醇处理后发生脱水作用而孔径缩小，结晶紫与碘的复合物保留在细胞内而呈现紫色。

三、实验材料

1. **菌种** 大肠埃希菌（*Escherichia coli*）和枯草芽孢杆菌（*Bacillus subtilis*）。

2. **仪器及其他用品** 显微镜、酒精灯、打火机、接种环、载玻片、盖玻片、纸、镜头清洗剂、吸水纸、香柏油、75% 和 95% 乙醇溶液、无菌生理盐水。

3. **简单染色染液** 结晶紫染液、番红染液。

4. **革兰氏染色染液** 结晶紫染液、鲁氏碘液、95% 乙醇溶液、番红染液。

四、实验步骤

(一)简单染色

1. **载玻片处理** 从75%乙醇溶液中取出洗干净的载玻片,用吸水纸擦干,将要涂菌的部位在酒精灯火焰上烤一下,去除油脂,冷却待用。

2. **涂片** 左手持菌液试管,右手持接种环在火焰上灼烧,待冷却后用接种环从枯草芽孢杆菌培养液试管中取一环菌(图2-4),于载玻片中央涂一个直径0.5 ~ 1cm的均匀薄层(可以事先在背面做好标记圆圈)。也可以先滴一小滴无菌水于载玻片中央,用接种环从斜面上挑出少许菌,与载玻片上的水滴混合均匀,涂成一个均匀薄层,注意不能涂片太厚,以免脱色不充分。取菌时应在酒精灯火焰外焰附近操作,最后将接种环在火焰上烧灼灭菌(图2-4)。

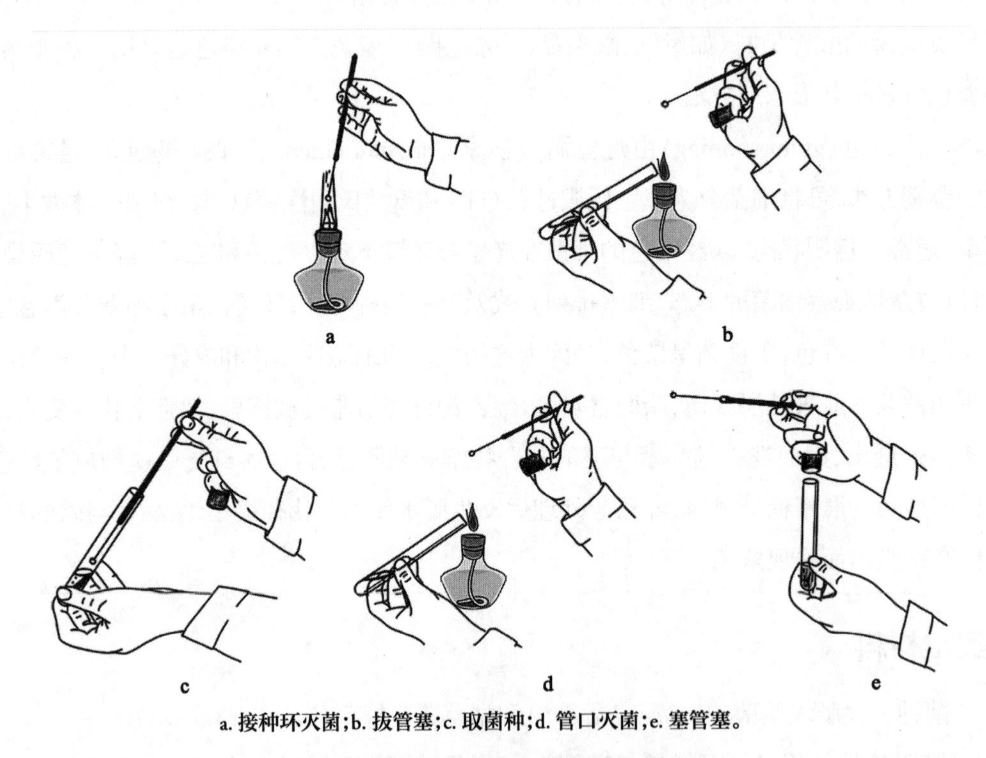

a. 接种环灭菌;b. 拔管塞;c. 取菌种;d. 管口灭菌;e. 塞管塞。

图2-4 制备涂片的无菌操作过程

3. **干燥** 涂片后室温下自然干燥。

4. **固定** 手持载玻片一端使标本面朝上,在酒精灯的火焰外侧快速来回移动2 ~ 3次,要求玻片温度不超过60℃,以玻片背面触及手背皮肤觉得较热即将感觉到烫为宜,放置待冷后染色。固定的目的是杀死微生物,固定其细胞结构,保证菌体能牢固地黏附在载玻片上,以免水洗时被水冲掉。

5. **染色** 在固定好的涂片标记处滴加1滴结晶紫染液,染色1分钟。在染色时要控制好染色时间,染色时间过长会导致细菌染色过度,染色时间过短,会导致细菌染色不充分。

6. **水洗** 缓慢冲洗染液,用吸水纸吸干。

7. **镜检** 观察标本,先用低倍镜或高倍镜观察,发现目标后用油镜观察,区分辨别染成的紫色和红色。

8. 将枯草芽孢杆菌改为大肠埃希菌,重复以上步骤。

(二)革兰氏染色

革兰氏染色包括制片、初染、媒染、脱色、复染和镜检等过程,具体实验步骤如下。

1. **制片** 分别取大肠埃希菌、枯草芽孢杆菌干燥,固定。

2. **初染** 滴加1滴结晶紫染液,染色1分钟,水洗,吸干。

3. **媒染** 加1滴碘液覆盖涂片1分钟,水洗。

4. **脱色** 用吸水纸吸去载玻片上的残留水,滴加95%乙醇溶液脱色,轻轻摇动玻片直至流出的乙醇无紫色时,立即水洗。此步骤至关重要,如果脱色过度,阳性菌可能会被误认为阴性菌;如果脱色不足,阴性菌可能会被误认为阳性菌。

5. **复染** 滴番红染液复染1分钟,水洗。

6. **镜检** 吸去多余的水后,盖上盖玻片观察标本,观察时注意细菌形态、大小、排列和颜色。

五、实验结果

1. 绘制简单染色和革兰氏染色的细菌形态图。

2. 将革兰氏染色的实验结果填入表2-2。

表2-2 革兰氏染色结果

菌种	细菌颜色	细菌形状(形状和聚集状态)	鉴定结果
大肠埃希菌			
枯草芽孢杆菌			

六、思考与拓展

1. 影响某种微生物革兰氏染色结果的因素有哪些?

2. 我们平常使用的甲紫溶液的杀菌机制是什么?

实验五 放线菌菌落及形态观察

一、实验目的

1. 掌握插片法培养放线菌的基本方法。

2. 掌握放线菌形态观察的基本方法。

3. 认识放线菌和人类健康之间的关系。

二、实验原理

放线菌(actinomycete)是一种广泛存在于自然环境中的革兰氏阳性菌,因菌落呈放射状而得名,其形态结构介于细菌与真菌之间。菌体由无隔、分支状菌丝构成,可分为基内菌丝和气生菌丝两类,基内菌丝伸入营养基质内,气生菌丝位于营养基质上方。在发育过程中,气生菌丝分化形成孢子丝,孢子丝产生孢子。孢子丝形态因菌种不同而不同,有直线形、波曲形、螺旋状等形态,而孢子一般有球形、圆柱形、椭圆形等形态。

三、实验材料

1. **实验仪器** 电子天平、恒温培养箱、研钵、无菌工作台、移液管(1ml、10ml)、高压蒸汽灭菌锅、显微镜、涂布器、镊子、载玻片、试管、培养皿、盖玻片、100 目筛、吸水纸。

2. **试剂** 高氏一号培养基:可溶性淀粉 20g、硝酸钾 1g、氯化钠 0.5g、磷酸氢二钾($3H_2O$)1g、硫酸镁($7H_2O$)0.5g、硫酸亚铁($7H_2O$)0.01g、琼脂 15 ~ 20g、水 1 000ml、pH 范围:7.2 ~ 7.4。苯酚品红染色液配制:(1)溶液 A:碱性品红 0.3g,95% 乙醇溶液 10ml,将碱性品红在研钵中研磨后,逐渐加入 95% 乙醇溶液,继续研磨使其溶解,配成 A 液。(2)溶液 B:苯酚 5g、蒸馏水 95ml,将苯酚溶解于水中,配成 B 液。将溶液 A 及溶液 B 进行混合即成苯酚品红原液,用时稀释 5 倍染色。

四、实验步骤

1. **土样采集** 选择不同类型土壤，挖出地表土以下约5cm土壤，装入洁净信封，共采集12处土样。

2. **土样处理**

(1) 风干粉碎：将采集好的土样进行编号，分别为1～12号，室温下风干10天。土样风干可以大大降低细菌的数量。风干后，将土样研成细粉状，过100目筛，每份10g，备用。

(2) 土样干热：放线菌的孢子一般比非产芽孢的细菌抗热性要强，120℃加热1小时就会迅速减少细菌和部分链霉菌的数量，而小双孢菌和链孢囊菌只有轻微减少。因此，可以将土样在120℃恒温培养箱中干热处理1小时。

3. **放线菌分离培养**

(1) 土样稀释液配制：取洁净试管48支，每4支为一组，共12组。每支试管加蒸馏水9ml，121℃灭菌20分钟。先将1号土放入第一组试管的第一支中，振荡混匀，待稍沉淀后，用1ml无菌移液管取1ml土壤悬液加入第二支试管中，振荡摇匀后再从第二支试管中取1ml加入第三支试管，第四支以此类推。所以第三支、第四支试管分别是该土样稀释度为10^{-3}、10^{-4}的稀释液。按上述方法，分别用12份土样做成稀释液。

(2) 放线菌分离培养：重铬酸钾能强烈抑制细菌和真菌的生长，而放线菌几乎不受影响。在高氏一号琼脂培养基中，每300ml中加入3%重铬酸钾溶液1ml，灭菌后倒平板。用1ml无菌移液管分别吸取上一步中稀释度为10^{-3}、10^{-4}的稀释液0.2ml，每种浓度的稀释液涂2个平板，并用灼烧灭菌冷却后的镊子夹取无菌盖玻片横跨划线线条以与培养基成30°～45°夹角插入固体培养基中（图2-5），插片时动作要轻以免破坏培养基，夹角不宜过大，否则培养皿盖子无法盖好。插片数量按需而定，一般直径70mm的平皿可以插25mm×25mm盖玻片8～10片。每一份土样涂4个平板，总计48个平板。将涂布好的平板倒置在28℃恒温环境中培养7天。

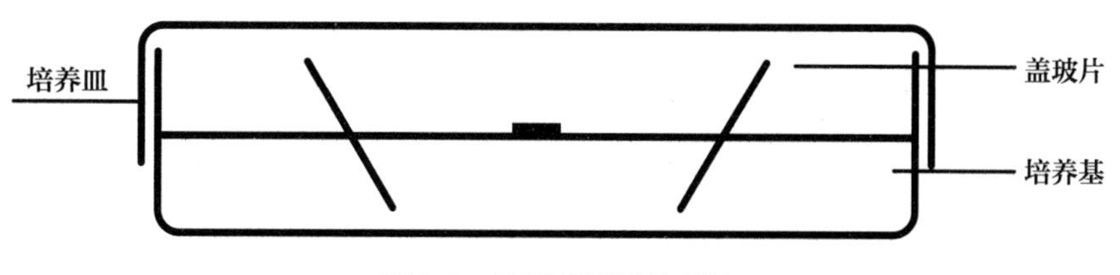

图2-5 放线菌插片培养法

(3)放线菌的染色和镜检

取片:用镊子小心夹取菌片,除去多余的培养基,操作过程中动作要轻,以免破坏菌片。

浸染:将菌片以一定的角度慢慢放在滴有苯酚品红染液的载玻片上(避免产生气泡),浸染1分钟左右。

镜检:用吸水纸将盖玻片上多余的染液吸干净,然后在显微镜下进行观察并拍照。观察放线菌的形态特征。

形态特征:记录菌丝形态,气生菌丝和基内菌丝生长情况;菌丝体是否产生孢子丝及孢子丝的排列方式、形状;孢子丝形状和大小;孢囊的有无、形状、大小及形成方式等。

菌落特征:形状、大小、边缘情况、隆起情况、光泽、表面状态、质地、颜色、透明度等。观察菌落正面和侧面,正面观察形状、大小、表面状态、光泽、颜色与透明度等;侧面观察菌落隆起情况。

五、实验结果

1. 观察并绘制放线菌的孢子丝形态,指明其着生方式。
2. 描述放线菌的菌落特征。

六、思考与拓展

1. 插片时为何玻片要与培养基呈一定角度?
2. 查阅资料,设计放线菌培养的其他方法。

实验六 酵母菌菌落及形态观察

一、实验目的

1. 了解酵母菌的形态结构、菌落特征和繁殖方式。
2. 掌握鉴别酵母菌死活细胞的方法。
3. 认识酵母菌在人类生产生活中的应用。

二、实验原理

酵母菌属于兼性厌氧类单细胞真菌，菌落较大而厚，湿润，较光滑，颜色多为乳白、灰黄、淡黄、灰褐色，少见粉红或红色，偶见黑色，个体呈圆形、椭圆形或卵圆形。酵母菌无性繁殖以芽殖为主；有性生殖由两个营养细胞或子囊孢子形成子囊，在子囊中再形成8个子囊孢子。酵母菌被亚甲蓝染色时，由于活细胞具有较强的还原能力，使亚甲蓝从蓝色的氧化型变为无色的还原型，所以酵母菌的活细胞无色；对于死细胞或代谢缓慢的老细胞，因它们无此还原能力或还原能力极弱，而被亚甲蓝染成蓝色或淡蓝色。因此，用亚甲蓝水浸片不仅可观察酵母菌的形态和出芽生殖方式，还可以区分死、活细胞。中性红可以使活细胞液泡着红色，而细胞质和细胞核不被着色；死细胞的液泡不被着色或浅染，染料弥散于整个细胞中，细胞核和细胞质被染成红色。有时为了增加染色效果，可以将两种染料结合使用，如甲基蓝-中性红混合染色法。

三、实验材料

电子天平、无菌工作台、培养箱、显微镜、量筒、酒精灯、微量移液器、载玻片、盖玻片、接种环、锥形瓶、涂布器、标签、酿酒酵母培养物、已灭菌的麦芽汁琼脂培养基、0.1%亚甲蓝染液、中性红染色液、无菌水。

四、实验步骤

1. **酵母菌培养及菌落特征观察** 点燃酒精灯，准确称量25g酿酒酵母培养物于装有225ml无菌水的锥形瓶内，充分摇匀，同时分别制备稀释度为10^{-2}、10^{-3}、10^{-4}、10^{-5}、10^{-6}的样品稀释液。各自取0.1ml的样品稀释液接种到麦芽汁琼脂培养基上，涂布均匀，贴好标签，每个稀释梯度做三个平行。同时用微量移液器取0.1ml无菌水接种至麦芽汁琼脂培养基上，涂布均匀作为空白对照，接种后的平板于28℃培养箱内倒置培养2天。用肉眼观察菌落特征，项目包括菌落表面湿润或干燥、有无光泽、隆起形状、边缘形状、大小、颜色等。

2. **细胞形态及出芽生殖方式** 在洁净载玻片上滴加一滴无菌水或0.1%亚甲蓝液1滴，用接种环取酵母菌菌苔少许与亚甲蓝液混匀，用镊子夹起盖玻片，轻轻盖在载玻片上的水滴边缘，保持盖玻片的一端不动，另一端以45°角倾斜并缓慢放下，以避免产生气泡，制成水浸片。用高倍镜观察酵母菌细胞形态及出芽情况（图2-6，文末彩图2-6）。

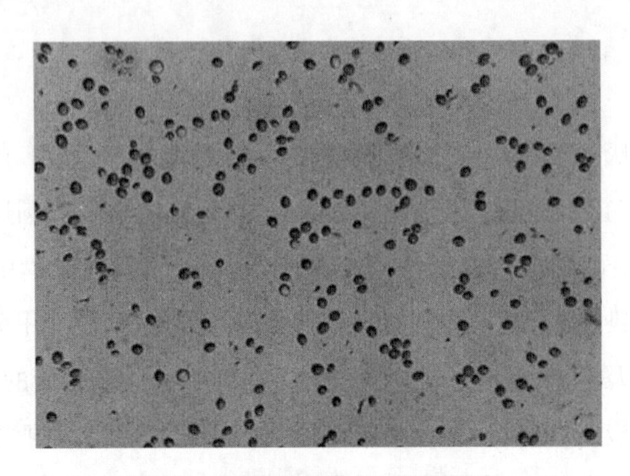
图 2-6　酵母菌细胞的亚甲蓝染色

3. **细胞活体染色观察**　在洁净的载玻片上滴加一滴中性红染色液，用接种环取少量酿酒酵母培养物与染液混匀，染色 4 ~ 5 分钟后，盖上盖玻片在显微镜下观察。中性红是液泡的活体染色剂，当细胞处于生活状态时，液泡被染成红色，细胞质及细胞核不着色；若细胞死亡，液泡染色消失，细胞质及细胞核呈现弥散性红色（图 2-7，文末彩图 2-7）。

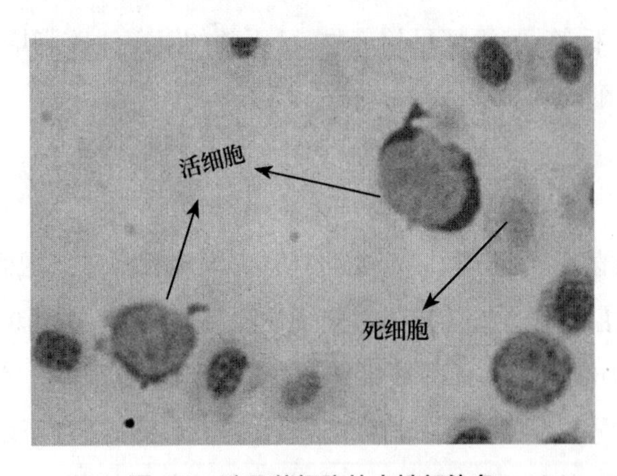

图 2-7　酵母菌细胞的中性红染色

五、实验结果

1. 描述酵母菌的菌落特征。
2. 绘制酵母菌的形态结构和出芽生殖方式，区分死活细胞。

六、思考与拓展

1. 查阅资料，了解酵母菌在生产和生活中有哪些应用。
2. 思考获得某一袋干酵母中活菌率的方法有哪些。

实验七 真菌载片培养及形态观察

一、实验目的

1. 掌握真菌载片培养的方法。
2. 区分不同真菌的形态结构。
3. 认识真菌与人类健康之间的关系。

二、实验原理

真菌是一类不含叶绿素，不分根、茎、叶，由单细胞或多细胞组成，以有性或无性方式繁殖的真核类微生物。真菌和细菌一样广泛分布于自然界，种类繁多，数量庞大，他们能分解或合成一些复杂的有机物质，在发酵工业中被广为应用。载片培养是研究丝状真菌和放线菌类微生物生长全过程的一种有效方法。一般是把微生物接种在载片中央的小块培养基上，然后覆以盖玻片，让微生物在这一个狭窄的空间中进行生长发育。在这一过程中，可随时用不同放大倍数的光学显微镜进行观察和摄影，而不破坏其自然生长状态。

三、实验材料

察氏琼脂培养基或马铃薯琼脂培养基、接种环、圆形滤纸、“U”形玻璃棒、盖玻片、载玻片、微量移液器、镊子、20% 无菌甘油、无菌水、培养皿、恒温培养箱、光学显微镜、高压蒸汽灭菌锅。

四、实验步骤

1. 实验前可准备一些曲霉菌、青霉菌、根霉菌、木霉菌、白僵菌或赤霉菌的斜面菌种。
2. 配制培养基一般可配制对真菌通用的察氏琼脂培养基或马铃薯琼脂培养基，但其所用成分应比原配方稀 1/3。当培养根霉菌时，还应以葡萄糖代替蔗糖，将培养基装入试管中灭菌。使用前，放入沸水浴中熔化，待冷却至 50℃ 左右方可滴到载玻片上。

3. 以直径 9cm 的培养皿作湿室。先在皿底铺一张圆形滤纸，其上放一根“U”形玻璃棒和两块盖玻片，棒上搁置一片洁净的载玻片。盖上皿盖后，按常规包扎灭菌。

4. 用接种环挑取少量待观察菌种的孢子于湿室内载玻片的适当位置上。为充分利用载玻片面积，每张片上可涂两处（图 2-8）。

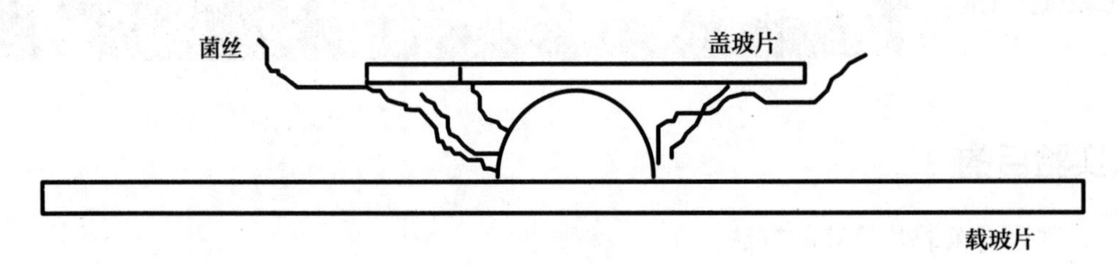

图 2-8　载片培养皿示意图

5. 用无菌滴管吸取少量上述熔化培养基，滴在接种后的载片上。培养基滴加量宜少，外形应圆而薄（直径约 5mm），待凝固。

6. 用无菌镊子将原放在皿内的两片盖玻片一一取出，并分别盖在接种后的两处培养基上。接着用小镊子轻轻压几下，以使载玻片与盖玻片间的距离相当接近（不超过 0.25mm）。

7. 用微量移液器将 3ml 左右的 20% 无菌甘油加至湿室底部的滤纸上，以保证湿室内的适宜湿度。

8. 置于 28℃ 恒温培养箱中进行培养。每隔 24 小时观察一次，连续观察 4 天，即可根据需要用不同放大倍数的光学显微镜进行观察或摄影。

五、实验结果

绘制真菌在不同时间点的形态结构。

六、思考与拓展

1. 除载片培养外还有哪些简单易行培养真菌的方法？

2. 真菌在食品行业中有哪些应用？

实验八　微生物细胞大小的测定

一、实验目的

1. 了解测微尺的构造、掌握显微测微尺的测量步骤和校正方法。
2. 熟练运用显微镜测微尺法测定微生物细胞大小的方法。
3. 认识微生物细胞大小测量的实际意义。

二、实验原理

微生物细胞菌体通常很小,但其大小是微生物的形态特征之一,也是微生物分类鉴定的重要依据之一。微生物个体微小,无法通过肉眼直接测量,要测量微生物细胞大小,必须借助于显微镜以及特殊的显微测微尺(图 2-9)进行测量。

显微测微尺由镜台测微尺和目镜测微尺两部分组成。镜台测微尺是一块中央有精确刻度的玻片,刻度的总长为 1mm,等分为 100 小格,每小格长 10μm(图 2-9),由于使用时是放在载物台上,所以镜台测微尺每格的长度能代表物体的实际长度,专门用于校正目镜测微尺每格的长度。目镜测微尺是一块可放在接目镜内的隔板上的圆形小玻片,其中央有精确刻度,有等分 50 小格和 100 小格两种,每 5 小格间有一长线相隔(图 2-9)。因目镜测微尺测定的长度是观察对象经过显微镜放大后所成像的大小,其刻度也随不同放大倍数的目镜、物镜及不同长度的镜筒发生改变,测得的大小不能代表标本的实际大小。因此,使用前需用镜台测微尺校正,求得在一定放大倍数时目镜测微尺每格代表的实际长度。

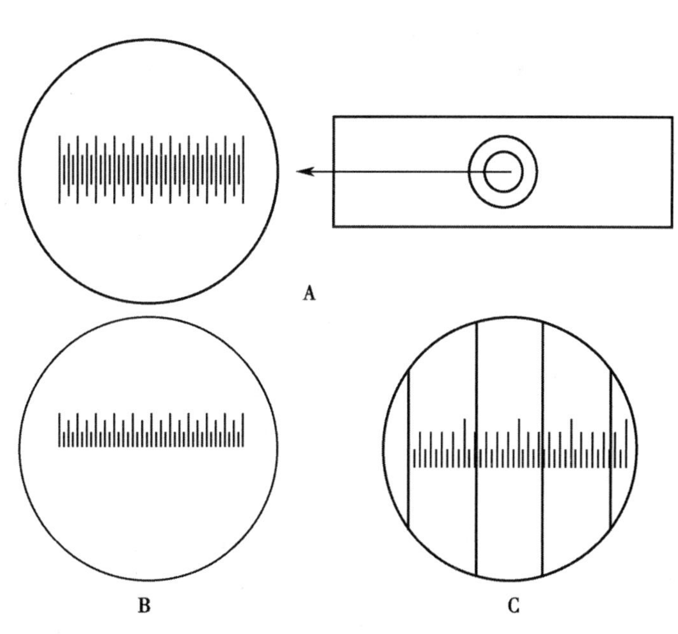

A. 镜台测微尺;B. 目镜测微尺;C. 两尺左边刻度重合。

图 2-9　测微尺

三、实验材料

1. **菌种** 培养48小时的啤酒酵母斜面菌体和菌悬液。

2. **实验器材** 显微镜、目镜测微尺、镜台测微尺、接种环、酒精灯、载玻片、盖玻片、擦镜纸、吸水纸、玻片架、滴管、无菌水。

四、实验步骤

1. **目镜测微尺的校正**

(1)更换或制备目镜测微尺镜头:更换目镜测微尺镜头(标记为PF),或者取下目镜上部或下部的透镜,在光圈的位置上安上目镜测微尺(注意刻度朝下),再装上透镜,制成一个目镜测微尺的镜头。

(2)在某一放大倍数下标定目镜刻度:将镜台测微尺置于载物台上,使刻度面朝上,先用低倍镜对准焦距,看清镜台测微尺的刻度后,转动目镜,使目镜测微尺与镜台测微尺的刻度平行,移动推动器使两尺重叠,并使两尺左边的某一刻度相重合,向右寻找两尺相重合的另一刻度。记录两重叠刻度间的目镜测微尺的格数和镜台测微尺的格数。

(3)计算该放大倍数下目镜刻度:

$$L=\frac{n}{N}\times 10 \qquad \text{式(2-3)}$$

式中,L为目镜测微尺每格的长度(μm);n为镜台测微尺格数;N为目镜测微尺格数。

(4)标定并计算其他放大倍数下的目镜刻度:根据以上方法可在不同放大倍数的物镜下分别测定目镜测微尺每格代表的实际长度。注意:此时获得的测微尺长度,仅适用于本次使用的显微镜、目镜和物镜。

2. **菌体大小的测定**

(1)制作啤酒酵母水浸片:在洁净的载玻片中央,用滴管滴加一滴无菌水,挑取啤酒酵母少许混合于水滴中,加盖玻片制成啤酒酵母水浸片。

(2)测定大小与换算:先在低倍镜下找到观察对象,然后在高倍镜下用目镜测微尺测定每个菌体长度和宽度所占的刻度,再通过公式换算成菌体的实际长和宽。

(3)求平均值和标准差:一般在同一放大倍数、同一标本上测量任意10 ~ 20个微生物细胞的大小后,求出其平均值即可代表该微生物的大小。标准差能够判断出该微生物大小的分散程度。

五、实验结果

1. 计算目镜测微尺在不同倍镜下的刻度值情况。

2. 记录微生物细胞(啤酒酵母)大小的测定结果。

六、思考与拓展

1. 为什么使用不同放大倍数的目镜或者物镜时,必须用镜台测微尺重新对目镜测微尺进行校正?随着显微镜放大倍数的改变,目镜测微尺每格相对的长度改变规律是什么?

2. 根据测量结果,探究为什么同种酵母菌的菌体大小不完全相同。

3. 查询文献,总结在科研工作中菌体大小测量的方法。

实验九 微生物计数

一、实验目的

1. 了解血细胞计数板的构造。

2. 掌握利用血细胞计数板计数的原理和方法。

3. 认识微生物计数的实际意义。

二、实验原理

1. **血细胞计数板的构造** 血细胞计数板是一块特制的厚型载玻片(图 2-10),计数室的体积为 0.1mm^3,包括 400 个小格。

2. **血细胞计数板计数法** 血细胞计数板不能区分死细胞和活细胞,可以计量微生物细胞总数,通常用于酵母菌、霉菌孢子等真核微生物的计数。血细胞计数板计数示例见图 2-11。

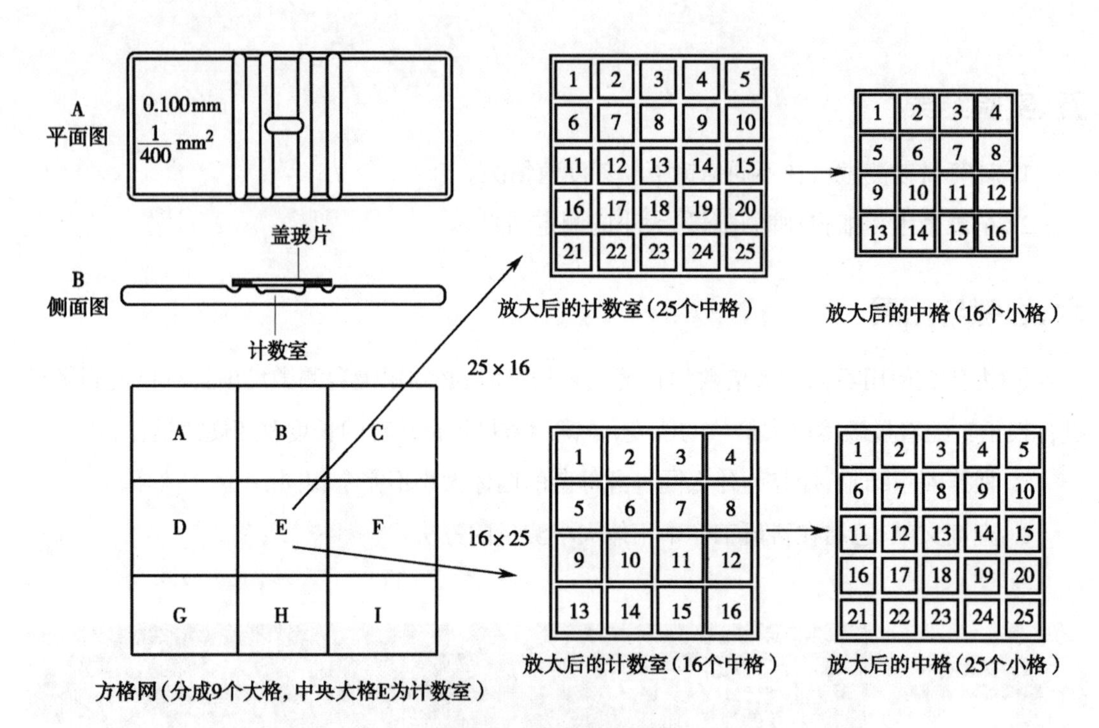

图 2-10　血细胞计数板

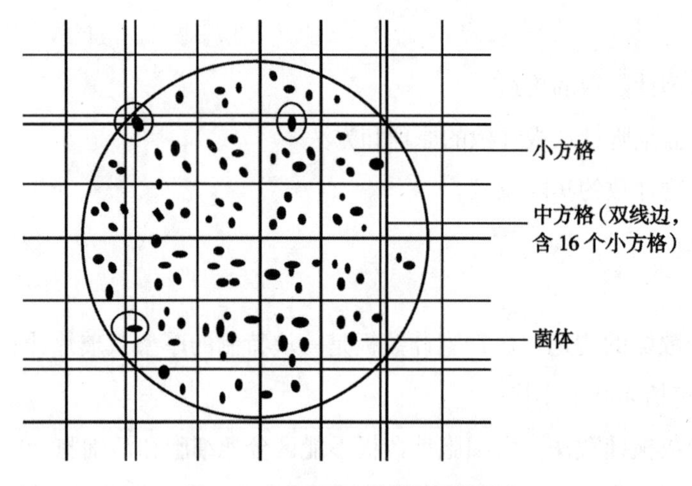

图 2-11　血细胞计数板计数示例

三、实验材料

1. **菌种**　培养 48 小时的啤酒酵母斜面菌体和菌悬液。

2. **实验器材**　显微镜、盖玻片、血细胞计数板、擦镜纸、接种环、酒精灯、试管、火柴、滴管、无菌水、95% 乙醇溶液、5% 苯酚溶液。

四、实验步骤

1. **检查血细胞计数板是否洁净** 取血细胞计数板一块，先用显微镜检查计数板的计数室，看其是否沾有杂质或干涸的菌体，若有污物则通过擦洗、冲洗，使其清洁。通过镜检查看，直至血细胞计数室无污物后方可使用。

2. **稀释样品** 将培养后的酵母菌悬液振摇混匀，然后做一定倍数的稀释。稀释度选择以小方格中分布的菌体清晰可数（一般以每小格内含 4 个或 5 个菌体）为宜。

3. **加样** 取出一块干净的盖玻片盖在清洁干燥的计数板中央。用无菌的毛细滴管取 1 滴摇匀的酵母菌稀释悬液注入盖玻片边缘，让菌液沿缝隙靠毛细渗透作用自行渗入，使计数室均能充满菌液，注意加样时计数室不可有气泡产生。若菌液太多可用吸水纸吸去。

4. **镜检** 待细胞不动（一般静置 5 ~ 10 分钟）后进行镜检计数。先用低倍镜找到血细胞计数室方格后，再用高倍镜进行计数。一般选取 5 个中格（四角及中央）的总菌数。为了保证计数的准确性，避免重计和漏记，在计数时，对沉降在格线上的细胞的统计应有统一的计数标准，如只计数格上方（下方）及右方（左方）线上的菌体（图 2-12）。每个样品重复 3 次。

5. **计算** 取以上每个样品计数的平均值，再按下列公式计算出每毫升菌液中的含菌量。

菌体细胞数（CFU/ml）= 小格内平均菌体细胞数 $\times 400 \times 10^4 \times$ 稀释倍数　　式（2-4）

6. **清洗** 血细胞计数板用毕后先用 95% 乙醇溶液轻轻擦洗，再用蒸馏水淋洗，切勿用硬物洗刷。若计数的样品是病原微生物，则须先浸泡在 5% 苯酚溶液中进行消毒后再进行清洗。之后用擦镜纸揩干净或吹风机吹干。镜检，观察每小格内是否有残留菌体或其他沉淀物，若不干净，则必须重复洗涤至干净为止。最后放回原位。

五、实验结果

计算样品中酵母菌浓度。

六、思考与拓展

1. 能否在油镜下用血细胞计数板进行计数？为什么？
2. 设计利用血细胞计数板计数真菌孢子的实验。

实验十 微生物的分离、纯化与接种

一、实验目的

1. 了解微生物分离与纯化的原理。

2. 掌握常用的分离与纯化微生物的方法、无菌操作的基本环节以及接种技术。

3. 建立无菌操作的概念，认识微生物纯化的实际意义。

二、实验原理

分离、纯化与接种技术是微生物学中重要的基本技术之一。微生物的分离纯化是指从混杂微生物群体中获得只含有某一种或某一株微生物的过程。在生产和科研中，人们从食品或其他样品中分离微生物是为了分离出具有特殊功能的纯种微生物，或筛选出能应用于食品加工的微生物，或查找食品污染有关的微生物或因自发突变而丧失原有优良性状的菌种，或通过诱变及遗传改造后选出具有优良性状的突变株及重组菌株，这对于食品生产、安全等研究具有重要意义。所以，在分离时应掌握原则，以便指导检出微生物，避免漏查误查。

微生物在固体培养基上生长通常是由一个微生物个体大量繁殖而成肉眼可见的集合体，这称为菌落（colony）。因此，可通过挑取单菌落而获得一种纯培养。获取单个菌落可以用稀释平板分离法、涂布法、划线分离法、单细胞分离法等技术完成。其中，稀释平板分离法普遍用于微生物的分离与纯化。稀释平板分离法的基本原理是选择适合于待分离微生物的生长条件，如营养成分、酸碱度（pH）、温度（℃）和氧等要求，或加入某种抑制剂造成只利于该微生物生长，而抑制其他微生物生长的环境，从而淘汰那些不需要的微生物。值得注意的是，从微生物群体中经分离生长在平板上的单个菌落有时并不一定保证是纯培养的。因此，有些微生物的纯培养除观察其菌落特征外，还要结合显微镜检测个体形态特征，经过一系列分离与纯化过程和多种特征鉴定才能得到。

微生物接种是微生物学实验、生产及科学研究中的一项基本操作技术，是将一定量的纯种微生物在无菌操作条件下移接到另一个已灭菌的适宜于该菌生长繁殖所需的新培养基中的过程。无论微生物的分离、培养、纯化或鉴定，还是有关微生物的形态观察及生理研究都必须进行接种。根据不同的实验目的和培养方式，可以采用不同的接种工具和接种方法，常见的接种方法有斜面接种、液体接种、平板接种、穿刺接种等。

在接种过程中，为了确保纯种不被杂菌污染，必须要求严格进行无菌操作。无菌操作是培养基经灭菌后，用经过灭菌的接种工具，在无菌的条件下（通常是在无菌操作台或在实验室内火焰旁）接种含菌材料于培养基上的过程。

土壤是微生物生活的大本营，其所含微生物的数量、种类都极其丰富，是发掘微生物资源的重要基地，可以从中分离、纯化得到许多有价值的菌株。本实验将采用不同的培养基从土壤中分离不同类型的微生物。

三、实验材料

1. **样品** 土样。

2. **菌种及培养基** 大肠埃希菌（*Escherichia coli*）、金黄色葡萄球菌（*Staphylococcus aureus*）、淀粉琼脂培养基（高氏一号培养基）、牛肉膏蛋白胨琼脂培养基、马丁氏琼脂培养基、察氏琼脂培养基。牛肉膏蛋白胨琼脂斜面和平板、普通琼脂高层（直立柱）。

3. **溶液与试剂** 10% 苯酚溶液、链霉素、无菌水。

4. **仪器及其他用品** 无菌玻璃涂棒、无菌吸管、无菌培养皿、装有 9ml 无菌水的试管、装有 90ml 无菌水并带有玻璃珠的三角烧瓶、显微镜、电子天平、酒精灯、玻璃铅笔、火柴、试管架、记号笔、恒温培养箱、载玻片、盖玻片、标签等，接种环、接种针、接种钩、滴管、移液管等接种工具。

四、实验步骤

1. **制备土壤稀释液** 称取土壤样品 10g，放入装有 90ml 无菌水并带有玻璃珠的三角烧瓶中，振摇约 20 分钟，使土样与水充分混合，将细胞分散。用 1 支 1ml 无菌吸管从中吸取 1ml 土壤悬液，加至盛有 9ml 无菌水的大试管中充分混匀，然后用无菌吸管从此试管中吸取 1ml，加至另一盛有 9ml 无菌水的试管中（见图 2-12），混合均匀，依此类推制成 10^{-1}、10^{-2}、10^{-3}、10^{-4}、10^{-5}、10^{-6} 等一系列不同稀释度的土壤溶液（注意：每一个稀释度换 1 支吸管）。

2. **稀释涂布平板法分离微生物**

（1）倒平板：将牛肉膏蛋白胨琼脂培养基、高氏一号琼脂培养基、马丁氏琼脂培养基分别加热熔化待冷至 55 ~ 60℃ 时，高氏一号琼脂培养基中加入 10% 苯酚液数滴，抑制霉菌和细菌生长，马丁氏琼脂培养基中加入链霉素溶液（终浓度为 30μg/ml），抑制细菌和放线菌生长，混合均匀后分别倒平板，每种培养基倒 3 个皿。用记号笔标明培养基名称、土样编号和实验日期。

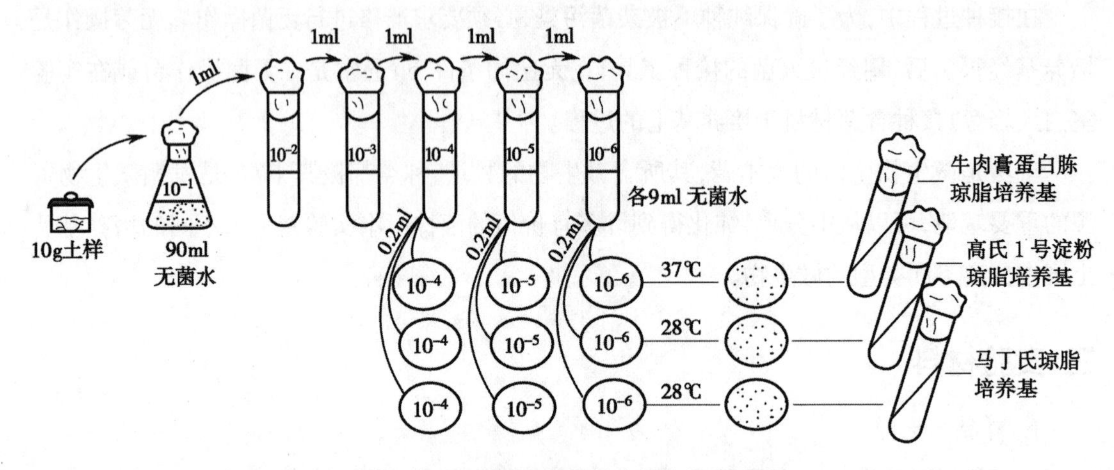

图 2-12　从土壤中分离微生物的操作过程

(2)涂布:将上述每种培养基的 3 个平板底面分别用记号笔写上 10^{-4}、10^{-5} 和 10^{-6} 3 种稀释度,然后用无菌吸管分别由“10^{-4}、10^{-5} 和 10^{-6}”3 管土壤稀释液中各吸取 0.1ml 或 0.2ml,小心地滴在对应平板培养基表面中央位置。

如图 2-13 所示,右手拿无菌玻璃涂棒平放在平板培养基表面,将菌悬液沿同心圆方向轻轻地向外扩展,使之分布均匀。室温下静置 5 ~ 10 分钟,使菌液浸入培养基。

(3)培养:将高氏一号培养基平板和马丁氏培养基平板倒置于 28℃ 恒温培养箱中培养 3 ~ 5 天,牛肉膏蛋白胨平板倒置于 37℃ 恒温培养箱中培养 2 ~ 3 天。

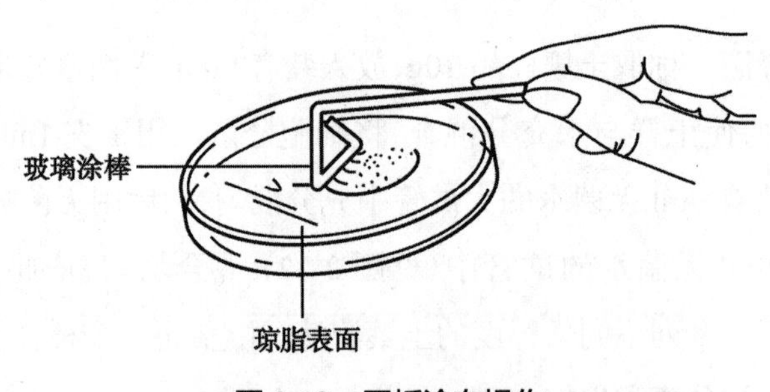

图 2-13　平板涂布操作

(4)挑取菌落:将培养后长出的单个菌落分别挑取少许细胞接种到上述 3 种培养基斜面上(图 2-13),分别置于 28℃ 和 37℃ 恒温培养箱培养。待菌长出后,检查其特征是否一致,同时将细胞涂片染色后用显微镜检查是否为单一的微生物,若发现有杂菌,须再一次进行分离、纯化,直到获得纯培养。

3. **平板划线分离法**

(1)同本实验“稀释涂布平板法分离微生物”。

(2)划线:在近火焰处,左手拿皿底,右手拿接种环柄,将接种环垂直放在火焰上灼烧,以达到灭菌目的。环和丝(镍铬丝部分)必须烧红,此外除手柄部分的金属杆也需要用火焰灼烧 1 ~ 2 遍,尤其需要注意的是接镍铬丝的螺口部分,要彻底灼烧以免灭菌不彻底。

用右手的无菌接种环挑取上述 10^{-1} 的土壤悬液一环在平板上划线(图 2-14A)。划线的方法很多(如四分区、“Z”字形等方法),但无论采用哪种方法,其目的都是通过划线将样品菌落在平板上进行稀释,使之形成单个菌落。常用的方法是用接种环以无菌操作挑取土壤悬液一环,先在平板培养基的一边做第一次平行划线 3 或 4 条,再转动培养皿 60° ~ 70°(以便充分利用整个平板的面积),并将接种环上剩余物烧掉,待冷却后通过第一次划线部分做第二次平行划线,再用同样的方法分别做第三次和第四次平行划线(图 2-14B),也可用连续划线法(图 2-14C),操作过程中须注意避免第一区和最后区的线条相接触。划线完毕后,轻轻盖上培养皿盖,倒置于恒温培养箱中培养。

(3)挑菌落:同稀释涂布平板法,一直到认为分离的微生物纯化为止。

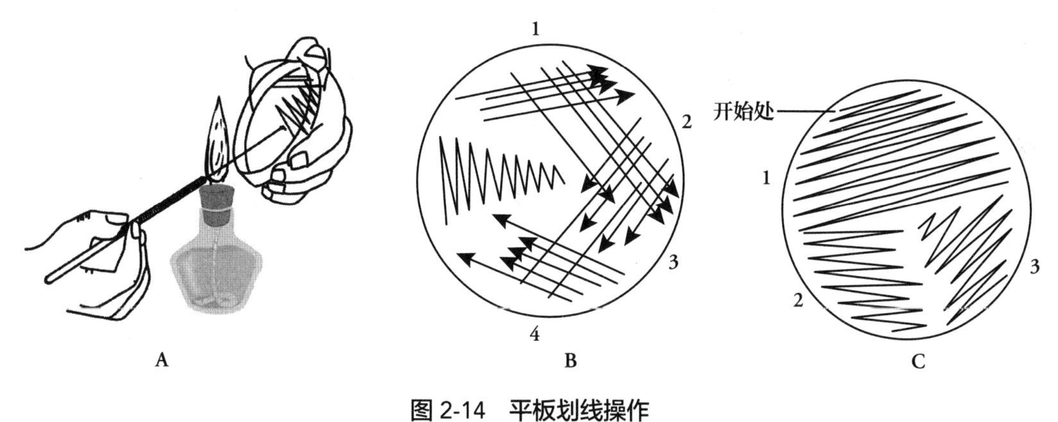

图 2-14 平板划线操作

4. **斜面接种法** 斜面接种法主要用于接种纯菌,使其增殖后用以鉴定或保存菌种。整个操作过程应该在无菌室、接种柜或超净工作台上进行。首先点燃酒精灯,再从平板培养基上挑取分离出的单个菌落,或挑取斜面、肉汤中的纯培养物接种到斜面培养基上。

将菌种斜面培养基(简称菌种管)与待接种的新鲜斜面培养基(简称接种管)持在左手拇指与食指、中指与无名指之间,其中菌种管在前,接种管在后,斜面向上管口对齐,应斜持试管于 0° ~ 50° 角之间(45° 角为佳),且能清楚地看到两支试管的斜面,注意不要持成水平,以免管底凝集水珠浸湿培养基表面(图 2-15)。

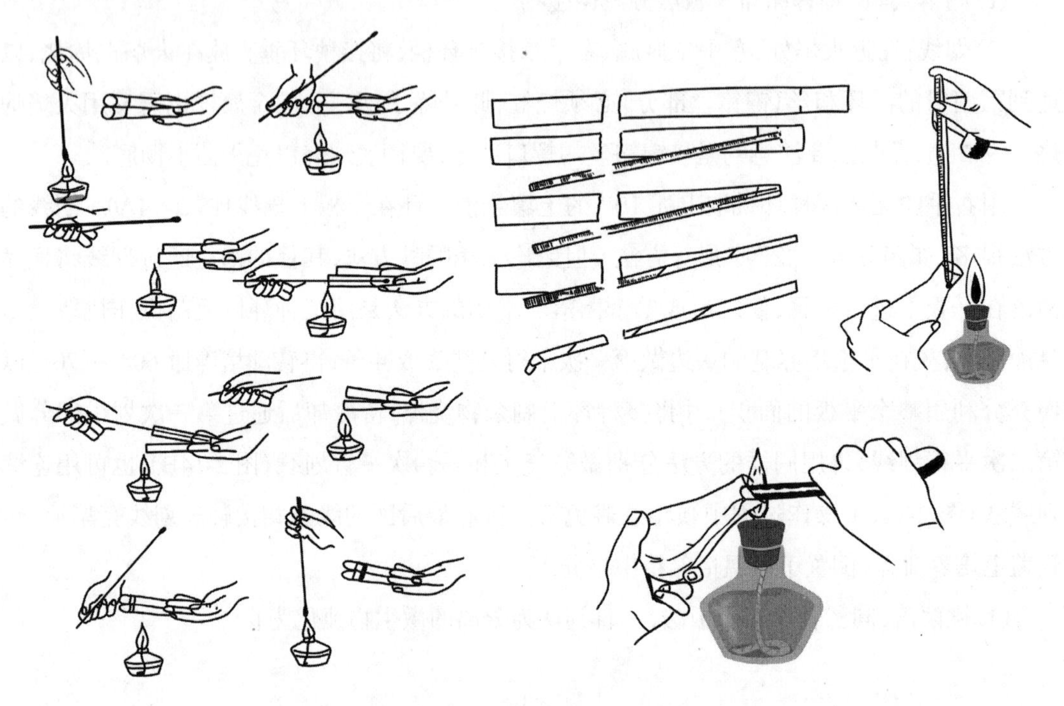

图 2-15 斜面试管和液体接种

在火焰旁,右手持无菌接种环,再用右手的小指和手掌之间及无名指和小指之间转动两管棉塞,使其松动,拔出试管棉塞,将试管口在火焰上通过,以杀灭可能粘污的微生物。棉塞应始终夹在手中,如掉落应更换无菌棉塞。

将灼烧灭菌的接种环插入菌种管内,先接触无菌苔生长的培养基或试管壁,待冷却后再从斜面上刮起少许菌苔取出,接种环应在火焰旁(不能通过火焰)迅速伸入接种管。不同种类微生物的接种方式各异,如接种细菌和放线菌时,由斜面培养基底部自下而上来回做"Z"字形密集划线,勿划破培养基;如接种真菌时,若菌落为局限性生长的曲霉、青霉等采用上下涂布法接种;若菌落为扩散性生长的根霉菌、毛霉菌等采用点植法接种。接种完毕,接种环应通过火焰抽出管口,并迅速塞上棉塞。再重新仔细灼烧接种环后,放回原处。将接种管贴好标签,或用玻璃铅笔做好标记后再放入试管架,即可进行培养。

5. **液体接种法** 多用于增菌液进行增菌培养、大规模培养和筛选微生物,也可用纯培养菌接种液体培养基进行生化试验,其操作方法和注意事项与斜面接种法基本相同,仅将不同点介绍如下。

由斜面培养物接种至液体培养基时，用接种环从斜面上挑取少许菌苔，接至液体培养基时应在管内靠近液面试管壁上将菌苔轻轻研磨并轻轻振荡，或将接种环在液体培养基内振摇几次即可。接种霉菌菌种时，若用接种环不易挑起培养物，可用接种钩或接种铲进行。

由液体培养物接种液体培养基时，可用接种环或接种针、吸管、滴管或注射器蘸取或吸取少许液体培养物移至新液体培养基即可。

接种液体培养物时应特别注意勿使菌液溅在工作台上或其他器皿上，以免造成污染。如有溅污，可用酒精棉球灼烧灭菌后，再用消毒液擦净。凡吸过菌液的吸管或滴管，应立即放入盛有消毒液的容器内。

6. **接种固体曲料** 平板接种和普通斜面均属于固体接种，下面介绍固体接种的另一种形式——接种固体曲料，进行固体发酵。按所用菌种或种子菌来源不同可分为以下两种。

(1)用菌液接种固体料，包括用刮洗菌苔制成的菌悬液和直接培养的种子发酵液。接种时按无菌操作将菌液直接倒入固体料中，搅拌均匀。但要注意固体料总加水量包含接种所用的水容量，否则会加大接种后的含水量，影响培养效果。

(2)用固体种子接种固体料。包括用孢子粉、菌丝孢子混合种子菌或其他固体培养的种子菌。在无菌条件下将种子菌直接倒入无菌的固体料中后须充分搅拌混合均匀。通常是先把种子菌和少部分固体料混匀后再拌入大堆固体料中。

7. **穿刺接种法** 此法多用于醋酸铅、半固体、三糖铁琼脂与明胶培养基的接种，操作方法与注意事项与斜面接种法基本相同。区别是穿刺接种法必须使用笔直的接种针，而不是接种环。接种柱状高层或半高层斜面培养管时，应向培养基中心穿刺，一直插到接近管底，再沿原路抽出接种针，使穿刺线整齐，便于观察生长结果。注意切勿让接种针在培养基内左右晃动。

五、实验结果

1. 简述稀释涂布平板法和平板划线法的区别？涂布平板法和平板划线法是否能较好地得到单菌落？如果不是，请分析其原因并重做。

2. 在3种不同的平板上分离得到哪些类群的微生物？简述它们的菌落特征，并进行比较。

3. 分别记录并描绘平板划线、斜面和半固体培养基接种的微生物生长情况和培养特征。

六、思考与拓展

1. 如何确定平板上某单个菌落是否为纯培养？要注意哪些问题？并写出实验的主要步骤。

2. 为什么高氏一号培养基和马丁氏培养基中要分别加入苯酚和链霉素？若预筛选对青霉素具有高抗性的金黄色葡萄球菌，应如何设计实验？

3. 试设计从土壤中分离酵母菌并进行计数的实验步骤。

4. 试述如何检查灭菌后的培养基是无菌的，如何在接种中贯彻无菌操作的原则。

实验十一　微生物菌种保藏

一、实验目的

1. 了解菌种保藏的基本原理。

2. 掌握几种常用的菌种保藏方法。

3. 认识微生物菌种保藏的价值和意义。

二、实验原理

菌种保藏是指保持微生物菌株的生活力和遗传性状的技术。菌种保藏的方法有很多，其原理不外乎为优良菌株创造一个适合长期休眠的环境，即干燥、低温、缺乏氧气和养料等，使微生物的代谢活动处于最低的状态，既存活，又不丢失、不污染杂菌、不发生或少发生变异，保持菌种原有的各种特征和生理活性，从而达到保藏的目的。依据不同的菌种或不同的需求，应该选用不同的保藏方法。斜面保藏、液体石蜡保藏、半固体穿刺保藏、沙土管保藏、真空冷冻干燥保藏和液氮超低温保存等是较为常用的保藏方法。

三、实验材料

1. **菌种**　待保藏的适龄菌种斜面。

2. **培养基**　牛肉膏蛋白胨斜面及半固体培养基（培养细菌）、高氏一号斜面培养基（培养放线菌）、马铃薯 - 蔗糖斜面培养基（培养霉菌）、麦芽汁斜面培养基（培养酵母菌）。

3. **试剂** 无菌水、液体石蜡、10% HCl 溶液、2% HCl 溶液、无水 $CaCl_2$ 或 P_2O_5、河沙、黄土、脱脂奶粉、干冰、75% 乙醇溶液。

4. **器具及其他** 无菌小试管(10mm × 100mm)、无菌吸管(1ml 和 5ml)、筛子(40 目、120 目)、接种针、接种环、牛角匙、安瓿管、长滴管、标签、棉花、冰箱、灭菌锅、真空泵、干燥器、高频电火花器、恒温培养箱、真空封管装置等。

四、实验步骤

1. 斜面保藏

(1)标记试管:取无菌的斜面试管数支,在斜面的正上方距离试管口 2 ~ 3cm 处贴上标签。在标签上写明菌种名称、培养基名称和接种日期。

(2)接种:将待保藏的菌种用接种环以无菌操作在斜面上做划线接种。

(3)培养:将接种好的细菌置于 37℃ 恒温培养箱中培养 1 ~ 2 天,酵母菌置于 25 ~ 28℃ 培养 2 ~ 3 天,放线菌和霉菌置于 28℃ 培养 3 ~ 7 天。

(4)保藏:斜面长好后,直接放入 4℃ 冰箱中保藏。

2. 液体石蜡保藏

(1)标记试管同上文“斜面保藏(1)标记试管”。

(2)接种同上文“斜面保藏(2)接种”。

(3)培养同上文“斜面保藏(3)培养”。

(4)加液体石蜡:无菌操作将 5ml 无菌液体石蜡加至培养好的菌苔上面(以超过斜面或直立柱 1cm 为宜)。

(5)保藏:液体石蜡封存以后,直接放在低温干燥处保藏或放入 4℃ 冰箱中保藏。

3. 半固体穿刺保藏

(1)标记试管:取无菌的半固体培养基等直立柱试管数支,贴上标签并标注。

(2)穿刺接种:用接种针以无菌方式从待保藏的菌种斜面上挑取菌种,向直立柱中央直刺至试管底部,然后沿原线拉出。

(3)培养:同上文“斜面保藏中(3)培养”。

(4)保藏:半固体直立柱内菌种长好以后,放入 4℃ 冰箱中保藏。

4. 沙土管保藏

(1)制作沙土管:选取过 40 目筛的河沙,10% HCl 溶液浸泡 3 ~ 4 小时,再用蒸馏水洗至中性,烘干备用;另取过 120 目筛的黄土备用;按体积比 1 : 4(土:沙)均匀混合后,装入小试管，装量高度 1cm 左右，塞上棉塞，并标记试管。

(2) 灭菌：高压蒸汽灭菌，直至检测无菌为止。

(3) 制备菌悬液：取 3ml 无菌水至待保藏的菌种斜面中，用接种环轻轻刮下菌苔，振荡制成菌悬液。

(4) 加样：用 1ml 吸管(或者微量计量器)吸取上述菌悬液 0.1ml 至沙土管，再用接种环拌匀。

(5) 干燥：把装好菌液的沙土管放入以无水 $CaCl_2$ 或 P_2O_5 为干燥剂的干燥器中，用真空泵连续抽气，使之干燥。

(6) 保藏：将沙土管置于干燥器中，室温或 4℃ 冰箱中保藏；也可用液体石蜡封住，管口塞上棉花后，置 4℃ 冰箱中保藏。

5. 真空冷冻干燥保藏

(1) 流程：准备安瓿管→制备脱脂牛奶→制菌悬液→分装→预冻→真空干燥→封管→保藏→活化。

(2) 步骤

1) 准备安瓿管：安瓿管先用 2% HCl 溶液浸泡，再水洗多次，烘干。将标签放入安瓿管内，管口塞上棉花，灭菌备用。

2) 制备无菌脱脂牛奶：用蒸馏水配制 20% 的脱脂牛奶，灭菌，并做无菌试验后备用。

3) 制菌悬液：将无菌脱脂牛奶直接加到待保藏的菌种斜面内，用接种环将菌种刮下，轻轻搅拌使其均匀悬浮在无菌脱脂牛奶内成悬浮液。

4) 分装；用无菌长滴管将悬浮液分装入安瓿管底部，每支安瓿管的装量约为 0.9ml(一般装入量为安瓿管球部体积的 1/3)。

5) 预冻：将分装好样品的安瓿管在 –40 ~ –25℃ 的干冰中预冻 1 小时或在冰箱冷冻室中进行预冻。

6) 真空干燥：预冻结束后，将安瓿管放入真空器中，用真空泵干燥 8 ~ 20 小时。

7) 封管：封管前将安瓿管装入真空封管装置中的歧管，真空度抽至 1.333Pa 后在无菌条件下再用火焰熔封，封好后，用高频火花器检查各安瓿管的真空情况。如果管内呈现灰蓝色光，证明保持着真空。检查时，高频电火花器应射向安瓿管的上半部。

8) 保藏：安瓿管放置在低温避光处保藏。

9) 活化：如果要从中取出菌种恢复培养，可先用 75% 乙醇溶液消毒管外壁，然后将安瓿管上部在火焰上烧热，再滴几滴无菌水，使管子破裂。最后用接种针直接挑取松散的干燥样品，在斜面培养基中接种。

五、实验结果

1. 列表记录本实验中几种菌种保藏方法的操作要点和适合保藏的微生物种类。
2. 试分析各种微生物菌种保藏方法的优缺点。

六、思考与拓展

1. 经常使用的细菌菌种用哪种保藏方法比较好？沙土管法适合保藏哪一类微生物？
2. 菌种保藏中，石蜡的作用是什么？菌种保藏到期后，如何对相应菌种进行恢复培养？
3. 查阅资料，列出国际微生物菌种保藏机构和网址，并谈谈获取菌种的方法。

实验十二　细菌生长曲线的测定

一、实验目的

1. 了解细菌生长特点和测定原理。
2. 掌握用比浊法测定细菌生长曲线。
3. 认识细菌繁殖过程中的动态变化。

二、实验原理

测定微生物数量有多种不同的方法，可根据要求和实验室条件选用。由于菌悬液的浓度与光密度（optical density，*OD*）成正比，本实验将采用快捷、简便的比浊法测定。即利用分光光度计测定菌悬液的光密度来推知菌液的浓度（菌液的浓度与菌悬液的光密度成正比），并将所测的 OD_{600nm} 数值（纵坐标）与其对应的培养时间 t（横坐标）作图，即可绘出该菌在一定条件下的生长曲线。

生长曲线能够反映单细胞微生物在一定环境条件下的群体生长规律。依据其生长速率的不同，一般可把生长曲线分为四个主要阶段：延缓期（又称调整期）、对数期（又称生长旺盛期）、稳定期（又称平衡期）和衰亡期（又称死亡期）。各时期的长短因菌种遗传特性、接种量、培养基和培养条件不同而有所改变。因此，通过测定微生物的生长曲线，除了可反映各菌的生长规律之外，也对于了解细菌生理和生产实践，以及对科研和生产都具有重要的指导意义。

三、实验材料

1. **菌种**　大肠埃希菌(*Escherichia coli*)。

2. **培养基**　牛肉膏蛋白胨培养液。

3. **仪器及其他用品**　分光光度计、高压灭菌锅、超净工作台、电子天平、恒温摇床、比色皿、无菌吸管、三角瓶、试管、接种环、记号笔或标签纸、75% 乙醇溶液。

四、实验方法

1. **分组和标记编号**　取盛有 50ml 无菌牛肉膏蛋白胨培养液的 250ml 三角瓶 12 个，分别编号为空白对照和 0 小时、1.5 小时、3 小时、4 小时、6 小时、8 小时、10 小时、12 小时、14 小时、16 小时、20 小时。

2. **菌种活化及种子液制备**　取大肠埃希菌斜面菌种 1 支，以无菌操作挑取 1 环菌苔，接入无菌牛肉膏蛋白胨培养液中，37℃ 静止培养 18 ~ 24 小时作种子培养液。

3. **接种培养**　用 2ml 无菌吸管分别准确吸取 2ml 种子液加入已编号的后 11 个三角瓶中，于 37℃ 下振荡培养。未接种的为空白对照。然后分别按对应培养时间将三角瓶取出，立即放冰箱中贮存，待培养结束时一同测定 *OD* 值。

4. **相对生长量(OD_{600nm})的测定**　将空白对照的牛肉膏蛋白胨培养液倾倒入比色皿中，选用 600nm 波长，分光光度计调节零点，并对不同培养时间的培养液从 0 小时起依次进行测定。在测定 OD_{600nm} 数值前，振荡待测培养液，使细胞分布均匀，对浓度大的菌悬液用未接种的牛肉膏蛋白胨液体培养液适当稀释后测定，使 *OD* 值在 0.10 ~ 0.65 之间，经稀释后测得的 OD_{600nm} 数值要乘以稀释倍数，才是培养液实际的 OD_{600nm} 数值。测定 OD_{600nm} 数值后，将比色皿的菌液倾入容器中，用水冲洗比色皿，冲洗水也收集于容器中进行灭菌，最后用 75% 乙醇溶液冲洗比色杯。

5. **清洗**　将实验材料煮沸杀菌后洗刷干净。

五、实验结果

1. 将测定的 *OD* 值填入表 2-3。

表 2-3　不同培养时间的光密度值

培养时间 /h	对照	0	1.5	3	4	6	8	10	12	14	16	20
光密度值（OD_{600nm}）												

2. 以上述表格中的培养时间 t（小时）为横坐标，OD_{600nm} 数值为纵坐标，绘制大肠埃希菌的生长曲线。

六、思考与拓展

1. 用本实验方法测定微生物生长曲线，有何优缺点？并进一步分析绘制的大肠埃希菌生长曲线的特点。

2. 若同时用平板计数法测定，所绘出的生长曲线与用比浊法测定绘出的生长曲线有何差异？为什么？

实验十三　温度对微生物生长的影响

一、实验目的

1. 了解温度对微生物生长的影响与作用机制。
2. 学习和掌握最适生长温度的测定。
3. 学会自己设计实验测试不同温度或其他物理因素对微生物生长的影响。

二、基本原理

微生物的生命活动，必须在一定温度范围内进行，温度过高或过低，均会影响其代谢方式、生长速度，甚至可能致死微生物。不同微生物对高温的抵抗性差异极大，具有芽孢的细菌对高温具有较强的抵抗能力，故判别物品是否灭菌彻底常以是否完全杀死芽孢为依据。根据微生物生长最快的温度可以测定微生物的最适生长温度。不同微生物最适生长温度不同。实验将对普遍存在的枯草芽孢杆菌芽孢的耐热性做一个简单的测试。

三、实验材料

1. **菌种** 大肠埃希菌、枯草芽孢杆菌。

2. **培养基** 牛肉膏蛋白胨琼脂斜面和液体培养基。

3. **其他** 培养皿、试管、水浴锅、分光光度计、微量移液器或无菌滴管、无菌生理盐水、标签、记号笔、移液管、滴管等。

四、实验方法

1. **制备细菌悬液** 取37℃培养48小时的大肠埃希菌和枯草芽孢杆菌斜面，用4ml无菌生理盐水刮洗下斜面菌苔，并制备成均匀的菌悬液。

2. **准备供试管并标签标记** 取16支装无菌试管，用微量移液器在每个试管装入5ml牛肉膏蛋白胨液体培养基，按照顺序编1～16号。

3. **接种** 在单号管1、3、5、7、9、11、13、15中接入大肠埃希菌悬液0.2ml，在双号管2、4、6、8、10、12、14、16中接入枯草芽孢杆菌悬液0.2ml。

4. **耐温试验** 将已接种过菌悬液的1～8号试管同时放入50℃水浴中，充分振荡，使其受热均匀，10分钟后取出1～4管。再过10分钟(即处理20分钟)取出5～8管。同法将接过菌的9～16号管同时放入沸水浴，10分钟后取出9～12号管，再过10分钟(即处理20分钟)取出13～16号管。

5. **培养** 上述各管取出后，立即用冷水冲凉，然后置于37℃恒温培养箱中培养24小时，观察生长情况。

五、实验结果

比较大肠埃希菌和枯草芽孢杆菌对高温的抵抗力，以“–”表示不生长，“+”表示较差，“++”表示生长一般，“+++”表示生长良好。将结果记录于表2-4。

表2-4 大肠埃希菌和枯草芽孢杆菌对高温的抵抗力

菌名	大肠埃希菌				枯草芽孢杆菌			
处理温度	50℃		100℃		50℃		100℃	
处理时间/min	10	20	10	20	10	20	10	20

续表

菌名	大肠埃希菌								枯草芽孢杆菌							
试管编号	1	3	5	7	9	11	13	15	2	4	6	8	10	12	14	16
生长情况																

六、思考与拓展

1. 为何过高或过低的温度对微生物是不利的?

2. 温度对微生物生长的影响有哪些具体表现?

3. 查阅文献,谈谈高温和低温对微生物活动的影响,以及微生物是如何应对这些不利因素的。

实验十四 pH 对微生物生长的影响

一、实验目的

1. 掌握 pH 对微生物生长影响的原理与作用机制。

2. 学习和掌握最适生长 pH 的测定。

3. 学会设计实验测试不同 pH 对微生物的影响。

二、实验原理

微生物的生命活动、物质代谢与 pH 有着密切的关系,不同微生物要求不同的 pH,过高或过低的 pH 对微生物均是不利的,pH 对微生物生命活动的影响主要表现在以下几方面:一是引起细胞膜电荷变化,导致微生物细胞吸收营养物质能力改变;二是使蛋白质、核酸等生物大分子所带电荷发生变化,从而影响其生物活性;三是改变环境中营养物质的可给性及有害物质的毒性;四是过高或过低的 pH 都会降低微生物的高温抵抗能力。不同微生物对 pH 条件的不同要求在一定程度上反映出微生物对环境的适应能力,很多微生物只能在一定的 pH 范围内生长,这个 pH 范围有宽、有窄,而其生长最适 pH 常限于一个较窄的范围。

三、实验材料

1. **菌种** 大肠埃希菌(*Escherichia coli*)。

2. **培养基** 牛肉膏蛋白胨培养基。

3. **其他** 培养皿、试管、水浴锅、微量移液器(或无菌滴管)、无菌水、标签、记号笔、滴管、移液管等。

四、实验步骤

1. 配制5种不同pH(3.5、5.5、7.5、9.5和11.5)的牛肉膏蛋白胨液体培养基后分装试管,每种pH分装3管,每管5ml培养液,分装待用。

2. **制备菌悬液** 取37℃培养18 ~ 20小时的大肠埃希菌斜面1支,加入4ml无菌水,刮洗下斜面菌苔制备成均匀的大肠埃希菌悬液。

3. **接种** 在不同pH的牛肉膏蛋白胨液体培养基中分别接入大肠埃希菌液2滴(或0.1ml),摇匀后振荡通气37℃培养。

4. **培养与观察** 将大肠埃希菌供试管置37℃培养24小时后观察结果。以目测或用分光光度计测菌液浓度的OD_{600nm}数值,以此来判断大肠埃希菌最适生长pH。也可定时多次测试OD_{600nm}数值,用以绘制不同pH下的生长曲线。

5. **结果记录** 以“–”表示不生长,“+”表示稍有生长,“++”表示生长好,“+++”表示高浓度菌液,或用试管菌液浓度的OD_{600nm}数值表示。

五、实验结果

1. 将观察到的情况或测定的OD_{600nm}数值填入表2-5。

表2-5 不同培养pH观察到的情况或光密度值(OD_{600nm}数值)

指标	培养pH				
	3.5	5.5	7.5	9.5	11.5
观察情况或光密度值(OD_{600nm})					

2. 以上述表格中的培养pH为横坐标,OD_{600nm}值为纵坐标,绘制大肠埃希菌的生长曲线。

六、思考与拓展

1. 过高或过低的 pH 对微生物的不利影响是什么？试分析引起 pH 改变的原因有哪些，如何保证稳定的 pH 环境。

2. 查阅文献，试述酸碱度对微生物活动的影响，以及微生物如何应对这些不利因素的。

实验十五 微生物鉴定用典型生理生化试验

一、实验目的

1. 了解细菌鉴定中常用的生理生化试验反应原理。
2. 了解糖发酵试验原理及其在肠道细菌鉴定中的重要作用。
3. 掌握测定细菌生理生化特征的技术和方法。

二、实验原理

各种微生物在代谢类型上表现出很大的差异。由于细菌特有的单细胞原核生物的特性，这种差异就表现得更加明显。不同细菌分解、利用糖类、脂肪类和蛋白类物质的能力不同，其发酵的类型和产物也不相同，也就是说，不同微生物具有不同的酶系统。即使在分子生物学技术和手段不断发展的今天，细菌的生理生化反应在菌株的分类鉴定中仍有很大作用。

三、实验内容

项目 1 糖发酵试验

1. **实验目的** 了解不同细菌分解利用糖的能力及实验原理，并掌握糖发酵试验的操作方法。

2. **实验原理** 糖发酵试验是常用的鉴别微生物的生化反应，尤其是在肠道细菌的鉴定上较为重要。虽然绝大多数细菌都能利用糖类作为碳源和能源，但是它们在分解糖类物质的能力上有很大的差异。有些细菌能分解某种糖产生有机酸（如乳糖、醋酸、丙酸等）和气体（如氢气、甲烷、二氧化碳等），而有些细菌只产酸不产气。例如大肠埃希菌能分解乳糖和葡萄糖产酸并产气，伤寒杆菌分解葡萄糖产酸不产气，普通变形杆菌可以分解葡萄糖产酸产气，却不能分解乳糖。如在含有蛋白胨的发酵培养基中加入不同的糖类、溴甲酚紫指示剂和倒置的杜氏小管。当发酵产酸时，溴甲酚紫指示剂可由紫色（pH=6.8）变为黄色（pH=5.2）。气体的产生可由倒置的杜氏小管中有无气泡来证明（图 2-16）。

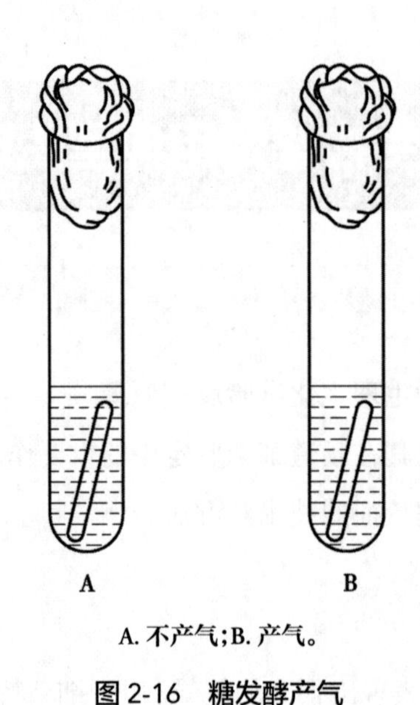

A. 不产气；B. 产气。

图 2-16　糖发酵产气

3. 实验材料

（1）菌种：大肠埃希菌（*Escherichia coli*）、普通变形杆菌（*Proteus vulgaris*）的斜面菌种。

（2）培养基：葡萄糖发酵培养基试管和乳糖发酵培养基试管各 3 支（内装有倒置的杜氏小管）。

（3）仪器及其他：恒温培养箱等。

4. 实验步骤

（1）接种培养：取葡萄糖发酵培养基试管 3 支，第一支不接种，作为空白对照，另外两支分别接入大肠埃希菌、普通变形杆菌。

另取乳糖发酵培养基试管 3 支，同样第一支不接种，作为空白对照，另外两支分别接入大肠埃希菌、普通变形杆菌。置于 37℃ 恒温培养箱中培养，分别在培养 24 小时、48 小时和 72 小时后观察结果。

（2）观察记录：与空白对照管比较，若接种培养液保持原有颜色，其反应结果为阴性，表明该菌不能利用该种糖，用“–”表示；如培养液呈黄色，反应结果为阳性，表明该菌能分解该种糖产酸，用“+”表示；如培养液变黄色而且杜氏小管内有气泡为阳性反应，表明该菌分解糖能产酸并产气，记录用“⊕”表示。

项目2 V-P试验（又称乙酰甲基甲醇试验）

1. **实验目的** 了解鉴别肠杆菌科各菌属的乙酰甲基甲醇试验原理，并掌握其操作方法。

2. **实验原理** 某些细菌在葡萄糖蛋白胨水培养基中能分解葡萄糖产生丙酮酸，丙酮酸通过缩合、脱羧等化学反应可生成乙酰甲基甲醇，该物质在强碱环境下，可与空气中的氧气反应，被氧化为二乙酰，二乙酰能够与蛋白胨中的胍基生成红色化合物，称V-P（+）反应。

3. **实验材料**

（1）菌种：大肠埃希菌（*Escherichia coli*）、产气肠杆菌（*Enterobacter aerogenes*）、普通变形杆菌（*Proteus vulgaris*）、枯草芽孢杆菌（*Bacillus subtilis*）的斜面菌种。

（2）培养基及试剂：葡萄糖蛋白胨水培养基、40% NaOH溶液、肌酸、肌酸酐。

（3）仪器及其他：接种环、记号笔、恒温培养箱、滴管、试管、牙签等。

4. **实验步骤**

（1）标记试管：取5支装有葡萄糖蛋白胨水培养基的试管，分别标记为空白对照、枯草芽孢杆菌、产气肠杆菌、大肠埃希菌和普通变形杆菌。

（2）接种培养：以无菌操作分别接种少量菌苔至以上相应试管中，空白对照管不接种，置于37℃恒温培养箱中，培养24 ~ 48小时。

（3）观察记录：取出以上所有试管，振荡1 ~ 2分钟。另取5支空试管相应标记菌名，分别加入3 ~ 5ml以上对应管中的培养液，再加入40% NaOH溶液10 ~ 20滴，并用牙签挑入0.5 ~ 1mg肌酸（creatine）或肌酸酐（creatinine），振荡试管，以使空气中的氧溶入，置于37℃恒温培养箱中保温15 ~ 30分钟后，若培养液呈红色，记录为V-P试验阳性反应(用“+”表示)；若不呈红色，记录为V-P试验阴性反应（用“–”表示），此方法又称为O’Meara氏法。

（4）注意：原试管中留下的培养液用作甲基红试验。

（5）本试验一般用于肠杆菌科各菌属的鉴别。在用于芽孢杆菌和葡萄球菌等其他细菌时，通用培养基中的磷酸盐会阻碍乙酰甲基醇的产生，故应省去或以氯化钠代替。

项目 3　甲基红试验(简称 MR 试验)

1. **实验目的**　了解鉴别肠杆菌科各菌属的甲基红试验原理,并掌握其操作方法。

2. **实验原理**　肠杆菌科各菌属都能发酵葡萄糖产生丙酮酸,而在进一步分解代谢过程中,由于糖代谢的途径不同,可产生甲酸、醋酸(乙酸)、乳酸和琥珀酸等大量酸性产物,使培养基 pH 下降至 4.5 以下,加入甲基红指示剂可呈红色。如细菌分解葡萄糖产酸量少,或产生的酸进一步转化为其他小分子物质(如醇、醛、酮、气体和水等),培养基 pH 在 5.4 以上,加入甲基红指示剂呈橘黄色。本试验常与 V-P 试验一块应用,因为前者呈阳性的细菌,后者通常为阴性。

3. **实验材料**

(1)菌种:同 V-P 试验。

(2)培养基及试剂:葡萄糖蛋白胨水培养基、40% NaOH 溶液、肌酸、甲基红指示剂。

(3)仪器及其他:滴管等。

4. **实验步骤**　于 V-P 试验留下的培养液中,各加入 2 ~ 3 滴甲基红指示剂,注意沿管壁加入。仔细观察培养液上层,若培养液上层变成红色,即为阳性反应,记录用“+”表示;若仍呈黄色,则为阴性反应,记录用“–”表示。

项目 4　吲哚试验

1. **实验目的**　掌握吲哚试验(又称 Ehrlich 法)的原理和方法。

2. **实验原理**　有些细菌含有色氨酸酶,能分解蛋白胨中的色氨酸生成吲哚(靛基质)。吲哚本身没有颜色,但当与吲哚试剂中的对二甲氨基苯甲醛作用后可形成红色的玫瑰吲哚。

3. **实验材料**

(1)菌种:同 V-P 试验。

(2)培养基及试剂蛋白:培养基同 V-P 试验、乙醚、吲哚试剂。

(3)仪器及其他:记号笔、移液管、接种环、滴管、试管等。

4. **实验步骤**

(1)试管标记:取装有蛋白胨水培养基的试管 5 支,标记方法同 V-P 试验。

(2)接种培养:同 V-P 试验。

(3)观察记录:在培养基中加入乙醚 1 ~ 2ml,经充分振荡使吲哚萃取至乙醚中,静置片刻后乙醚层浮于培养液的上面,此时沿管壁缓慢加入 5 ~ 10 滴吲哚试剂(注意:在加入吲哚试剂后切勿摇动试管，以防破坏乙醚层影响结果观察)。如有吲哚存在，乙醚层呈现玫瑰红色，即为吲哚试验阳性反应(用“+”表示)；若不呈玫瑰红色，则为吲哚试验阴性反应(用“–”表示)。

项目5　氨基酸脱羧酶试验

1. 实验目的

(1)了解氨基酸脱羧酶试验的原理及用途。

(2)学习氨基酸脱羧酶试验的操作技术。

2. 实验原理　有些细菌含有氨基酸脱羧酶，在偏酸性条件下可以分解氨基酸，使之脱去羧基，生成胺类物质和二氧化碳。胺类物质使培养基呈碱性，使培养基中指示剂(溴甲酚紫)呈紫色，此时氨基酸脱羧酶试验阳性；如无碱性产物(因分解葡萄糖产酸)使培养基呈黄色，为阴性。肠道杆菌和假单胞菌的鉴定常采用本试验。

3. 实验材料

(1)菌种：大肠埃希菌(*Escherichia coli*)和志贺菌(*Shigella* spp.)。

(2)培养基及试剂：氨基酸脱羧酶试验培养基、溴甲酚紫。

(3)仪器及其他：接种环、试管、恒温培养箱等。

4. 实验步骤

(1)接种培养：取加有葡萄糖、指示剂(溴甲酚紫)、精氨酸(或鸟氨酸、赖氨酸，D、L型均可)的培养基试管2支，将试验菌接种于其内；另取对照培养基(未加氨基酸)试管2支，将上述试验菌接种于其内。最后将4支管一并放入37℃恒温培养箱中培养18 ~ 24小时观察结果。

(2)观察记录：培养基呈紫色者，表明试验菌氨基酸脱羧酶试验阳性；培养基呈黄色者，表明试验菌该项试验阴性，分别用“+”或“–”表示。

项目6　苯丙氨酸脱氨酶试验

1. 实验目的

(1)了解苯丙氨酸脱氨酶试验的用途及原理。

(2)学习苯丙氨酸脱氨酶试验的操作技术。

2. 实验原理　某些细菌具有苯丙氨酸脱氨酶，能将苯丙氨酸氧化脱氨形成苯丙酮酸，苯丙酮酸遇到三氧化铁呈蓝绿色。本试验用于肠杆菌科和某些芽孢杆菌种的鉴定。

3. 实验材料

(1)菌种:大肠埃希菌(*Escherichia coli*)和普通变形杆菌(*Proteus vulgaris*)。

(2)培养基及试剂:苯丙氨酸培养基、10% 三氯化铁溶液。

(3)仪器及其他:恒温培养箱、接种环、滴管等。

4. 实验步骤

(1)接种与培养:将待试验菌接种到无菌的苯丙氨酸培养基斜面上(注意:接种量要大),置于 37℃ 恒温培养箱中培养 18 ~ 24 小时后,观察结果。

(2)观察记录:向培养好的菌种斜面上滴加 10% 三氯化铁溶液 2 ~ 3 滴,沿培养基斜面自上流下,呈蓝绿色者,为苯丙氨酸脱氨酶试验阳性;否则为苯丙氨酸脱氨酶试验阴性,分别用“+”或“-”表示。

项目 7　大分子物质的水解试验

1. 实验目的

(1)不同微生物对各种有机大分子物质的水解能力不同,从而说明不同微生物有着不同的酶系统。

(2)掌握进行微生物大分子物质的水解试验的原理和方法,以及大分子物质的水解试验在微生物鉴别中的作用。

2. 实验原理　各种微生物在代谢类型上表现出很大的差异。不同微生物分解大分子碳水化合物、蛋白质和脂肪的能力不同,有的微生物对大分子物质如碳水化合物、脂肪和蛋白质不能直接利用,必须依靠产生的胞外酶将大分子物质分解成较小分子物质后才能吸收利用。不同微生物对营养的要求不同也说明了它们有不同的合成能力。所有这些都反映了它们有不同的酶系统。如淀粉酶水解淀粉为小分子的糊精、双糖和单糖,脂肪酶水解脂肪为甘油和脂肪酸,蛋白酶水解蛋白质为氨基酸等,这些过程均可通过观察细菌菌落周围的物质变化来证实。

淀粉遇碘液会产生蓝色,若在微生物水解淀粉的区域内,用碘液测定淀粉含量时,不再产生蓝色,表明微生物可产生淀粉酶并将淀粉水解。

脂肪水解后产生的脂肪酸能改变培养基的 pH,使 pH 降低,加入培养基的中性红指示剂会使培养基从淡红色转变为深红色(pH 降低),说明微生物可产生脂肪酶。

明胶是由胶原蛋白水解产生的蛋白质,在 25℃ 以下可维持凝胶状态,以固体形式存在。有些微生物可产生一种称作明胶酶的胞外酶,可水解这种明胶蛋白质,使明胶液化,甚至在

4℃仍然能保持液化状态。

微生物水解酪蛋白（牛奶中常见的一种蛋白质）的反应可用石蕊牛奶法来检测。石蕊牛奶培养基由脱脂牛奶和石蕊配制而成，是浑浊的蓝色（pH 大于 8.0），酪蛋白水解成氨基酸和肽后，培养基会变得透明。石蕊牛奶也常被用来检测乳糖发酵，因为在酸存在的条件下，石蕊会转变成粉红色（pH 小于 5.0），而过量的酸可引起牛奶的固化（凝乳形成）；氨基酸的分解会引起碱性反应，使石蕊变成紫色（pH 在 5.0 ~ 8.0 之间）。此外，某些细菌能还原石蕊，使试管底部变为白色。

尿素是大多数哺乳动物消化蛋白质后，排泄代谢氮分泌在尿液中的废物。尿素酶能分解尿素释放出氨（碱性物质），这是一个分辨细菌很有用的诊断试验。尿素琼脂含有尿素、葡萄糖和酚红，酚红指示剂在 pH 小于 6.8 时为黄色，而在培养过程中，能产尿素酶的微生物可将尿素分解并产生氨，促使培养基的 pH 升高，当 pH 升至或高于 8.4 时，酚红指示剂就转变为深粉红色。

微生物生化反应的多样性常被研究者们利用，作为鉴定和分类微生物的方法。

3. 实验材料

（1）菌种：枯草芽孢杆菌（*Bacillus subtilis*）、大肠埃希菌（*Escherichia coli*）、铜绿假单胞菌（*P. aeruginosa*）、普通变形杆菌（*Proteus vulgaris*）、金黄色葡萄球菌（*Staphylococcus aureus*）。

（2）培养基及试剂：固体淀粉培养基、鲁氏碘液、固体油脂培养基、明胶培养基试管、石蕊牛奶试管、尿素琼脂试管等。

（3）仪器及其他：培养皿、记号笔、恒温培养箱、滴管等。

4. 实验步骤

（1）淀粉水解试验

1）接种培养：分别将枯草芽孢杆菌、大肠埃希菌、金黄色葡萄球菌和铜绿假单胞菌四种菌种划线接种于无菌固体淀粉培养基平板上，并用记号笔做好标记，将接好菌的平板倒置放在 37℃恒温培养箱中，培养 24 小时。

2）观察记录：观察各种细菌的生长情况，打开平板盖子，滴入少量鲁氏碘液于平板中，轻轻旋转平板，使碘液均匀铺满整个平板。如果菌苔周围出现无色透明圈，说明淀粉已被水解，为阳性。透明圈的大小可初步判断该菌水解淀粉能力的强弱，即产生胞外淀粉酶活力的高低。

（2）油脂水解试验

1）接种培养：分别将枯草芽孢杆菌、大肠埃希菌、金黄色葡萄球菌和铜绿假单胞菌四种菌十字划线接种于无菌固体油脂培养基平板上的中心，并用记号笔做好标记，将接好菌的平板倒置放在37℃恒温培养箱中，培养24小时。

2）观察记录：取出平板，观察菌苔颜色，如果出现红色斑点，说明脂肪水解，为阳性反应。

(3)明胶液化试验

1）接种培养：分别将枯草芽孢杆菌、大肠埃希菌和金黄色葡萄球菌穿刺接种于明胶培养基试管中，并用记号笔做好标记，于20℃培养2 ～ 5天。

2）观察记录：观察明胶液化情况。

(4)石蕊牛奶试验

1）接种培养：分别将普通变形杆菌和金黄色葡萄球菌接种于2支石蕊牛奶培养基试管中，并用记号笔做好标记，于37℃培养24 ～ 48小时。

2）观察记录：观察培养基颜色变化，石蕊在酸性条件（pH小于5.0）下为粉红色，微碱性条件（pH为5.0 ～ 8.0之间）下为紫色，被还原时为白色。

(5)尿素试验

1)接种培养：分别将普通变形杆菌和金黄色葡萄球菌接种于2支尿素培养基(含有尿素、葡萄糖和酚红)斜面试管中，并用记号笔做好标记，于37℃培养24 ～ 48小时。

2）观察记录：观察培养基颜色变化，尿素酶存在时为红色（pH高于8.4)，无尿素酶时为黄色（pH小于6.8)。

四、思考与拓展

1. 以上生理生化反应能用于鉴别细菌，其原理是什么？细菌生理生化反应试验中为什么要设置对照？

2. 接种后的明胶试管可以在37℃培养，在培养后必须采取什么措施才能证明液化的存在？

3. 试设计一个试验方案，鉴别一株肠道细菌。

4. 假设某种微生物可以有氧代谢葡萄糖，发酵试验应该出现怎样的结果？

第三篇

食品微生物检验技术

实验十六　食品中菌落总数测定

一、实验目的

1. 掌握食品中菌落总数测定、计数与报告的原理及方法。
2. 理解菌落总数测定的卫生学意义。
3. 能对不同食品进行菌落总数的检测。

二、实验原理

菌落总数测定是指食品待检样经均质和稀释处理后，选取 2 ～ 3 个稀释度，置一定条件下(如培养基、培养温度及培养时间等)培养后，所得单位质量检样中形成的微生物菌落总数，一般以每克(毫升)检样中菌落形成单位(colony forming unit，CFU)数表示，即 CFU/g(或 CFU/ml)。菌落总数主要作为判别食品被污染程度的标志，但并不表示样品中实际存在的所有细菌总数，也并不能区分其中细菌的种类，只包括一群在平板计数琼脂中生长发育、嗜中温的需氧菌和兼性厌氧菌的菌落总数，所以有时被称为杂菌数、需氧菌数等。

三、实验材料

平板计数琼脂培养基、无菌磷酸盐缓冲液、无菌生理盐水；恒温培养箱、冰箱、恒温水浴箱、天平(0.1g)、均质器、振荡器、均质杯和均质袋、无菌吸管(1m、10ml)或微量移液器及吸头、无菌锥形瓶(250ml、500ml)、无菌培养皿(9cm)、玻璃珠、pH 计。

四、实验步骤

菌落总数的操作流程如图 3-1 所示。

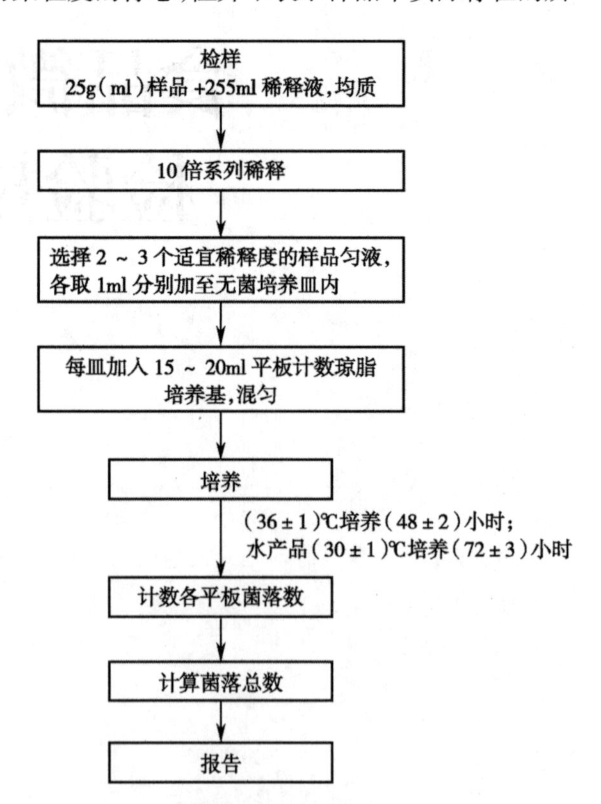

图 3-1　菌落总数检验程序

(一)取样和稀释

1. 取样

(1)固体和半固体样品:称取25g置于装有225ml稀释液(无菌磷酸盐缓冲液或无菌生理盐水)的无菌均质杯内,8 000 ~ 10 000r/min均质1 ~ 2分钟,或放入盛有225ml稀释液的无菌均质袋中,用均质器拍打1 ~ 2分钟,制成1∶10的样品匀液。

(2)液体样品:以无菌吸管吸取25ml样品置于装有225ml稀释液的无菌锥形瓶(瓶内可预置适量的无菌玻璃珠)中,振荡器充分混匀,制成1∶10的样品匀液。

2. 样品的稀释 用1ml无菌吸管或微量移液器吸取1∶10样品匀液1ml,沿管壁缓慢注于盛有9ml稀释液的无菌试管中,在振荡器上振荡混匀,制成1∶100的样品匀液,重复上述操作,依次制成10倍递增系列稀释样品匀液。选择2 ~ 3个适宜稀释度的样品匀液,各取1ml分别加至无菌培养皿内,每个稀释度做两个平皿。同时,分别吸取1ml空白稀释液加入两个无菌培养皿内作空白对照。每皿加入15 ~ 20ml平板计数琼脂培养基,转动平皿使其混匀。

(二)培养

待琼脂凝固后,将平板倒置放于36℃ ± 1℃培养(48 ± 2)小时,水产品30℃ ± 1℃培养(72 ± 3)小时。

(三)菌落计数

1. 选取菌落数在30 ~ 300CFU之间、无蔓延生长的平板计数。低于30CFU记录具体菌落数,大于300CFU记录为多不可计。

2. 其中一个平板有较大片状菌落生长时,则不宜采用,而应以无较大片状菌落生长的平板作为该稀释度的菌落数;若片状菌落不到平板的一半,而其余一半中菌落分布又很均匀,可计算半个平板后乘以2,代表一个平板菌落数。

3. 当平板上出现菌落间无明显界线的链状生长时,则将每条单链作为一个菌落计数。

(四)菌落总数计算与报告

1. 若只有一个稀释度菌落数在适宜范围内,计算两个平板菌落数的平均值,再将平均值乘以相应稀释倍数,作为每克(毫升)样品菌落总数结果,示例如表3-1。

表 3-1　菌落总数的计算

稀释度	1 : 10	1 : 100	1 : 1 000	计算结果	报告
菌落数 /CFU	多不可计,多不可计	143,151	13,14	14 700	15 000 或 1.5×10^4

2. 若有两个连续稀释度的菌落数在适宜计数范围内时,按式(3-1)计算:

$$N=(\sum C)/(n_1+0.1n_2)d \quad \text{式(3-1)}$$

式中,N 为样品中菌落数;$\sum C$ 为平板(含适宜范围菌落数的平板)菌落数之和;n_1 为第一稀释度(低稀释倍数)平板个数;n_2 为第二稀释度(高稀释倍数)平板个数;d 为稀释因子(第一稀释度)。

示例如表 3-2。

表 3-2　菌落总数的计算

稀释度	1 : 100(第一稀释度)	1 : 1 000(第二稀释度)	计算结果	报告
菌落数 /CFU	253,241	31,32	25 318	25 000 或 2.5×10^4

3. 若所有稀释度的菌落数均大于 300CFU,则对稀释度最高的平板进行计数,其他平板可记录为多不可计,结果按平均菌落数乘以最高稀释倍数计算,示例如表 3-3。

表 3-3　菌落总数的计算

稀释度	1 : 10	1 : 100	1 : 1 000	计算结果	报告
菌落数 /CFU	多不可计,多不可计	多不可计,多不可计	403,405	404 000	400 000 或 4.0×10^5

4. 若所有稀释度的平板菌落数均小于 30CFU,则应按稀释度最低的平均菌落数乘以稀释倍数计算,示例如表 3-4。

表 3-4　菌落总数的计算

稀释度	1 : 10	1 : 100	1 : 1 000	计算结果	报告
菌落数 /CFU	22,21	2,1	0,0	215	220 或 2.2×10^2

5. 若所有稀释度(包括液体样品原液)平板均无菌落生长,则以小于 1 乘以最低稀释倍数计算,示例如表 3-5。

表 3-5 菌落总数的计算

稀释度	1 : 10	1 : 100	1 : 1 000	计算结果	报告
菌落数 /CFU	0,0	0,0	0,0	<10	<10

6. 若所有稀释度的平板菌落数均不在 30 ~ 300CFU 范围内,则以最接近 30CFU 或 300CFU 的平均菌落数乘以稀释倍数计算,示例如表 3-6。

表 3-6 菌落总数的计算

稀释度	1 : 10	1 : 100	1 : 1 000	计算结果	报告
菌落数 /CFU	308,302	16,19	2,3	3 050	3 100 或 3.1×10^3

五、实验结果

称重、体积取样分别以 CFU/g、CFU/ml 为单位报告,报告食品总菌落总数。

六、思考与拓展

1. 食品中测得的菌落总数是否就是食品中所有的细菌总数,为什么?
2. 如果高稀释度平板上的菌落数比低稀释度平板上的菌落数高,说明什么问题?

实验十七 食品中大肠菌群测定

一、实验目的

1. 掌握食品中大肠菌群测定的原理及方法。
2. 理解大肠菌群测定的卫生学意义。

二、实验原理

大肠菌群系指在一定培养条件下能发酵乳糖、产酸产气的需氧和兼性厌氧革兰氏阴性无芽孢杆菌。该菌主要来源于人、畜粪便，故以此作为粪便污染指标来评价食品的卫生质量，反映食品中肠道致病菌污染的可能性，具有广泛的卫生学意义。食品中大肠菌群计数有两种方法，第一种为MPN计数法，系以每克（毫升）检样中大肠菌群最大概率数（most probable number，MPN）表示，适用于大肠菌群含量较低的食品中大肠菌群的计数；第二种为平板计数法，系大肠菌群在固体培养基中发酵乳糖产酸，在指示剂的作用下形成可计数的红色或紫色、带有或不带有沉淀环的菌落，适用于大肠菌群含量较高的食品中大肠菌群的计数。

三、实验材料

月桂基硫酸盐胰蛋白胨（lauryl sulfate tryptose，LST）肉汤、煌绿乳糖胆盐（brilliant green lactose bile，BGLB）肉汤、结晶紫中性红胆盐琼脂（violet red bile agar，VRBA）、无菌磷酸盐缓冲液、无菌生理盐水、1mol/L NaOH溶液、1mol/L HCl溶液、恒温培养箱、冰箱、恒温水浴箱、天平（0.1g）、均质器、振荡器、均质杯和均质袋、无菌吸管（1ml、10ml）或微量移液器及吸头、无菌锥形瓶（500ml）、无菌试管、无菌培养皿（9cm）、接种环、玻璃珠、pH计。

四、实验步骤

（一）取样和稀释

1. 取样

（1）固体和半固体样品：称取25g置于装有225ml稀释液（无菌磷酸盐缓冲液或生理盐水）的无菌均质杯内，8 000～10 000r/min均质1～2分钟，或放入盛有225ml稀释液的无菌均质袋中，用均质器拍打1～2分钟，制成1∶10的样品匀液。

（2）液体样品：以无菌吸管吸取25ml样品置于装有225ml稀释液的无菌锥形瓶（瓶内可预置适量的无菌玻璃珠）中，振荡器充分混匀，制成1∶10的样品匀液。

样品匀液的pH应在6.5～7.5之间，必要时可用1mol/L NaOH溶液或1mol/L HCl溶液调节。

2. 样品的稀释　用1ml无菌吸管或微量移液器吸取1∶10样品匀液1ml，沿管壁缓慢注于盛有9ml稀释液的无菌试管中，振荡器振荡混匀，制成1∶100的样品匀液，重复上述操作，依次制成10倍递增系列稀释样品匀液。从制备样品匀液至样品接种完毕，全过程不得超过15分钟。

后续操作根据食品检样需求选择MPN计数法或者平板计数法。

（二）大肠菌群MPN计数法（第一法）

大肠菌群MPN计数的操作流程如图3-2所示。

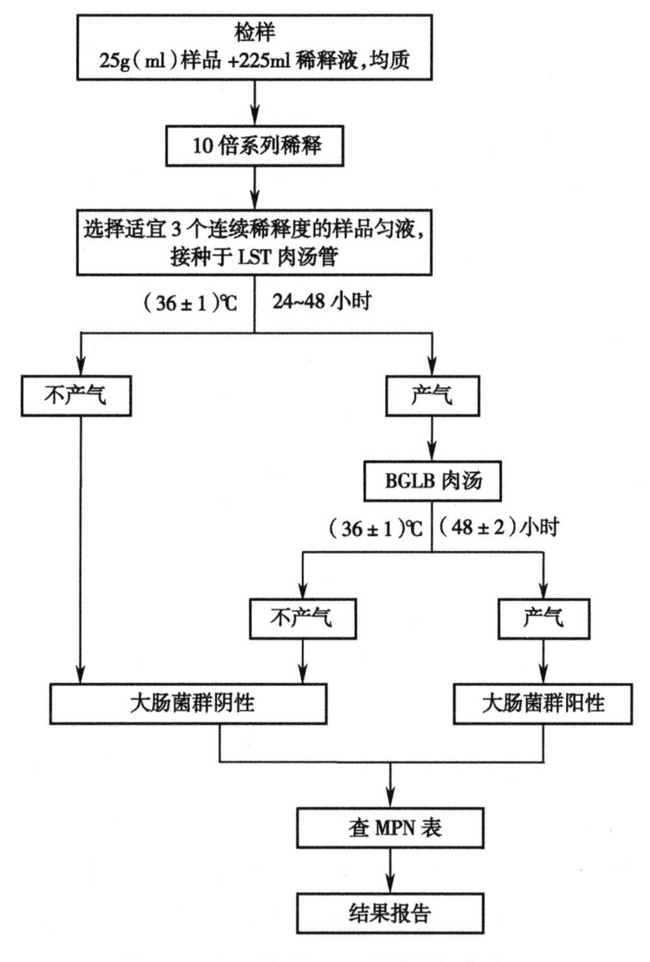

图3-2 大肠菌群MPN计数的操作流程

1. **初发酵试验** 每个样品，选择3个适宜的连续稀释度的样品匀液（液体样品可以选择原液），每个稀释度接种3管LST肉汤，每管接种1ml（如接种量超过1ml，则用双料LST肉汤），（36±1）℃培养（24±2）小时，观察杜氏小管内是否有气泡产生，（24±2）小时产气者进行复发酵试验(证实试验),如未产气则继续培养至(48±2)小时,产气者进行复发酵试验。未产气者为大肠菌群阴性。

2. **复发酵试验** 用接种环从产气的LST肉汤管中分别取培养物1环,移种于BGLB肉汤管中,(36±1)℃培养(48±2)小时,观察产气情况。产气者,计为大肠菌群阳性管。

(三)大肠菌群平板计数法(第二法)

大肠菌群平板计数的操作流程如图3-3所示。

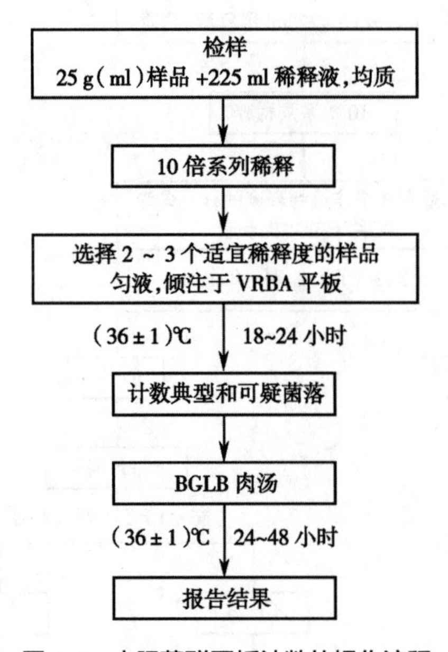

图3-3 大肠菌群平板计数的操作流程

1. **平板计数** 选取2 ~ 3个适宜的连续稀释度,每个稀释度接种2个无菌平皿,每皿1ml。同时取1ml生理盐水加入无菌平皿作空白对照。

及时将15 ~ 20ml 46℃左右的VRBA倾注于每个平皿中,小心旋转平皿,将培养基与样液充分混匀,待琼脂凝固后,再加3 ~ 4ml VRBA覆盖于平皿表层。倒置平皿置于36℃±1℃培养18 ~ 24小时。

2. **平板菌落数的选择** 选取菌落数在15 ~ 150CFU的平板,分别计数平板上出现的典型和可疑菌落。典型菌落为紫红色,菌落周围有红色的胆盐沉淀环,菌落直径为0.5mm或更大,最低稀释度平板低于15CFU的记录具体菌落数。

3. **证实试验** 从VRBA平板上挑取10个不同类型的典型和可疑菌落,少于10个菌落的挑取全部典型和可疑菌落。分别移种于 BGLB 肉汤管内，36℃ ± 1℃ 培养 24 ~ 48 小时，观察产气情况。凡 BGLB 肉汤管产气，即可报告为大肠菌群阳性。

五、实验结果

1. **大肠菌群最可能数（MPN）的报告** 复发酵试验证实的大肠菌群 BGLB 阳性管数，检索 MPN 表，报告每克（毫升）样品中大肠菌群的 MPN 值。

2. **大肠菌群平板计数报告** 经最后证实为大肠菌群阳性的试管比例 × 计数的平板菌落数 × 稀释倍数，即为每克（毫升）样品中大肠菌群数。例如，10^{-3} 倍样品稀释液 1ml，在 VRBA 平板上有 100 个典型和可疑菌落，挑取其中 10 个接种于 BGLB 肉汤管，证实有 8 个阳性管，则该样品的大肠菌群数为：$(8/10) \times 100 \times 10^{3} = 8.0 \times 10^{4}$（CFU/g）[或 8.0×10^{4}（CFU/ml）]。若所有稀释度（包括液体样品原液）平板均无菌落生长，则以小于 1 乘以最低稀释倍数计算。

六、思考与拓展

1. 哪些因素会影响大肠菌群的检测结果？
2. 说明在大肠菌群检测中复发酵试验的意义。

实验十八 食品中霉菌和酵母菌计数

一、实验目的

1. 掌握食品中霉菌和酵母菌的平板计数法。
2. 掌握番茄酱罐头、番茄汁中霉菌的直接镜检计数法。
3. 理解霉菌和酵母菌计数的卫生学意义。

二、实验原理

霉菌和酵母菌计数有两种方法，第一种平板计数法是指食品待检样经过处理，置一定条件下（如培养基、培养温度及培养时间等）培养后，所得单位质量检样中霉菌和酵母菌的菌落形成单位总数，一般以 CFU/g（或 CFU/ml）表示，适用于各类食品中霉菌和酵母菌的计数。第二种霉菌直接镜检计数法，是通过郝氏计测玻片计数含有霉菌菌丝的显微视野，根据制品中霉菌的残留量，对番茄酱罐头、番茄汁中霉菌进行计数。

三、实验材料

马铃薯葡萄糖琼脂、孟加拉红琼脂、无菌磷酸盐缓冲液、无菌生理盐水；恒温培养箱、恒温水浴箱、天平(0.1g)、均质器、涡旋混合器、振荡器、均质杯和均质袋、无菌吸管(1ml、10ml)或微量移液器及吸头、无菌锥形瓶(500ml)、无菌试管、无菌培养皿(9cm)、无菌试管 18mm × 180mm、折光仪、郝氏计测玻片、盖玻片、玻璃棒或滴管、玻璃珠、测微器(具标准刻度的玻片)。

四、实验步骤

(一)霉菌和酵母菌平板计数法(第一法)

霉菌和酵母菌平板计数法的操作流程如图 3-4 所示。

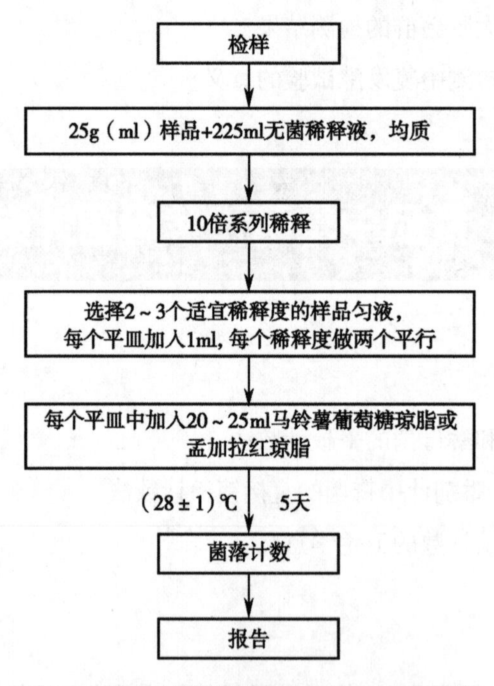

图 3-4 霉菌和酵母菌平板计数法的操作流程

1. 取样

(1)固体和半固体样品：称取 25g 样品置于装有 225ml 无菌稀释液(无菌磷酸盐缓冲液或

生理盐水）的无菌锥形瓶中，充分振摇，或用均质器拍打 1 ～ 2 分钟，制成 1 ∶ 10 的样品匀液。

（2）液体样品：以无菌吸管吸取 25ml 样品置于装有 225ml 稀释液的无菌锥形瓶（瓶内可预置适量的无菌玻璃珠）中，振荡器充分混匀，制成 1∶10 的样品匀液。

2. **样品的稀释** 用 1ml 无菌吸管或微量移液器吸取 1∶10 样品匀液 1ml，沿管壁缓慢注于盛有 9ml 稀释液的无菌试管中，在振荡器上振荡混匀，制成 1∶100 的样品匀液，重复上述操作，依次制成 10 倍递增系列稀释样品匀液。选择 2 ～ 3 个适宜稀释度的样品匀液，每个稀释度各取 1ml 分别加入两个无菌培养皿内，同时分别吸取 1ml 空白稀释液加入两个无菌培养皿内作空白对照。每皿加入 20 ～ 25ml 马铃薯葡萄糖琼脂或孟加拉红琼脂，转动平皿使其混匀。

3. **培养** 待琼脂凝固后，将平板倒置放于 28℃ ± 1℃ 恒温培养箱中培养，观察至第 5 天的结果。

4. **菌落计数** 选取菌落数在 10 ～ 150CFU 间、无蔓延生长的平板计数，根据菌落形态分别计数霉菌和酵母菌。霉菌蔓延生长覆盖整个平板的可记录为菌落蔓延。

5. **计算**

（1）计算同一稀释度的两个平板菌落数平均值，再将平均值乘以相应稀释倍数计算。

（2）若有两个稀释度的菌落数均在 10 ～ 150CFU 之间，则按照菌落总数测定相应规定进行计算。

（3）若所有平板上菌落数均大于 150CFU，则对稀释度最高的平板进行计数，其他平板可记录为多不可计，结果按平均菌落数乘以最高稀释倍数计算。

（4）若所有平板上菌落数均小于 10CFU，则应按稀释度最低的平均菌落数乘以稀释倍数计算。

（5）若所有稀释度（包括样品原液）平板均无菌落生长，则以小于 1 乘以最低稀释倍数计算。

（6）若所有稀释度的平板菌落数均不在 10 ～ 150CFU 间，其中一部分小于 10CFU 或大于 150CFU 时，则以最接近 10CFU 或 150CFU 的平均菌落数乘以稀释倍数计算。

6. **报告说明**

（1）菌落数按“四舍五入”原则修约。菌落数在 10 以内时，采用一位有效数字报告；在 10 ～ 100 之间时，采用两位有效数字报告。

（2）菌落数≥ 100 时，前 3 位数字采用“四舍五入”原则修约后，取前两位数字，后面用 0 代替位数来表示结果；也可用 10 的指数形式来表示，此时也按“四舍五入”原则修约，保留两位有效数字。

（3）若空白对照平板上有菌落出现，则此次检测结果无效。

（二）霉菌直接镜检计数法（第二法）

1. **检样制备**　将适量检样用蒸馏水稀释至其折光指数为1.344 7 ~ 1.346 0（或用糖度计测其浓度为7.9% ~ 8.8%）。

2. **显微镜标准视野校正**　将载玻片放在显微镜的载物台上，配片置于目镜的光栏孔上，然后观察。标准视野要具备两个条件：在显微镜放大倍数为90 ~ 125，载玻片上相距1.382mm的两条平行线与视野相切；配片大方格四边也与视野相切。上述两条件，只要其中有一条不符合者，须经校正后再使用。

3. **涂片**　洗净郝氏计测玻片，将制好的标准液用滴管或玻璃棒均匀地摊布于计测室，以备观察。

4. **观测**　将制好的玻片放于显微镜标准视野下进行霉菌观测，一般每一检样观察50个视野。同一个检样应由两人进行观察。

在标准视野下，发现有霉菌菌丝长度超过标准视野（1.382mm）的1/6或三根菌丝总长度超过标准视野的1/6（即测微器的一格）时即为阳性（+），否则为阴性（–）。

五、实验结果

（1）第一法：称重、体积取样分别以CFU/g、CFU/ml为单位报告，报告霉菌和酵母菌数。

（2）第二法：以每100个视野中全部阳性视野数为霉菌的视野百分数（视野%）。即霉菌数 = 阳性视野数 /100 × 100%。

六、思考与拓展

1. 为什么霉菌和酵母菌的平板计数法要在培养基中加入孟加拉红？

2. 如何在平板中区分霉菌和酵母菌？

实验十九　食品中沙门菌检验

一、实验目的

1. 掌握食品中沙门菌检验的方法和技术。

2. 掌握沙门菌生化试验和血清学鉴定的操作方法和结果判断。

3. 理解食品中沙门菌检验的卫生学意义。

二、实验原理

沙门菌是一群寄居在人类及动物肠道内的人畜共患肠道病原菌,可通过人畜的粪便直接或间接污染食品生产各个环节,尤其在以动物脏器为原料的食品中污染最为严重,常引起肠炎、严重腹泻及食物中毒,为了避免此类病菌对食品安全和人类健康的危害,故某些食品必须检测沙门菌。食品中沙门菌含量较少,且常由于食品加工过程使其受到损伤而处于濒死状态,所以对某些加工食品(一般生鲜蛋或肉类)必须经过前增菌处理,即无选择性的培养基使其恢复活力,再进行选择性增菌,使沙门菌增殖,其他大多数细菌受到抑制。利用沙门菌的生化特征,借助于三糖铁、靛基质、尿素、KCN、赖氨酸等试验可与肠道其他菌属相鉴别。通过菌种特殊的抗原结构(O 抗原为主),可以把他们分辨出来。

三、实验材料

1. **设备及耗材** 恒温培养箱、冰箱、恒温水浴箱、天平(0.1g)、均质器、振荡器、均质杯和均质袋、无菌吸管(1ml、10ml)或微量移液器及吸头、无菌锥形瓶(250ml、500ml)、无菌培养皿(9cm)、pH 计、全自动微生物生化鉴定系统、接种环、接种针、载玻片、酒精灯、火柴。

2. **培养基及试剂** 缓冲蛋白胨水(buffered peptone water,BPW),四硫磺酸钠煌绿(tetrathionate broth base,TTB)增菌液,亚硒酸盐胱氨酸(selenite cystine,SC)增菌液,亚硫酸铋(bismuth sulfite,BS)琼脂,HE 琼脂,木糖赖氨酸脱氧胆盐(xylose lysine desoxycholate,XLD)琼脂,沙门菌属显色培养基,三糖铁(triple sugar iron,TSI)琼脂,甘露醇发酵培养基、山梨醇发酵培养基、蛋白胨水,靛基质试剂,尿素琼脂(pH=7.2),氰化钾(KCN)培养基,赖氨酸脱羧酶试验培养基,糖发酵管,邻硝基酚 β-D 半乳糖苷(*o*-nitrophenyl-β-D-galactopyranoside,ONPG)培养基,半固体琼脂,丙二酸钠培养基,沙门菌 O、H 和 Vi 诊断血清,生化鉴定试剂盒,1mol/L NaOH 溶液,1mol/L HCl 溶液、生理盐水。

四、实验步骤

沙门菌检验的操作流程如图 3-5 所示,包括预增菌→增菌→分离(平板划线分离培养)→鉴定(生化鉴定 / 血清鉴定)。

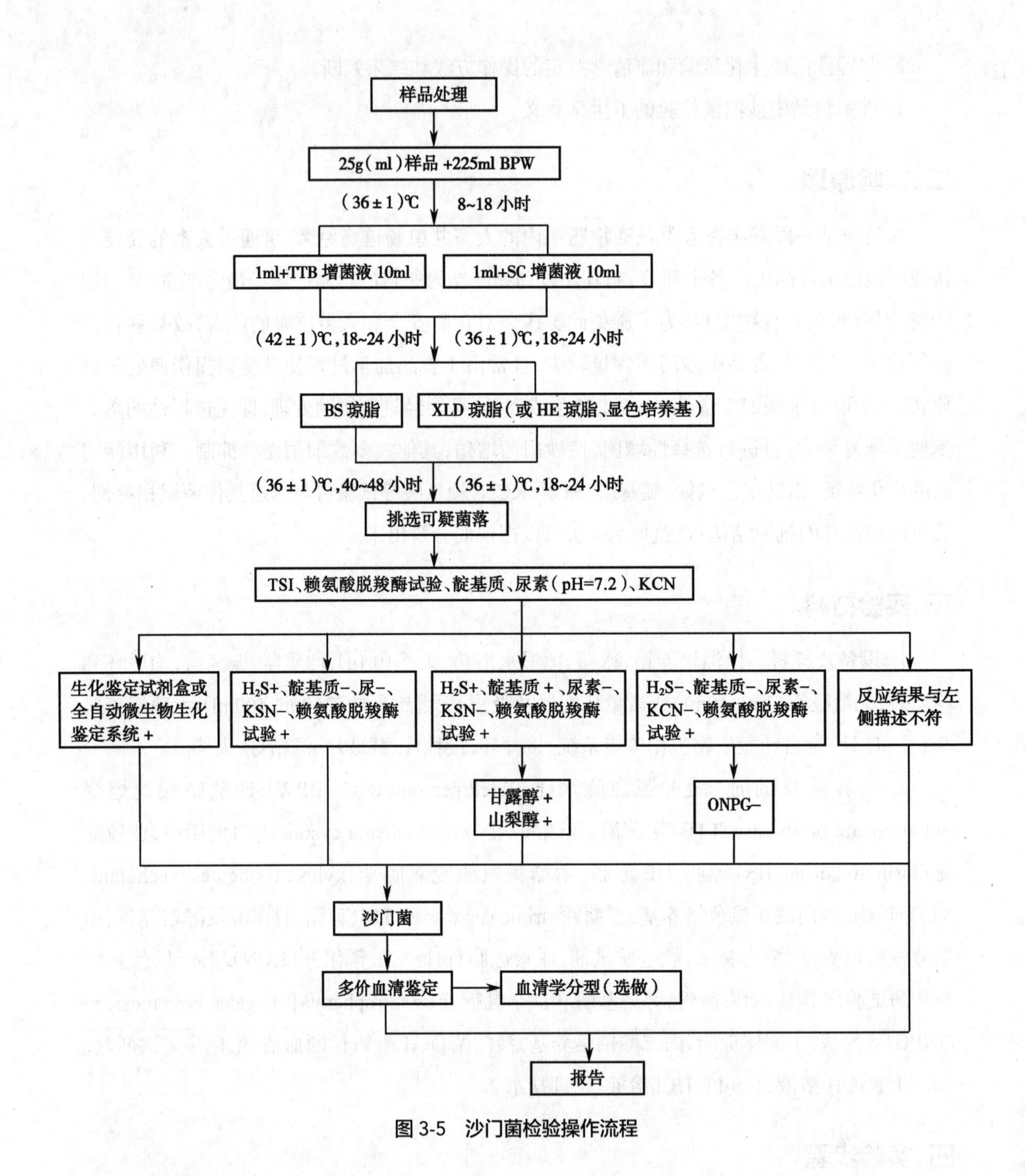

图3-5 沙门菌检验操作流程

1. **预增菌** 25g（ml）检样置于装有225ml BPW的无菌均质杯内，8 000 ~ 10 000r/min均质1 ~ 2分钟，或放入盛有225ml BPW的无菌均质袋中，用均质器拍打1 ~ 2分钟，制成1∶10的样品匀液。若为液态样品，不需要均质，振荡混匀即可。酸性或碱性样品需用

1mol/ml 无菌氢氧化钠或盐酸调节 pH 至 6.8 ± 0.2，36℃ ± 1℃ 培养 8 ～ 18 小时。

2. **增菌** 摇动预增菌培养物，移取 1ml 接种于 10ml TTB 增菌液内，于 42℃ ± 1℃ 培养 18 ～ 24 小时；同时，移 1ml 接种于 10ml SC 增菌液中，36℃ ± 1℃ 培养 18 ～ 24 小时。

3. **分离** 分别用直径 3mm 的接种环取增菌液 1 环划线接种于 BS 琼脂平板，于 36℃ ± 1℃ 培养 40 ～ 48 小时；用同样的操作方法将菌液接种于 XLD 琼脂平板、HE 琼脂平板和沙门菌属显色培养基平板（三者选一），于 36℃ ± 1℃ 培养 18 ～ 24 小时，观察各个平板上生长的菌落，按表 3-7 的菌落特征进行鉴别。

表 3-7 沙门菌属在不同选择性平板上的菌落特征

选择性琼脂平板	沙门菌菌落特征
BS 琼脂	菌落为黑色有金属光泽、棕褐色或灰色，菌落周围培养基可呈黑色或棕色；有些菌株形成灰绿色菌落，周围培养基不变
HE 琼脂	蓝绿色或蓝色，多数菌落中心黑色或几乎全黑色；有些菌株为黄色，中心黑色或几乎全黑色
XLD 琼脂	菌落呈粉红色，带或不带黑色中心，有些菌株可呈现大的带光泽的黑色中心，或呈现全部黑色的菌落；有些菌株为黄色菌落，带或不带黑色中心
沙门菌属显色培养基	按照显色培养基的说明进行判定

4. **生化试验**

（1）自选择性琼脂平板上分别挑取 2 ～ 5 个典型或可疑菌落，接种于三糖铁琼脂（先在斜面划“S”线后内部穿刺）和赖氨酸脱羧酶试验培养基，于 36℃ ± 1℃ 培养 18 ～ 24 小时，必要时延长至 48 小时，观察结果（表 3-8）。

表 3-8 沙门菌属在三糖铁琼脂和赖氨酸脱羧酶试验培养基内的反应结果

三糖铁琼脂				赖氨酸脱羧酶试验培养基	初步判断
斜面	底层	产气	硫化氢		
K	A	+（–）	+（–）	+	可疑沙门菌属
K	A	+（–）	+（–）	–	可疑沙门菌属
A	A	+（–）	+（–）	+	可疑沙门菌属
A	A	+ /–	+ /–	–	非沙门菌
K	K	+ /–	+ /–	+ /–	非沙门菌

注：K 为产碱，A 为产酸；+ 为阳性，– 为阴性；+（–）为多数阳性，少数阴性；+ /– 为阳性或阴性。

(2)初步鉴定的同一批菌落，接种于蛋白胨水(供做靛基质试验)、尿素琼脂(pH=7.2)、氰化钾(KCN)培养基。于36℃±1℃培养18～24小时，必要时延长至48小时，按表3-9判定结果。将已挑菌落的平板贮存于2～5℃或室温至少保留24小时，以备必要时复查。

表3-9 沙门菌属生化反应结果初步鉴别表(1)

反应序号	硫化氢(H_2S)	靛基质	pH=7.2尿素	氰化钾(KCN)	赖氨酸脱羧酶
A1	+	–	–	–	+
A2	+	+	–	–	+
A3	–	–	–	–	+/–

注：+为阳性；–为阴性；+/–为阳性或阴性。

1)反应序号A1：硫化氢阳性，靛基质阴性，尿素琼脂阴性，氰化钾阴性，赖氨酸脱羧酶阳性为典型反应，判定为沙门菌属。尿素、氰化钾、赖氨酸脱羧基三项中有两项异常，为非沙门菌。如尿素、KCN和赖氨酸脱羧酶3项中有1项异常，按表3-10可判定为沙门菌。

表3-10 沙门菌属生化反应结果初步鉴别表(2)

pH=7.2尿素	氰化钾(KCN)	赖氨酸脱羧酶	判定结果
–	–	–	甲型副伤寒沙门菌(要求血清学鉴定结果)
–	+	+	沙门菌Ⅳ或Ⅴ(要求符合本群生化特性)
+	–	+	沙门菌个别变体(要求血清学鉴定结果)

注：+表示阳性；–表示阴性。

2)反应序号A2：硫化氢阳性，靛基质阳性，尿素琼脂阴性，氰化钾阴性，赖氨酸脱羧酶阳性，补做甘露醇和山梨醇试验。沙门菌靛基质阳性变体两项试验结果均为阳性，但需要结合血清学鉴定结果进行判定。

3)反应序号A3：硫化氢阴性，靛基质阴性，尿素琼脂阴性，氰化钾阴性，赖氨酸脱羧酶多数阳性，少数阴性，补做ONPG试验。ONPG试验阴性为沙门菌，同时赖氨酸脱羧酶试验为阳性；甲型副伤寒沙门菌为赖氨酸脱羧酶试验阴性。

必要时按表3-11进行沙门菌生化群的鉴别。

表 3-11 沙门菌属各生化群鉴别

项目	Ⅰ	Ⅱ	Ⅲ	Ⅳ	Ⅴ	Ⅵ
卫矛醇	+	+	–	–	+	–
山梨醇	+	+	+	+	+	–
水杨苷	–	–	–	+	–	–
ONPG	–	–	+	–	+	–
丙二酸盐	–	+	+	–	–	–
KCN	–	–	–	+	+	–

注：+ 表示阳性；– 表示阴性。

(3) 如选择生化鉴定试剂盒或全自动微生物生化鉴定系统，可根据上文“4. 生化试验(1)”的初步判断结果，从营养琼脂平板上挑取可疑菌落，用生理盐水制备成浊度适当的菌悬液，使用生化鉴定试剂盒或全自动微生物生化鉴定系统进行鉴定。

5. 血清学鉴定

(1) 检查培养物有无自凝性：一般采用 1.2% ~ 1.5% 琼脂培养物作为玻片凝集试验用的抗原。首先排除自凝集反应，在洁净的玻片上滴加一滴生理盐水，将待试培养物混合于生理盐水液滴内，使其成为均一性的混浊悬液，将玻片轻轻摇动 30 ~ 60 秒，在黑色背景下观察反应(必要时用放大镜观察)，若出现可见的菌体凝集，即认为有自凝性，反之无自凝性。对无自凝的培养物参照下文方法进行血清学鉴定。

(2) 多价菌体抗原(O)鉴定：在玻片上划出 2 个约 1cm×2cm 的区域，挑取 1 环待测菌，各放 1/2 环于玻片上的每一个区域上部，在其中一个区域下部加 1 滴多价菌体(O)抗血清，在另一个区域下部加入 1 滴生理盐水，作为对照。再用无菌的接种环分别将两个区域内的菌苔研成乳状液。将玻片倾斜摇动混合 1 分钟，并对着黑暗背景进行观察，任何程度的凝集现象皆为阳性反应。O 血清不凝集时，将菌株接种在琼脂量较高的(2% ~ 3%)培养基上再检查；如果是由于 Vi 抗原的存在而阻止了 O 凝集反应时，可挑取菌苔于 1ml 生理盐水中做成浓菌液，于酒精灯火焰上煮沸后再检查。

(3) 多价鞭毛抗原(H)鉴定：操作同上文“5. 血清学鉴定(2)”。H 抗原发育不良时，将菌株接种在 0.55% ~ 0.65% 半固体琼脂平板的中央，待菌落蔓延生长时，在其边缘部分取菌检查；或将菌株通过接种装有 0.3% ~ 0.4% 半固体琼脂的小玻管 1 ~ 2 次，自远端取菌培养后再检查。

五、实验结果

综合以上生化试验和血清学鉴定的结果，报告25g(ml)样品中检出或未检出沙门菌。

六、思考与拓展

1. 如何提高沙门菌的检出率？
2. 食品中能否允许有个别沙门菌存在，为什么？

实验二十 食品中金黄色葡萄球菌检验

一、实验目的

1. 掌握食品中金黄色葡萄球菌检验原理及方法。
2. 掌握金黄色葡萄球菌在选择性平板上的菌落特征。
3. 理解金黄色葡萄球菌检验的卫生学意义。

二、实验原理

金黄色葡萄球菌是葡萄球菌属一种重要致病菌，可引起皮肤组织炎症，还会产生肠毒素，导致食物中毒，故检查食品中金黄色葡萄球菌及其数量具有实际意义。金黄色葡萄球菌能产生凝固酶，使血浆凝固；多数致病菌株能产生溶血毒素，使血琼脂平板菌落周围出现溶血环，在试管中出现溶血反应；能将Baird-Parker平板中亚碲酸钾还原成碲酸钾使菌落呈灰黑色；同时因产酯酶会使菌落周围有一个浑浊带等，这些是鉴定致病性金黄色葡萄球菌的重要指标。本实验第一法适用于食品中金黄色葡萄球菌的定性检验；第二法适用于金黄色葡萄球菌含量较高的计数；第三法适用于金黄色葡萄球菌含量较低的计数。

三、实验材料

7.5%氯化钠肉汤、血琼脂平板、Baird-Parker琼脂平板、脑心浸出液肉汤(brain heart infusion broth，BHI)、兔血浆、营养琼脂小斜面、无菌磷酸盐缓冲液、无菌生理盐水、革兰氏染色液；恒温培养箱、恒温水浴箱、天平(0.1g)、均质器、涡旋混合器、显微镜、载玻片、盖玻片、均质杯和均质袋、无菌吸管（1ml、10ml）或微量移液器及吸头、无菌锥形瓶（100ml、500ml）、无菌培养皿（9cm）、无菌试管、涂布棒、pH 计、接种针、接种环、玻璃珠。

四、实验步骤

（一）金黄色葡萄球菌定性检验（第一法）

金黄色葡萄球菌定性检验的操作流程如图 3-6 所示。

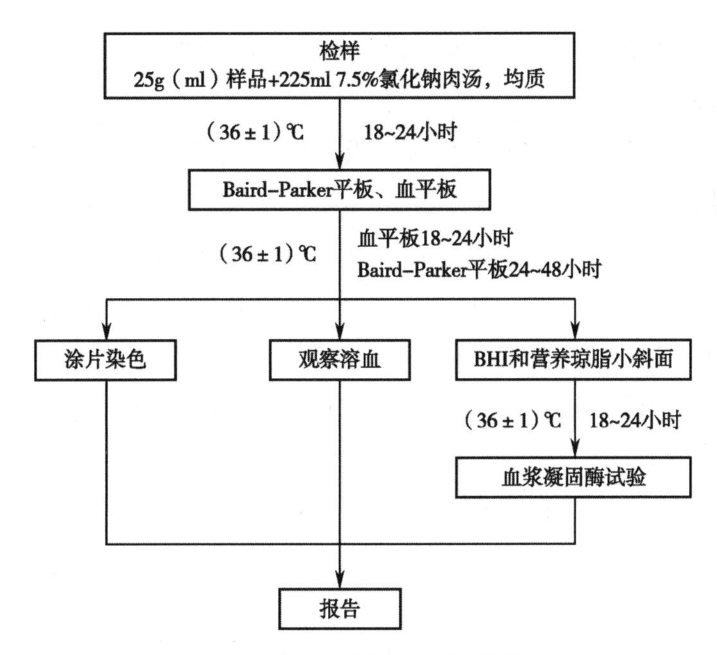

图 3-6　金黄色葡萄球菌定性检验的操作流程

1. **样品的处理**　称取 25g 置于装有 225ml 7.5% 氯化钠肉汤的无菌均质杯内，8 000 ~ 10 000r/min 均质 1 ~ 2 分钟，或放入盛有 225ml 7.5% 氯化钠肉汤的无菌均质袋中，用均质器拍打 1 ~ 2 分钟。若样品为液态，吸取 25ml 样品置于装有 225ml 7.5% 氯化钠肉汤的无菌锥形瓶（瓶内可预置适量的无菌玻璃珠）中，振荡混匀。

2. **增菌**　将上述样品匀液于 36℃ ± 1℃ 培养 18 ~ 24 小时。金黄色葡萄球菌在 7.5% 氯化钠肉汤中呈混浊生长。

3. **分离**　将增菌后的培养物，分别划线接种到 Baird-Parker 平板和血平板，血平板 36℃ ± 1℃ 培养 18 ~ 24 小时。Baird-Parker 平板 36℃ ± 1℃ 培养 24 ~ 48 小时。

4. **初步鉴定** 金黄色葡萄球菌在Baird-Parker平板上呈圆形，表面光滑、凸起、湿润，菌落直径为2～3mm，颜色呈灰黑色至黑色，有光泽，常有浅色（非白色）边缘，周围绕以不透明圈（沉淀），其外常有一条清晰带。当用接种针触及菌落时具有黄油样黏稠感。有时可见到不分解脂肪的菌株，除没有不透明圈和清晰带外，其他外观基本相同。从长期贮存的冷冻或脱水食品中分离的菌落，其黑色常较典型菌落浅些，且外观可能较粗糙，质地较干燥。在血平板上，形成菌落较大，圆形、光滑凸起、湿润、金黄色（有时为白色），菌落周围可见完全透明溶血圈。挑取上述可疑菌落进行革兰氏染色镜检及血浆凝固酶试验。

5. **确证鉴定**

（1）染色镜检：金黄色葡萄球菌为革兰氏阳性球菌，排列呈葡萄球状，无芽孢，无荚膜，直径约为0.5～1μm。

（2）血浆凝固酶试验：挑取Baird-Parke平板或血平板上至少5个可疑菌落（小于5个全选），分别接种到5ml BHI和营养琼脂小斜面，36℃±1℃培养18～24小时。

取新鲜配制兔血浆0.5ml，放入小试管中，再加入BHI培养物0.2～0.3ml，振荡摇匀，置36℃±1℃温箱或水浴箱内，每半小时观察一次，观察6小时，如呈现凝固（即将试管倾斜或倒置时，呈现凝块）或凝固体积大于原体积的一半，被判定为阳性结果。同时以血浆凝固酶试验阳性和阴性葡萄球菌菌株的肉汤培养物作为对照。也可用商品化的试剂，按说明书操作，进行血浆凝固酶试验。

结果如可疑，挑取营养琼脂小斜面的菌落到5ml BHI，36℃±1℃培养18～48小时，重复试验。

6. **报告**

（1）结果判定：符合上文“4. 初步鉴定”与“5. 确证鉴定”所述内容，可判定为金黄色葡萄球菌。

（2）结果报告：在25g（ml）样品中检出或未检出金黄色葡萄球菌。

（二）金黄色葡萄球菌平板计数法（第二法）

金黄色葡萄球菌平板计数法的操作流程如图3-7所示。

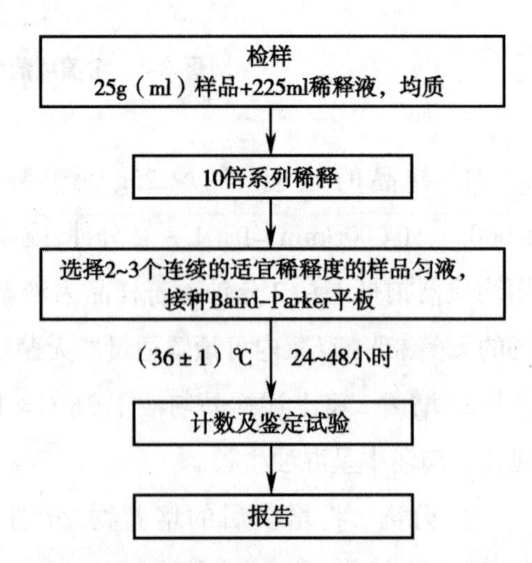

图3-7 金黄色葡萄球菌平板计数法的操作流程

1. **样品的稀释**

(1)固体和半固体样品:称取25g置于装有225ml稀释液(无菌磷酸盐缓冲液或生理盐水)的无菌均质杯内,8 000 ~ 10 000r/min均质1 ~ 2分钟,或放入盛有225ml稀释液的无菌均质袋中,用均质器拍打1 ~ 2分钟,制成1∶10的样品匀液。

(2)液体样品:以无菌吸管吸取25ml样品置于装有225ml稀释液的无菌锥形瓶(瓶内可预置适量的无菌玻璃珠)中,振荡器充分混匀,制成1∶10的样品匀液。用1ml无菌吸管或微量移液器吸取上述1∶10样品匀液1ml,沿管壁缓慢注于盛有9ml稀释液的无菌试管中,振荡器振荡混匀,制成1∶100的样品匀液,重复上述操作,依次制成10倍递增系列稀释样品匀液。

2. **样品的接种** 根据对样品污染状况的估计,选择2 ~ 3个适宜稀释度的样品匀液(液体样品可包括原液),在进行10倍递增稀释的同时,每个稀释度分别吸取1ml样品匀液以0.3ml、0.3ml、0.4ml接种量分别加入三块Baird-Parker平板,然后用无菌涂布棒涂布整个平板,注意不要触及平板边缘。使用前,如Baird-Parker平板表面有水珠,可放在25 ~ 50℃的培养箱里干燥,直到平板表面的水珠消失。

3. **培养** 在通常情况下,涂布后,将平板静置10分钟,如样液不易吸收,可将平板放在培养箱36℃ ± 1℃培养1小时,等样品匀液吸收后翻转平板,倒置后于36℃ ± 1℃培养24 ~ 48小时。

4. **典型菌落计数和确认**

(1)金黄色葡萄球菌:金黄色葡萄球菌在Baird-Parker平板上呈圆形,表面光滑、凸起、湿润,菌落直径为2 ~ 3mm,颜色呈灰黑色至黑色,有光泽,常有浅色(非白色)边缘,周围绕以不透明圈(沉淀),其外常有一条清晰带。当用接种针触及菌落时具有黄油样黏稠感。有时可见到不分解脂肪的菌株,除没有不透明圈和清晰带外,其他外观基本相同。从长期贮存的冷冻或脱水食品中分离的菌落,其黑色常较典型菌落浅些,且外观可能较粗糙,质地较干燥。

(2)选择有典型的金黄色葡萄球菌菌落的平板,且同一稀释度3个平板所有菌落数合计在20 ~ 200CFU间的平板,计数典型菌落数。

(3)从典型菌落中至少选5个可疑菌落(小于5个全选)进行鉴定试验。分别做染色镜检、血浆凝固酶试验;同时划线接种到血平板(36 ± 1)℃培养18 ~ 24小时后观察菌落形态,金黄色葡萄球菌菌落较大,圆形、光滑凸起、湿润、金黄色(有时为白色),菌落周围可见完全透明溶血圈。

5. **结果计算**

(1)若只有一个稀释度平板的典型菌落数在20～200CFU间，计数该稀释度平板上的典型菌落，按式(3-1)计算。

(2)若最低稀释度平板的典型菌落数小于20CFU，计数该稀释度平板上的典型菌落，按式(3-1)计算。

(3)若某一稀释度平板的典型菌落数大于200CFU，但下一稀释度平板上没有典型菌落，计数该稀释度平板上的典型菌落，按式(3-2)计算。

(4)若某一稀释度平板的典型菌落数大于200CFU，而下一稀释度平板上虽有典型菌落，但不在20～200CFU范围内，应计数该稀释度平板上的典型菌落，按式(3-2)计算。

(5)若2个连续稀释度的平板典型菌落数均在20～200CFU之间，按式(3-3)计算。

(6)计算公式

$$T=\frac{AB}{Cd} \qquad \text{式(3-2)}$$

式中，T为样品中金黄色葡萄球菌菌落数；A为某一稀释度典型菌落的总数；B为某一稀释度鉴定为阳性的菌落数；C为某一稀释度用于鉴定试验的菌落数；d为稀释因子。

$$T=\frac{A_1B_1/C_1+A_2B_2/C_2}{1.1d} \qquad \text{式(3-3)}$$

式中，T为样品中金黄色葡萄球菌菌落数；A_1为第一稀释度（低稀释倍数）典型菌落的总数；A_2为第二稀释度（高稀释倍数）典型菌落的总数；B_1为第一稀释度（低稀释倍数）鉴定为阳性的菌落数；B_2为第二稀释度（高稀释倍数）鉴定为阳性的菌落数；C_1为第一稀释度（低稀释倍数）用于鉴定试验的菌落数；C_2为第二稀释度（高稀释倍数）用于鉴定试验的菌落数；1.1为计算系数；d为稀释因子（第一稀释度）。

6. **报告** 根据以上公式计算结果，报告每克（毫升）样品中金黄色葡萄球菌数，以CFU/g（或CFU/ml）表示；如T值为0，则以小于1乘以最低稀释倍数报告。

(三)金黄色葡萄球菌MPN计数法(第三法)

金黄色葡萄球菌MPN计数法的操作流程如图3-8所示。

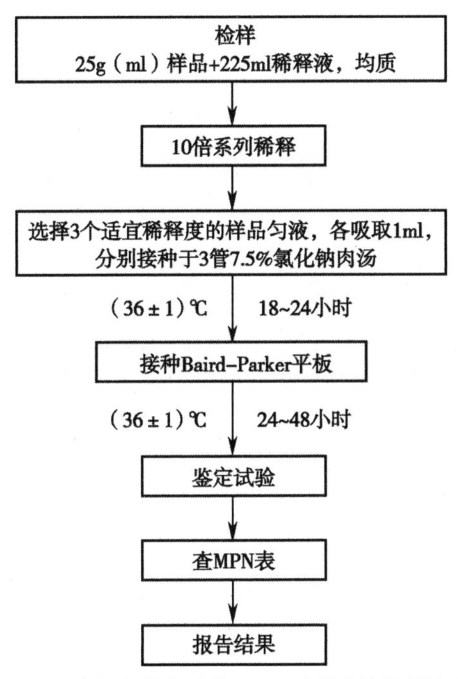

图 3-8　金黄色葡萄球菌 MPN 计数法的操作流程

1. **样品的稀释**　按金黄色葡萄球菌平板计数法(第二法)进行。

2. **接种和培养**

(1) 根据对样品污染状况的估计，选择 3 个适宜稀释度的样品匀液(液体样品可包括原液)，在进行 10 倍递增稀释的同时，每个稀释度分别吸取 1ml 样品匀液至 7.5% 氯化钠肉汤管中(如接种量超过 1ml，则用双料 7.5% 氯化钠肉汤)，每个稀释度接种 3 管，将上述接种物(36 ± 1)℃ 培养 18 ～ 24 小时。

(2) 用接种环从培养后的 7.5% 氯化钠肉汤管中分别取培养物 1 环，移种于 Baird-Parker 平板 36℃ ± 1℃ 培养 24 ～ 48 小时。

3. **典型菌落确认**　按“(二)4(1)”和“(二)4(3)”进行。

五、实验结果

根据证实为金黄色葡萄球菌阳性的试管管数，查 MPN 检索表(见附录)，报告每克(毫升)样品中金黄色葡萄球菌的最可能数，以 MPN/g(或 MPN/ml)表示。

六、思考与拓展

1. 食品中是否允许有个别金黄色葡萄球菌的存在，为什么？

2. 鉴定致病性金黄色葡萄球菌的重要指标是什么？

实验二十一 食品中志贺菌检验

一、实验目的

1. 了解志贺菌检验的意义及其生物学特征。

2. 掌握志贺菌检验生化试验的操作方法和结果判断。

3. 掌握志贺菌属血清学试验方法。

二、实验原理

人类对痢疾杆菌有很高的易感性，在幼儿可引起急性中毒性菌痢，死亡率甚高。临床上能引起痢疾症状的病原生物很多，其中以志贺菌属引起的细菌性痢疾最为常见。所以在食物和饮用水的卫生检验时，常以是否含有志贺菌（*Shigella*）作为指标。志贺菌的形态与一般肠道杆菌无明显区别，为革兰氏阴性杆菌，长约 2 ～ 3μm，宽 0.5 ～ 0.7μm，不形成芽孢，无荚膜，无鞭毛，不运动，有菌毛，对各种糖的利用能力较差，并且在含糖的培养基内一般不产生气体。志贺菌的进一步分群分型有赖于血清学试验。

三、实验材料

1. 除微生物实验室常规灭菌及培养设备外，其他设备和材料如下：恒温培养箱（36℃ ± 1℃）、冰箱（2 ～ 5℃）、膜过滤系统、厌氧培养装置（41.5℃ ± 1℃）、电子天平（0.1g）、显微镜（10 × ～ 100 ×）、均质器、振荡器、无菌吸管 1ml（具 0.01ml 刻度）、无菌吸管 10ml（具 0.1ml 刻度）或微量移液器及吸头、无菌均质杯或无菌均质袋（容量 500ml）、无菌培养皿（直径 90mm）、pH 计或 pH 比色管或精密 pH 试纸、全自动微生物生化鉴定系统。

2. **培养基和试剂** 志贺菌增菌肉汤 - 新生霉素、麦康凯（MacConkey，MAC）琼脂、木糖赖氨酸脱氧胆酸盐（xylose-lysine deoxy-cholate，XLD）琼脂、志贺菌显色培养基、三糖铁（triple

sugar iron，TSI）琼脂、营养琼脂斜面、半固体琼脂、葡萄糖铵培养基、尿素琼脂、β-半乳糖苷酶培养基、氨基酸脱羧酶试验培养基、糖发酵管、西蒙氏柠檬酸盐培养基、黏液酸盐培养基、蛋白胨水、靛基质试剂、志贺菌属诊断血清、生化鉴定试剂盒。

四、实验步骤

1. **样品处理** 无菌操作称取检样25g，加入装有225ml志贺菌增菌肉汤的500ml广口瓶内，固体食品用均质器以8 000 ~ 10 000r/min均质1分钟，或加入装有225ml志贺菌增菌肉汤的均质袋中，用拍击式均质器连续均质1 ~ 2分钟，或用乳钵加灭菌砂磨碎，粉状食品用金属匙或玻璃棒研磨使其乳化。

2. **增菌培养** 于41.5℃ ± 1℃厌氧培养16 ~ 20小时。

3. **分离培养** 分别取增菌后的志贺菌增菌液划线接种于XLD琼脂平板和MAC琼脂平板或志贺菌显色培养基平板上，于36℃ ± 1℃培养20 ~ 24小时，观察各个平板上生长的菌落形态。志贺菌的单个菌落直径大于其他志贺菌。若出现的菌落不典型或菌落较小不易观察，则继续培养至48小时再进行观察。志贺菌在不同选择性琼脂平板上的菌落特征见表3-12。

表3-12 志贺菌在不同选择性琼脂平板上的菌落特征

选择性琼脂平板	志贺菌的菌落特征
MAC琼脂	无色至浅粉红色，半透明，光滑，湿润，圆形，边缘整齐或不齐
XLD琼脂	粉红色至无色，半透明，光滑，湿润，圆形，边缘整齐或不齐
志贺菌显色培养基	按照显色培养基的说明进行判定

4. **初步生化试验** 自选择性脂平板上分别挑取2个以上典型或可疑菌落，分别接种于TSI、半固体和营养琼脂斜面各1管，置36℃ ± 1℃培养20 ~ 24小时，观察结果。凡是三糖铁琼脂中斜面产碱、底层产酸（发酵葡萄糖，不发酵乳糖，蔗糖）、不产气（福氏志贺菌6型可产生少量气体）、不产硫化氢、半固体管中无动力的菌株，挑取其已培养的营养琼脂斜面上生长的菌苔，进行生化试验和血清学分型。

5. **生化试验及附加生化试验**

（1）生化试验：用已培养的营养琼脂斜面上生长的菌苔进行生化试验，必要时还须加做革兰氏染色检查和氧化酶试验，应为氧化酶阴性的革兰氏阴性杆菌。生化反应不符合的菌株，即使能与某种志贺菌分型血清发生凝集，仍不得判定为志贺菌属。志贺菌属生化特性见表3-13。

表 3-13　志贺菌属四个群的生化特征

生化反应	A 群：痢疾志贺菌	B 群：福氏志贺菌	C 群：鲍氏志贺菌	D 群：宋内氏志贺菌
β- 半乳糖苷酶	–[a]	–	–[a]	+
尿素	–	–	–	–
赖氨酸脱羧酶	–	–	–	–
鸟氨酸脱羧	–	–	–[b]	+
水杨苷	–	–	–	–
七叶苷	–	–	–	–
靛基质	–/ +	（+）	–/ +	–
甘露醇	–	+[c]	+	+
棉子糖	–	+	–	+
甘油	（+）	–	（+）	d

注：+ 表示阳性；– 表示阴性；–/+ 表示多数阴性；+/– 表示多数阳性；（+）表示迟缓阳性；d 表示有不同生化型。a 表示痢疾志贺菌 1 型和鲍氏志贺菌 13 型为阳性；b 表示鲍氏志贺菌 13 型为鸟氨酸阳性；c 表示福氏志贺菌 4 型和 6 型常见甘露醇阴性变种。

（2）附加生化实验：由于某些不活泼的大肠埃希菌（*Escherichia coli*）、碱性 - 异型（alkalescens-disparbiotypes，A-D）菌的部分生化特征与志贺菌相似，并能与某种志贺菌分型血清发生凝集；因此前文生化实验符合志贺菌属生化特性的培养物还须另加葡萄糖胺、西蒙氏柠檬酸盐、黏液酸盐试验（36℃ 培养 24 ～ 48 小时）。志贺菌属和不活泼大肠埃希菌、A-D 菌的生化特性区别见表 3-14。

表 3-14　志贺菌属和不活泼大肠埃希菌、A-D 菌的生化特性区别

生化反应	A 群：痢疾志贺菌	B 群：福氏志贺菌	C 群：鲍氏志贺菌	D 群：宋内氏志贺菌	大肠埃希菌	A-D 菌
葡萄糖铵	–	–	–	–	+	+
西蒙氏柠檬酸盐	–	–	–	–	d	d
黏液酸盐	–	–	–	d	+	d

注：+ 表示阳性；– 表示阴性；d 表示有不同生化型。在葡萄糖铵、西蒙氏柠檬酸盐、黏液酸盐试验三项反应中志贺菌一般为阴性，而不活泼的大肠埃希菌、A-D（碱性 - 异型）菌至少有一项反应为阳性。

如选择生化鉴定试剂盒或全自动微生物生化鉴定系统，可初步判断结果，用已培养的营养琼脂斜面上生长的菌苔，使用生化鉴定试剂盒或全自动微生物生化鉴定系统进行鉴定。

6. 血清学分型鉴定

志贺菌属主要有菌体（O）抗原。一般采用玻片凝集试验。

（1）先进行 4 种志贺菌多价血清检查，如果由于 K 抗原的存在而不出现凝集，应将菌液煮沸后再检查。

（2）如果呈现凝集，则用 A1、A2、B 群多价和 D 群血清分别试验。

（3）如系 B 群福氏志贺菌，则用群和型因子血清分别检查。

福氏志贺菌各型和亚型的型和群抗原见表 3-15。可先用群因子血清检查，再根据群因子血清出现凝集的结果，依次选用型因子血清检查。

（4）4 种志贺菌多价血清不凝集的菌株，可用鲍氏多价 1、2、3 分别检查，并进一步用 1 ~ 15 各型因子血清检查。如果鲍氏多价血清不凝集，可用痢疾志贺菌 3 ~ 12 型多价血清及各型因子血清检查。

表 3-15　福氏志贺菌各型和亚型的型和群抗原

型和亚型	型抗原	群抗原	在群因子血清中的凝集		
			3, 4	6	7,8
1a	I	1,2,4,5,9……	+	–	–
1b	I	1,2,4,5,9……	+	+	–
2a	n	1,3,4……	+	–	–
2b	n	1,7,8,9……	–	–	+
3a	m	1,6,7,8……	–	+	+
3b	m	1,3,4,6……	+	+	–
4a	IV	1,(3,4)……	(+)	–	–
4b	IV	1,3,4,6……	+	+	–
5a	V	1,3,4……	+	–	–
5b	V	1,5,7,9……	–	–	+
6	w	1,2,(4)……	(+)	–	–
X	–	1,7,8,9……	–	–	+
Y	–	1,3,4……	+	–	–

注：+ 表示凝集；– 表示不凝集；( ) 表示有或无。

五、实验结果

综合生化试验和血清学试验结果判定菌型并作出报告。

六、思考与拓展

1. 如何提高志贺菌的检出率?
2. 志贺菌在三糖铁培养基上的反应结果如何?如何解释这些现象?
3. 志贺菌检验有哪几个基本步骤?
4. 食品中能否允许有个别志贺菌存在,为什么?

实验二十二　食品中空肠弯曲菌检测

一、实验目的

1. 认识空肠弯曲菌对人类的危害及相关预防措施。
2. 掌握食品中空肠弯曲菌的检测方法。

二、实验原理

空肠弯曲菌(*Campylobacter jejuni*)是一种十分重要的食源性人兽共患致病菌,为革兰氏阴性微需氧菌,螺菌科,弯曲杆菌属;形体细长,可呈螺旋形、弧形或S形;没有芽孢,一端或两端有鞭毛且只有1根,长度为菌体的2～3倍。对干燥、加热、酸性和高浓度的氧气(21.0%)敏感,培养的最适温度为42～43℃,最适pH为7.2,呼吸代谢无酸性或中性产物产生。人类在畜牧养殖过程中与动物接触,或者食用未熟透的禽肉和消毒不充分的生牛乳而被感染,临床表现为急性胃肠炎、腹泻,成为近年来引起人类腹泻的一种重要的食源性致病菌。

三、实验材料

1. **设备**　微需氧培养装置:提供微需氧条件(5%氧气、10%二氧化碳和85%氮气);恒温培养箱、电子天平、均质器、无菌均质袋、振荡器、微量移液器及吸头、锥形瓶、试管、移液管、载玻片、盖玻片、培养皿、接种环、玻璃棒、精密pH试纸、水浴锅、过滤装置及滤膜、显微镜、离心机、比浊仪。

2. **培养基及试剂** Bolton 肉汤(Bolton broth)、改良 CCD 琼脂(modified charcoal cefoperazone deoxycholate agar, mCCDA)、哥伦比亚血琼脂(columbia blood agar)、布氏肉汤(brucella broth)、氧化酶试剂、马尿酸钠水解试剂、Skirrow 血琼脂(Skirrow blood agar)、吲哚乙酸酯纸片、0.1% 蛋白胨水、1mol/L 硫代硫酸钠($Na_2S_2O_3$)溶液、3% 过氧化氢(H_2O_2)溶液、茚三酮溶液、灭菌水、空肠弯曲菌显色培养基、生化鉴定试剂盒或生化鉴定卡。

四、实验步骤

空肠弯曲菌检验程序见图 3-9。

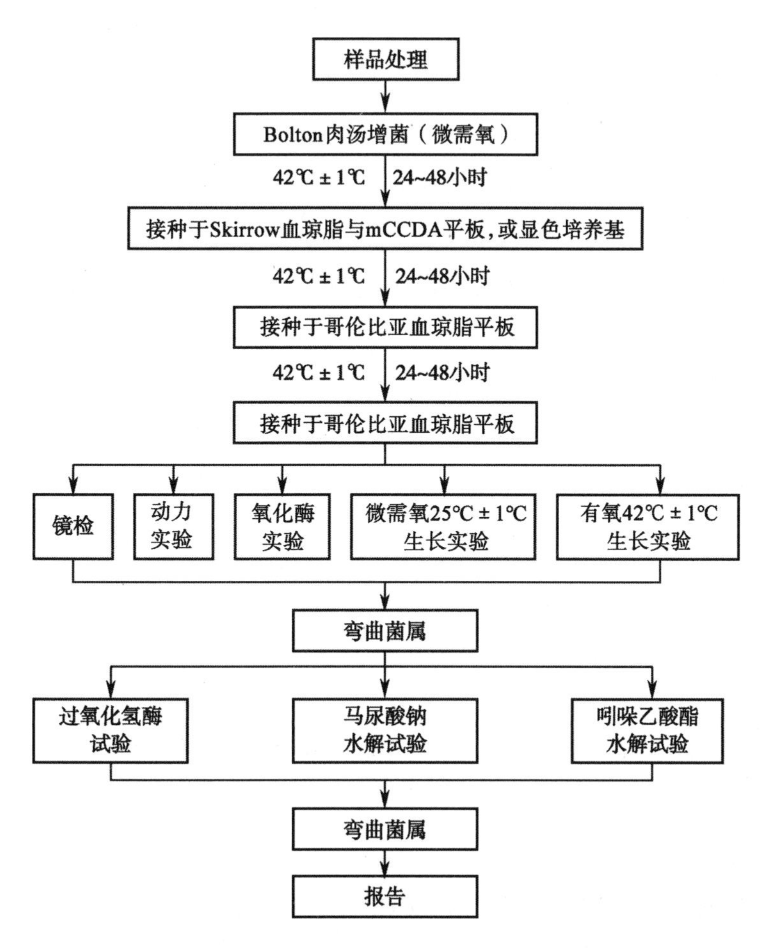

图 3-9 空肠弯曲菌检验程序

(一)样品处理

1. **一般样品** 取25g(ml)样品(水果、蔬菜、水产品为50g)置于盛有225ml Bolton肉汤的带滤网的均质袋中(若无滤网可使用无菌纱布代替),用拍击式均质器均质1 ~ 2分钟,经滤网或无菌纱布过滤,将滤过液进行培养。

2. **净膛全禽和分割禽肉** 用200ml 0.1%的蛋白胨水振荡洗涤洗样品内外部5分钟,经无菌纱布过滤,10 000 r/min、4℃离心20分钟后弃去上清液,将沉淀重悬于100ml Bolton肉汤中进行培养。

3. **贝类** 取至少12个带壳样品,除去外壳后将所有内容物放到均质袋中,用拍击式均质器均质1 ~ 2分钟,取25g样品置于225ml Bolton肉汤中,充分振荡后形成1∶10稀释液,转移25ml稀释液于225ml Bolton肉汤中,充分振荡后形成1∶100稀释液,将两种梯度稀释液同时进行培养。

4. **蛋黄液或蛋浆** 取25g(ml)样品于125ml Bolton肉汤中并混匀(1∶6稀释),再转移25ml于100ml Bolton肉汤中并混匀(1∶30稀释),将两种稀释液同时进行培养。

5. **鲜乳、冰淇淋、奶酪等** 若为液体乳制品取50g,若为固体乳制品取50g,加入盛有50ml 0.1%蛋白胨水的带滤网均质袋中,用拍击式均质器均质15 ~ 30秒,保留过滤液。必要时调整pH至7.5±0.2,将液体乳制品或滤过液以10 000r/min离心30分钟后弃去脂肪和上清液,将沉淀重悬于100ml Bolton肉汤进行培养。

6. **需表面涂拭检测的样品** 无菌棉签擦拭检测样品的表面(面积100cm^{2}以上),将棉签头剪落到100ml Bolton肉汤中进行培养。

7. **水样** 将4L水(对于氯处理的水,在过滤前每升水中加入5ml 1mol/L硫代硫酸钠溶液)经0.45μm滤膜过滤,把滤膜浸没在100ml Bolton肉汤中进行培养。

(二)增菌

在微需氧条件下,42℃±1℃振荡(25 ~ 100r/min)或静止培养24 ~ 48小时。

(三)分离

将增菌液接种于Skirrow血琼脂与mCCDA平板上,微需氧条件下42℃±1℃培养24 ~ 48小时。另外可选择使用空肠弯曲菌显色平板作为补充。

观察琼脂平板上的菌落形态,mCCDA平板上的可疑菌落通常为淡灰色,有金属光泽、潮湿、扁平，呈扩散生长的倾向。Skirrow 血琼脂平板上的第一型可疑菌落为灰色、扁平、湿润有光泽，呈沿接种线向外扩散的倾向；第二型可疑菌落常呈分散凸起的单个菌落，边缘整齐、发亮。空肠弯曲菌显色培养基上的可疑菌落按照说明进行判定。

（四）鉴定

1. 弯曲菌属的鉴定 挑取 5 个（如少于 5 个则全部挑取）或更多的可疑菌落接种到哥伦比亚血琼脂平板上，微需氧条件下 42℃ ± 1℃ 培养 24 ～ 48 小时，进行弯曲菌属的鉴定，结果符合表 3-16 的可疑菌落可确定为弯曲菌属。

表 3-16　弯曲菌属的鉴定

项目	弯曲菌属特性
形态观察	革兰氏阴性菌，菌体弯曲如小逗点状，两菌体的末端相接时呈 S 形、螺旋状或海鸥展翅状[a]
动力观察	呈螺旋状运动[b]
氧化酶试验	阴性
微需氧条件下 25℃ ± 1℃ 生长试验	不生长
有氧条件下 42℃ ± 1℃ 生长试验	不生长

注：a 表示有些菌株的形态不典型；b 表示有些菌株的运动不明显。

（1）形态观察：挑取可疑菌落进行革兰氏染色，镜检。

（2）动力观察：挑取可疑菌落用 1ml 布氏肉汤悬浮，用相差显微镜观察运动状态。

（3）氧化酶试验：用铂 / 铱接种环或玻璃棒挑取可疑菌落至氧化酶试剂润湿的滤纸上，如果在 10 秒内出现紫红色、紫罗兰色或深蓝色为阳性。

（4）微需氧条件下 25℃ ± 1℃ 生长试验：挑取可疑菌落，接种到哥伦比亚血琼脂平板上，微需氧条件下 25℃ ± 1℃ 培养（44 ± 4）小时，观察细菌生长情况。

（5）有氧条件下 42℃ ± 1℃ 生长试验：挑取可疑菌落，接种到哥伦比亚血琼脂平板上，有氧条件下 42℃ ± 1℃ 培养（44 ± 4）小时，观察细菌生长情况。

2. 空肠弯曲菌的鉴定

（1）过氧化氢酶试验：挑取单菌落，置于洁净的载玻片或小试管内，然后加入 3% 过氧化氢溶液 1 ～ 2 滴，如果在 30 秒内出现气泡则判定结果为阳性。

（2）马尿酸钠水解试验：用接种环挑取一满环菌落，加到盛有 0.4ml 1% 马尿酸钠的试管中制成菌悬液。混合均匀后在 36℃ ± 1℃ 水浴中温育 2 小时。沿着试管壁缓缓加入 0.2ml 茚三酮溶液，不要振荡，在 36℃ ± 1℃ 的水浴或培养箱中再温育 10 分钟后判读结果。若出现深紫色则为阳性；若出现淡紫色或没有颜色变化则为阴性。

（3）吲哚乙酸酯水解试验：挑取菌落至吲哚乙酸酯纸片上，再滴加一滴灭菌水。如果吲哚乙酸酯水解，则在 5 ～ 10 分钟内出现深蓝色；若无颜色变化则表示没有发生水解。空肠弯曲菌的鉴定结果见表 3-17。

表 3-17　空肠弯曲菌的鉴定

特征	空肠弯曲菌（*C. jejuni*）	结肠弯曲菌（*C. coli*）	海鸥弯曲菌（*C. lari*）	乌普萨拉弯曲菌（*C. upsaliensis*）
过氧化氢酶试验	+	+	+	– 或微弱
马尿酸盐水解试验	+	–	–	–
吲哚乙酸酯水解试验	+	+	–	+

注：+ 表示阳性；– 表示阴性。

对于确定为弯曲菌属的菌落，可使用生化鉴定试剂盒或生化鉴定卡进行鉴定。

五、实验结果

综合以上实验结果，报告检样单位中检出或未检出空肠弯曲菌。

六、思考与拓展

查阅文献，探讨如何利用分子生物学对食品中空肠弯曲菌进行检测。

实验二十三　食品中副溶血性弧菌快速检测及鉴定

一、实验目的

1. 掌握荧光定量聚合酶链反应（polymerase chain reaction，PCR）方法的原理和实验步骤。

2. 能够应用荧光定量PCR方法检测食品中副溶血性弧菌。

二、实验原理

采用TaqMan探针方法，在比对副溶血性弧菌*gyrase*基因的基础上，设计针对该基因的特异性引物和特异性的荧光双标记探针进行配对。探针5′端标记FAM荧光素报告荧光基团（用R表示），3′端标记的TAMRA荧光素为淬灭荧光基团（用Q表示），它在近距离内能吸收5′端荧光基团发出的荧光信号。PCR反应进入退火阶段时，引物和探针同时与目的基因片段结合，此时探针上R基团发出的荧光信号被Q基团所吸收，仪器检测不到荧光信号；而反应进行到延伸阶段时，TaqDNA聚合酶发挥5′→3′外切核酸酶功能，将探针降解。这时探针上的R基团游离出来，所发出的荧光不再为Q所吸收而被检测器所接收。随着PCR反应的循环进行，PCR产物与荧光信号的增长呈现对应关系。

三、实验材料

1. **设备**　全自动荧光定量PCR仪、普通PCR仪、微量荧光检测仪、高速离心机、恒温培养箱、电子天平、低温冰箱、均质器、制冰机、恒温水浴锅、灭菌样品处理器具（取样勺、剪刀、镊子）、样品稀释瓶（250ml、500ml）、可调移液器（5μl、10μl、100μl、1 000μl）、离心管（2ml、1.5ml、0.5ml、0.2ml）、吸管（1ml、10ml，分刻度0.1ml）、均质杯和均质袋。

2. **试剂和培养基**　30g/L氯化钠稀释液、60g/L氯化钠蛋白胨液、单料氯化钠多黏菌素B肉汤、灭菌重蒸馏水、Probe qPCR Mix（2×）。

3. **引物**

上游：5′CGGTAGTAAACCCACTGTCAG3′。

下游：5′TTTCAGGCTCACCATGACG3′。

TaqMan探针：5′ATCCATCGTGGCGGTCATATCCAC3′，探针5′端由FAM标记，3′端

由 TAMRA 标记。

四、实验步骤

(一)样品的收集和处理

1. **取样** 样品按 GB 4789.1—2016《食品安全国家标准 食品微生物学检验 总则》方法收样，无菌操作均匀取样。如为冷冻样品，应于 2 ~ 5℃解冻，且不超过 18 小时；若不能及时检验，应置于 –15℃保存。非冷冻的易腐样品应尽可能及时检验，若不能及时检验，应置于 4℃冰箱保存，在 24 小时内检验。无菌操作称取 50g 检样放于均质杯内，以灭菌剪刀充分剪碎。

2. **增菌检测样品处理**

(1) 新鲜样品：上述均质杯内加入 30g/L 氯化钠稀释液 450ml，均质混匀；取 1ml 样品稀释液接种到 10ml 单料氯化钠多黏菌素 B 肉汤，36℃ ± 1℃培养 18 ~ 24 小时进行选择性增菌培养。

(2) 经加热、辐射处理或冷藏、冻结的样品：在均质杯内加入 60g/L 氯化钠蛋白胨液 450ml，均质混匀；于 36℃ ± 1℃ 18 ~ 24 小时增菌培养。

(3) 无须增菌直接检测样品处理：在均质杯内加入 30g/L 氯化钠稀释液 450ml，混合均匀后，直接进行模板 DNA 提取。

(二)模板 DNA 提取

从样品增菌液的表层(或样品稀释液管中)取 1ml 培养液加至 1.5ml 无菌离心管中，5 000r/min 离心 5 分钟，弃去上清，在沉淀中加入 50μl 无菌水重悬菌体，沸水浴 10 分钟，12 000r/min 离心 5 分钟，上清为 DNA 模板，–20℃保存备用。

(三)荧光定量 PCR 检验

1. **检验准备** 按表 3-18 制备 PCR 反应混合液。以含有扩增片段的质粒为阳性对照，无菌水为阴性对照进行荧光定量 PCR 反应。

表 3-18　TaqMan 荧光定量 PCR 反应体系

名称	体积 /μl
Probe qPCR Mix（2×）	10
上游引物（10μmol/L）	1
下游引物（10μmol/L）	1
探针（10μmol/L）	2
模版 DNA	2
无菌重蒸馏水	4
总体积	20

2. **全自动荧光定量 PCR 仪测试**　全自动荧光定量 PCR 仪扩增反应参数设置：预变性 95℃ 30 秒；95℃ 5 秒，60℃ 35 秒，72℃ 20 秒，40 个循环，荧光收集设置在每次循环的退火延伸时进行。

（四）确认

检验筛选出阳性的样本，按 GB 4789.7—2013《食品安全国家标准　食品微生物学检验　副溶血性弧菌检验》和 SN/T 0173—2010《进出口食品中副溶血性弧菌检验方法》进行确证。

（五）计数

副溶性弧菌的计数按 SN/T 0173—2010《进出口食品中副溶血性弧菌检验方法》进行。

（六）方法灵敏度

经 24 小时培养增菌，样品的检测限为 10CFU/g；若不经过增菌，样品的检测限是 10^4CFU/g。

（七）检验程序

荧光 PCR 检验方法程序见图 3-10。

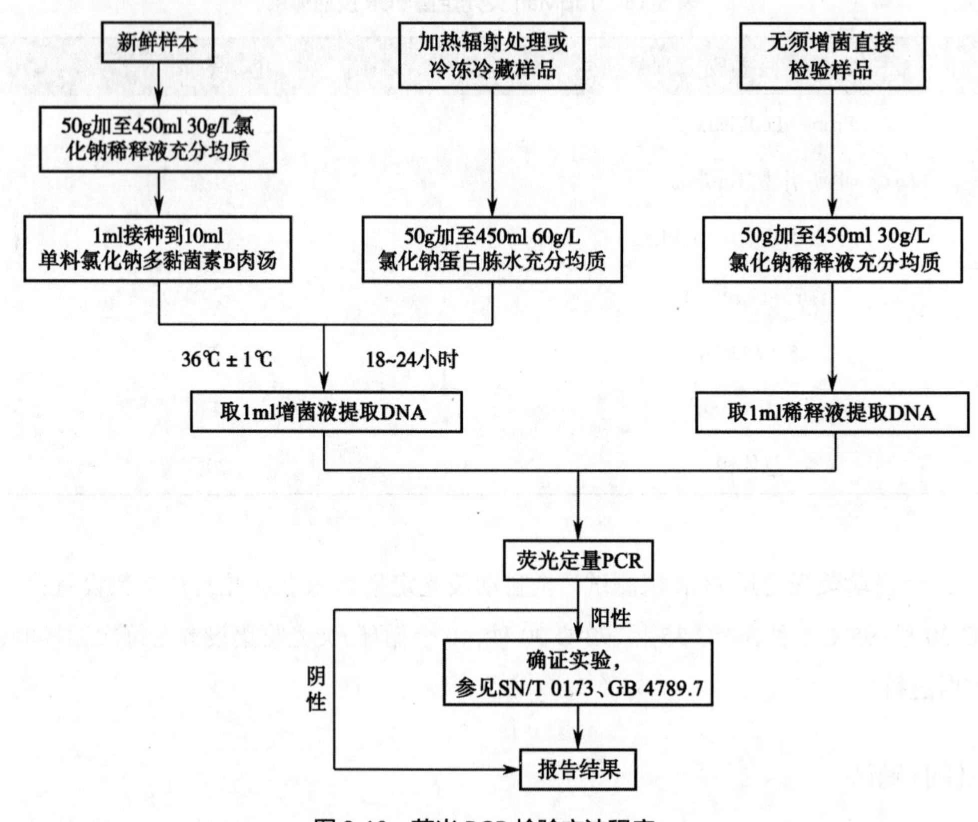

图 3-10 荧光 PCR 检验方法程序

（八）防止污染和废弃物处理的措施

1. 检验过程中防止交叉污染的措施按照 SN/T 1193—2003《基因检验实验室技术要求》的规定执行。

2. 检验过程中的废弃物，收集后在焚烧炉中焚烧处理。

五、实验结果

1. **阈值设定** 直接读取检测结果。阈值设定原则根据仪器噪声情况进行调整，以阈值线刚好超过正常阴性样品扩增曲线的最高点为准。

2. **质控标准**

（1）阴性质控品：扩增曲线不呈 S 形或者循环阈值（cycle threshold，*C*t）≥ 30.0。

（2）阳性质控品：扩增曲线呈 S 形，强阳性质控品定量参考值在 1.774×10^4 ～ 1.409×10^5

基因拷贝 /ml；临界阳性质控品定量参考值在 1.774×10^2 ~ 1.409×10^3 基因拷贝 /ml。

以上要求须在同一次实验中同时满足，否则本次实验无效，须重新进行。

3. 结果描述及判定

（1）阴性：扩增曲线不呈 S 形或 *Ct* 值≥ 30，表示样品中无副溶血性弧菌，或者样品中副溶血性弧菌低于检测低限。

（2）阳性：扩增曲线呈 S 形且 *Ct* 值≤ 27，表示样品中存在副溶血性弧菌。

（3）实验灰度区：若 27<*Ct* 值 <30，实验需要重新进行。若重做结果的 *Ct* 值 <30，且扩增曲线呈 S 形，则判为阳性；否则增菌后复检。

六、思考与拓展

查阅文献，探讨荧光定量 PCR 技术在食品检测中的应用情况。

实验二十四 食品中单核细胞增生李斯特菌检验

一、实验目的

1. 掌握食品中单核细胞增生李斯特菌检测的原理和实验步骤。
2. 能够根据不同样品选择相应的单核细胞增生李斯特菌检测方法。
3. 认识单核细胞增生李斯特菌与人类健康的关系。

二、实验原理

单核细胞增生李斯特菌（*Listeria monocytogenes*），简称单增李斯特菌，为革兰氏阳性杆菌，兼性厌氧，无芽孢，是已知李斯特菌属中唯一对人类致病的病原菌，可引起化脓性结膜炎、发热、抽搐、昏迷、脑膜炎、败血症、自然流产等疾病，是一种病死率较高的食源性致病菌。它在自然界中分布广泛，对不良环境耐受力强，耐盐，耐酸，在 0 ~ 45℃ 都能生存，常潜藏于猪肉、火腿、奶酪、牛奶、蔬菜、水果的生产链，引起食源性感染暴发。GB 4789.30—2016《食品安全国家标准　食品微生物学检验　单核细胞增生李斯特菌检验》标准中第一法适用于食品中单增生李斯特菌的定性检验，应用李氏增菌肉汤（LB1）进行前增菌，接种于李氏增菌肉汤（LB2）中持续增殖；之后用李斯特氏菌显色平板和 PALCAM 平板进行选择性分离；最后对疑似菌落利用动力、溶血、生化等试验等进行鉴定，判定是否检出单增李斯特菌。第二法适用于单增生李斯特菌含量较高的食品中单增李斯特菌的计数；第三法适用于单增李斯特菌含量较低(<100CFU/g)而杂菌含量较高的食品中单增李斯特菌的计数，特别是牛奶、水及含干扰菌落计数的颗粒物质的食品。

三、实验材料

1. **设备** 除微生物实验室常规灭菌及培养设备外，其他设备和材料如下：常温冰箱、恒温培养箱、均质器、振荡器、显微镜、电子天平、离心机、均质杯和均质袋、100ml 和 500ml 锥形瓶、1ml 无菌吸管(具 0.01ml 刻度)、10ml 移液管(具 0.1ml 刻度)或微量移液器及吸头、直径 90mm 无菌平皿、16mm × 160mm 无菌试管、30mm × 100mm 离心管、1ml 无菌注射器、载玻片、盖玻片、全自动微生物生化鉴定系统。

2. **菌株**

(1) 单核细胞增生李斯特菌(*Listeria monocytogenes*)ATCC 19111 或 CMCC 54004，或其他等效标准菌株。

(2) 英诺克李斯特菌(*Listeria innocua*)ATCC 33090，或其他等效标准菌株。

(3) 伊氏李斯特菌(*Listeria ivanovii*)ATCC 19119，或其他等效标准菌株。

(4) 斯氏李斯特菌(*Listeria seeligeri*)ATCC 35967，或其他等效标准菌株。

(5) 金黄色葡萄球菌(*Staphylococcus aureus*)ATCC 25923 或其他产 β- 溶血环金黄色葡萄球菌，或其他等效标准菌株。

(6) 马红球菌(*Rhodococcus equi*)ATCC 6939 或 NCTC 1621，或其他等效标准菌株。

3. **培养基和试剂** 含 0.6% 酵母浸膏的胰酪胨大豆肉汤(trypticase soy-yeast extract broth，TSB-YE)、含 0.6% 酵母浸膏的胰酪胨大豆琼脂(trypticase soy-yeast extract aga，TSA-YE)、李氏增菌肉汤(listeria enrichment broth base，LB；LB1，LB2)、1% 盐酸吖啶黄(acriflavine HCl)溶液、1% 萘啶酸(nalidixic acid)钠盐溶液、PALCAM 琼脂、革兰氏染液、SIM 动力培养基、缓冲葡萄糖蛋白胨水[甲基红(methyl red，MR)试验和 V-P 试验用]、5% ~ 8% 羊血琼脂、糖发酵管、过氧化氢试剂、李斯特菌显色培养基、缓冲蛋白胨水、生理盐水。

4. **其他** 小白鼠：ICR，体重 18 ~ 22g。

5. 生化鉴定试剂盒或全自动微生物鉴定系统。

四、实验内容

项目1 第一法——单核细胞增生李斯特菌定性检验

(一)检验程序

单核细胞增生李斯特菌定性检验程序见图3-11。

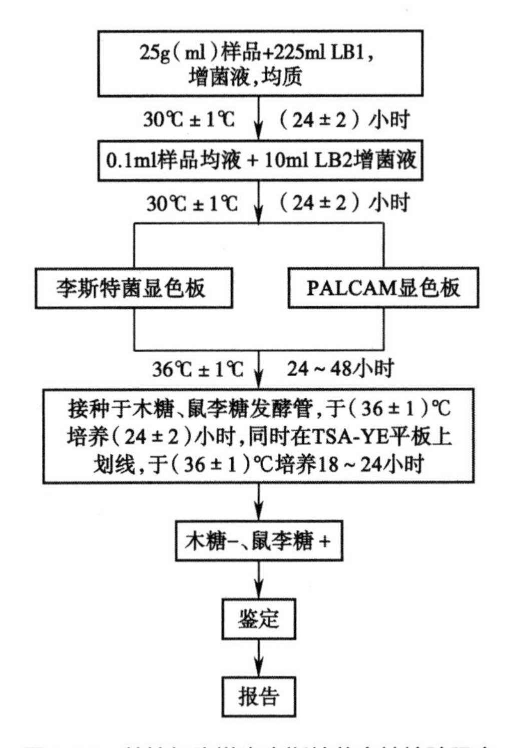

图3-11 单核细胞增生李斯特菌定性检验程序

(二)实验步骤

1. **增菌** 以无菌操作取样品25g(ml)加至含有225ml LB1的均质袋中,在拍击式均质器上连续均质1 ~ 2分钟;或放入盛有225ml LB1的均质杯中,以8 000 ~ 10 000r/min均质1 ~ 2分钟。于(30±1)℃培养(24±2)小时,移取0.1ml,接种于10ml LB2内,于(30±1)℃培养(24±2)小时。

2. **分离** 取LB2二次增菌液划线接种于李斯特菌显色平板和PALCAM琼脂平板，于36℃±1℃培养24～48小时，观察各个平板上生长的菌落。典型菌落在PALCAM琼脂平板上为小的圆形灰绿色菌落，周围有棕黑色水解圈，有些菌落有黑色凹陷；在李斯特菌显色平板上的菌落特征参照产品说明进行判定。

3. **初筛** 自选择性琼脂平板上分别挑取3～5个典型或可疑菌落，分别接种于木糖、鼠李糖发酵管，于(36±1)℃培养(24±2)小时，同时在TSA-YE平板上划线，于(36±1)℃培养18～24小时，然后选择木糖阴性、鼠李糖阳性的纯培养物继续进行鉴定。

4. 鉴定(或选择生化鉴定试剂盒或全自动微生物鉴定系统等)

(1)染色镜检：李斯特菌为革兰氏阳性短杆菌，大小为(0.4～0.5μm)×(0.5～2.0μm)；用生理盐水制成菌悬液，在油镜或相差显微镜下观察，该菌出现轻微旋转或翻滚样的运动。

(2)动力试验：挑取纯培养的单个可疑菌落穿刺半固体或SIM动力培养基，于25～30℃培养48小时，李斯特菌有动力，在半固体或SIM培养基上呈伞状生长，如伞状生长不明显，可继续培养5天，再观察结果。

(3)生化鉴定：挑取纯培养的单个可疑菌落，进行过氧化氢酶试验，过氧化氢酶阳性反应的菌落继续进行糖发酵试验和MR-VP试验。单核细胞增生李斯特菌的主要生化特征见表3-19。

表3-19 单核细胞增生李斯特菌生化特征与其他李斯特菌的区别

菌种	溶血反应	葡萄糖	麦芽糖	MR-VP	甘露糖	鼠李糖	木糖	七叶苷
单核细胞增生李斯特菌 (*L. monocytogenes*)	+	+	+	+/+	–	+	–	+
格氏李斯特菌 (*L. grayi*)	–	+	+	+/+	+	–	–	+
斯氏李斯特菌 (*L. seeligeri*)	+	+	+	+/+	–	–	+	+
威氏李斯特菌 (*L. welshimeri*)	–	+	+	+/+	–	V	+	+
伊氏李斯特菌 (*L. ivanovii*)	+	+	+	+/+	–	–	+	+
英诺克李斯特菌 (*L. innocua*)	–	+	+	+/+	–	V	–	+

注：+表示阳性；–表示阴性；V表示反应不定。

(4)溶血试验：将新鲜的羊血琼脂平板底面划分为20～25个小格，挑取纯培养的单个可疑菌落接种到血平板上，每格接种一个菌落，并接种阳性对照菌（单增李斯特菌、伊氏李斯特菌和斯氏李斯特菌）和阴性对照菌（英诺克李斯特菌），穿刺时尽量接近底部，但不要触到底面，同时避免琼脂破裂，(36 ± 1) ℃ 培养 24 ～ 48 小时，于明亮处观察，单增李斯特菌呈现狭窄、清晰、明亮的溶血圈，李斯特菌在刺种点周围产生弱的透明溶血圈，英诺克李斯特菌无溶血圈，伊氏李斯特菌产生宽的、轮廓清晰的 β 溶血区域，若结果不明显，可置 4℃ 冰箱 24 ～ 48 小时后再观察。（也可用划线接种法。）

5. **结果与报告**　综合以上生化试验和溶血试验的结果，报告 25g（ml）样品中检出或未检出单核细胞增生李斯特菌。

项目 2　第二法——单核细胞增生李斯特菌平板计数法

（一）检验程序

单核细胞增生李斯特菌平板计数程序见图 3-12。

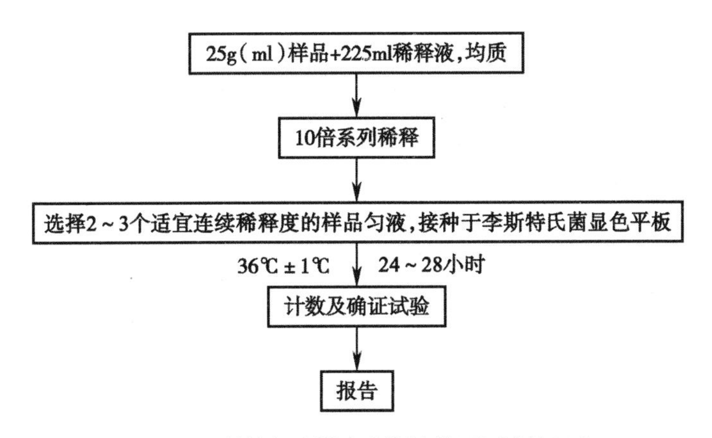

图 3-12　单核细胞增生李斯特菌平板计数程序

（二）实验步骤

1. **样品的稀释**

(1) 以无菌操作称取样品 25g（ml），放入盛有 225ml 缓冲蛋白胨水或无添加剂的 LB 的无菌均质袋（或均质杯）内，在拍击式均质器上连续均质 1 ～ 2 分钟或以 8 000 ～ 10 000r/min 均质 1 ～ 2 分钟。液体样品，振荡混匀，制成 1 ∶ 10 的样品匀液。

(2)用1ml无菌吸管或微量移液器吸取1∶10样品匀液1ml,沿管壁缓慢注于盛有9ml缓冲蛋白胨水或无添加剂的LB的无菌试管中(注意吸管或吸头尖端不要触及稀释液面),振摇试管或换用1支1ml无菌吸管反复吹打使其混合均匀,制成1∶100的样品匀液。

(3)按上文步骤(2)操作程序,制备10倍系列稀释样品匀液。每递增稀释1次,换用1支1ml无菌吸管或吸头。

2. **样品的接种** 根据对样品污染状况的估计,选择2～3个适宜连续稀释度的样品匀液(液体样品可包括原液),每个稀释度的样品匀液分别吸取1ml以0.3ml、0.3ml、0.4ml的接种量分别加入3块李斯特菌显色平板,用无菌L型涂布棒涂布整个平板,注意不要触及平板边缘。使用前,如琼脂平板表面有水珠,可放在25～50℃的培养箱里干燥,直到平板表面的水珠消失。

3. **培养** 在通常情况下,涂布后,将平板静置10分钟,如样液不易吸收,可将平板放在培养箱36℃±1℃培养1小时;等样品匀液吸收后翻转平皿,倒置于培养箱,36℃±1℃培养24～48小时。

4. **典型菌落计数和确认**

(1)单核细胞增生李斯特菌在李斯特菌显色平板上的菌落特征以产品说明为准。

(2)选择有典型单核细胞增生李斯特菌菌落的平板,且同一稀释度3个平板所有菌落数合计在15～150CFU之间的平板,计数典型菌落数。

1)如果只有一个稀释度的平板菌落数在15～150CFU之间,且有典型菌落,计数该稀释度平板上的典型菌落。

2)如果所有稀释度的平板菌落数均小于15CFU,且有典型菌落,应计数最低稀释度平板上的典型菌落。

3)如果某一稀释度的平板菌落数大于150CFU,且有典型菌落,但下一稀释度平板上没有典型菌落,应计数该稀释度平板上的典型菌落。

4)如果所有稀释度的平板菌落数大于150CFU,且有典型菌落,应计数最高稀释度平板上的典型菌落。

5)如果所有稀释度的平板菌落数均不在15～150CFU之间,且有典型菌落,其中一部分小于15CFU或大于150CFU时,应计数最接近15CFU或150CFU的稀释度平板上的典型菌落。

以上情况按第82页式(3-2)计算。

6)2个连续稀释度的平板菌落数均在15～150CFU之间,按第82页式(3-3)计算。

(3)从典型菌落中任选5个菌落(小于5个全选),分别按第一法中的初筛和鉴定步骤进行鉴定。

(三)结果报告

报告每克(毫升)样品中单核细胞增生李斯特菌菌数,以 CFU/g(或 CFU/ml)表示;如 T 值为 0,则以小于 1 乘以最低稀释倍数报告。

项目 3 第三法——单核细胞增生李斯特菌 MPN 计数法

(一)检验程序

单核细胞增生李斯特菌 MPN 计数法检验程序见图 3-13。

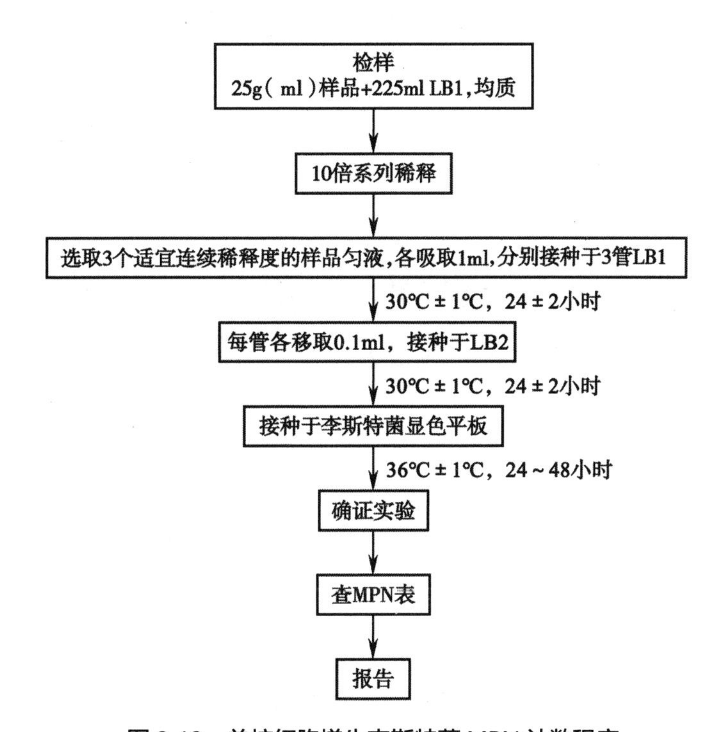

图 3-13 单核细胞增生李斯特菌 MPN 计数程序

(二)实验步骤

1. **样品的稀释** 按第二法稀释步骤进行。

2. **接种和培养**

(1)根据对样品污染状况的估计,选取 3 个适宜连续稀释度的样品匀液(液体样品可包括原液)，接种于10ml LB1，每一个稀释度接种3管，每管接种1ml(如果接种量需要超过1ml，则用双料LB1)于30℃±1℃培养24小时 ±2小时。每管各移取0.1ml，转种于10ml LB2，于30℃±1℃培养24小时 ±2小时。

(2)用接种环从各管中移取1环，接种于李斯特菌显色平板，36℃±1℃培养24～48小时。

3. **确证试验** 自每块平板上挑取5个典型菌落(5个以下全选)，按照第一法中的初筛和鉴定方法进行。

(三)结果与报告

根据证实为单核细胞增生李斯特菌阳性的试管管数，查MPN检索表(见附录七)，报告每克(毫升)样品中单核细胞增生李斯特菌的最可能数，以MPN/g(或MPN/ml)表示。

五、思考与拓展

查阅文献，探究食品中单核细胞增生李斯特菌的污染状况和应对措施。

实验二十五 大肠埃希菌O157:H7/NM检验

一、实验目的

1. 掌握食品中大肠埃希菌O157:H7/NM检测的原理和实验步骤。
2. 能够根据不同食品选择对应的大肠埃希菌O157:H7/NM的检测方法。
3. 认识大肠埃希菌O157:H7/NM与人类健康之间的关系。

二、实验原理

大肠埃希菌O157:H7是肠出血型大肠埃希菌中的代表种类，在世界范围内多次引起食物中毒，造成了重大的经济损失。因此，该菌在食品安全方面具有重要的研究意义。在合适的条件下增菌培养和分离，经一系列的生化鉴定判定样品中大肠埃希菌O157:H7的污染程度。当日常检测过程中遇到样品中大肠埃希菌O157:H7含菌量较少时则选择免疫磁珠捕获法。免疫磁珠能吸附增菌液的中的O157:H7菌株，达到先富集菌株的目的，从而能更好地做下一步鉴定。

三、实验材料

1. **设备** 恒温培养箱、冰箱、恒温水浴箱、天平、均质器、显微镜、载玻片、盖玻片、无菌吸管 1ml（具 0.01ml 刻度）、无菌吸管 10ml（具 0.1ml 刻度）或移液器及吸头、无菌均质杯或无菌均质袋（容量 500ml）、无菌培养皿（直径 90mm）、pH 计或精密 pH 试纸、长波紫外光灯（365nm、功率≤ 6W）、微量离心管（1.5ml 或 2.0ml）、开盖器、磁板、磁板架、旋涡混合器、微生物鉴定系统、记号笔、无菌涂布棒、试管、接种环、接种针。

2. **培养基和试剂** 改良 EC 肉汤（mEC+n）、改良山梨醇麦康凯琼脂（modified sorbitol MacConkey Agar，CT-SMAC）、三糖铁琼脂（TSI）、营养琼脂、半固体琼脂、月桂基硫酸盐胰蛋白胨肉汤 -MUG（lauryl sulfate tryptose broth with MUG，LST-MUG）、山梨醇、对氨基苯甲酸、甲基红、氧化酶试纸、柠檬酸钠、赖氨酸、棉子糖、革兰氏染色液、PBS-Tween20 洗液、亚碲酸钾（AR 级）、头孢克肟（cefixime）、大肠埃希菌 O157 显色培养基、大肠埃希菌 O157 和 H7 诊断血清或 O157 乳胶凝集试剂、鉴定试剂盒、抗 -*E.coli* O157 免疫磁珠。培养基具体配方见附录一。

四、实验内容

项目 1 第一法——常规培养法

（一）检验程序

大肠埃希菌 O157:H7/NM 常规培养法检验程序见图 3-14。

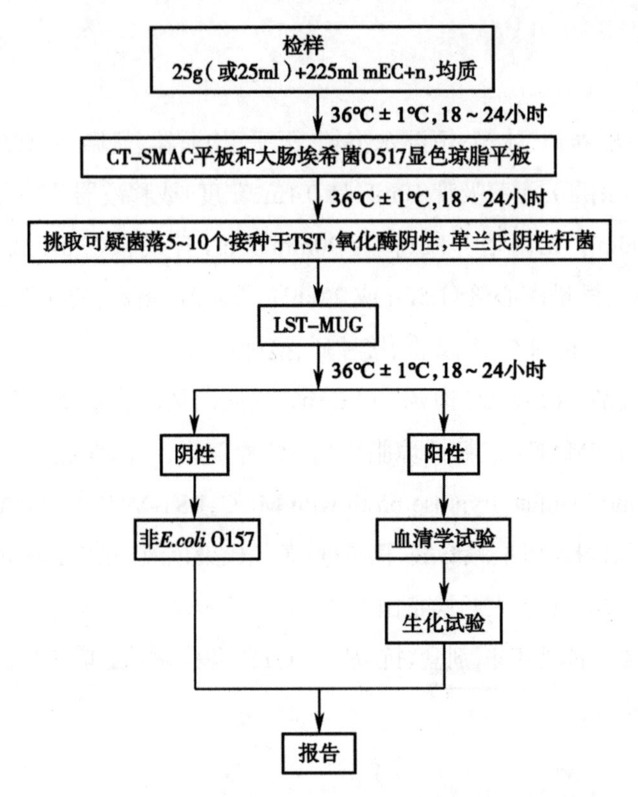

图 3-14 大肠埃希菌 O157:H7/NM 常规培养法检验程序

(二)实验步骤

1. **增菌** 无菌操作取检样 25g(或 25ml)置于含有 225ml mEC+n 的均质袋中,在拍击式均质器上连续均质 1 ~ 2 分钟;或放入盛有 225ml mEC+n 的均质杯中,8 000 ~ 10 000r/min 均质 1 ~ 2 分钟。36℃ ± 1℃ 培养 18 ~ 24 小时。

2. **分离** 取增菌后的 mEC+n,划线接种于 CT-SMAC 平板和大肠埃希菌 O157 显色琼脂平板上,36℃ ± 1℃ 培养 18 ~ 24 小时,观察菌落形态。在 CT-SMAC 平板上,典型菌落为圆形、光滑、较小的无色菌落,中心呈现较暗的灰褐色;在大肠埃希菌 O157 显色琼脂平板上的菌落特征按产品说明书进行判定。

3. **初步生化试验** 在 CT-SMAC 和大肠埃希菌 O157 显色琼脂平板上分别挑取 5 ~ 10 个可疑菌落,分别接种于 TSI 琼脂,同时接种于 LST-MUG,并用大肠埃希菌株(ATCC25922 或其他等效标准菌株)作阳性对照和大肠埃希菌 O157:H7(NCTC12900 或其他等效标准菌株)作阴性对照,于 36℃ ± 1℃ 培养 18 ~ 24 小时。必要时进行氧化酶实验和革兰氏染色。在

TSI琼脂中,典型菌株为斜面与底层均呈黄色,产气或不产气,不产生硫化氢(H_2S)。置LST-MUG管于长波紫外光灯下观察,MUG阳性的大肠埃希菌株应产生荧光,MUG阴性的无荧光产生,大肠埃希菌O157:H7/NM为MUG实验阴性,无荧光。挑取可疑菌落,在营养琼脂平板上分离,于36℃±1℃培养18 ~ 24小时,并进行下列鉴定。

4. **鉴定**

(1)血清学试验:在营养琼脂平板上挑取分纯的菌落,用O157和H7诊断血清或O157乳胶凝集试剂做玻片凝集试验。对于H7因子血清不凝集者,应穿刺接种半固体琼脂,检查动力,经连续传代3次,动力试验均阴性,确定为无动力株。如使用不同公司生产的诊断血清或乳胶凝集试剂,应按照产品说明书进行。

(2)生化试验:自营养琼脂平板上挑取菌落,进行生化试验。大肠埃希菌O157:H7/NM生化反应特征见表3-20。

表3-20 大肠埃希菌O157:H7/NM生化反应特征

生化试验	特征反应
三糖铁琼脂	底层或斜面呈黄色,H_2S阴性
山梨醇	阴性或迟缓发酵
靛基质	阳性
MR-VP试验	MR阳性,VP阴性
氧化酶	阴性
西蒙氏柠檬酸盐	阴性
赖氨酸脱羧酶	阳性(紫色)
鸟氨酸脱羧酶	阳性(紫色)
纤维二糖发酵	阴性
棉子糖发酵	阳性
MUG试验	阴性(无荧光)
动力试验	有动力或无动力

如选择生化鉴定试剂盒或微生物鉴定系统,应从营养琼脂平板上挑取菌落,用稀释液制备成浊度适当的菌悬液,使用生化鉴定试剂盒或微生物鉴定系统进行鉴定。

5. **结果报告** 综合生化和血清学实验结果,报告25g(或25ml)样品中检出或未检出大肠埃希菌O157:H7或大肠埃希菌O157:NM。

项目 2 第二法——免疫磁珠捕获法

(一)检验程序

大肠埃希菌 O157:H7/NM 免疫磁珠捕获法检验程序见图 3-15。

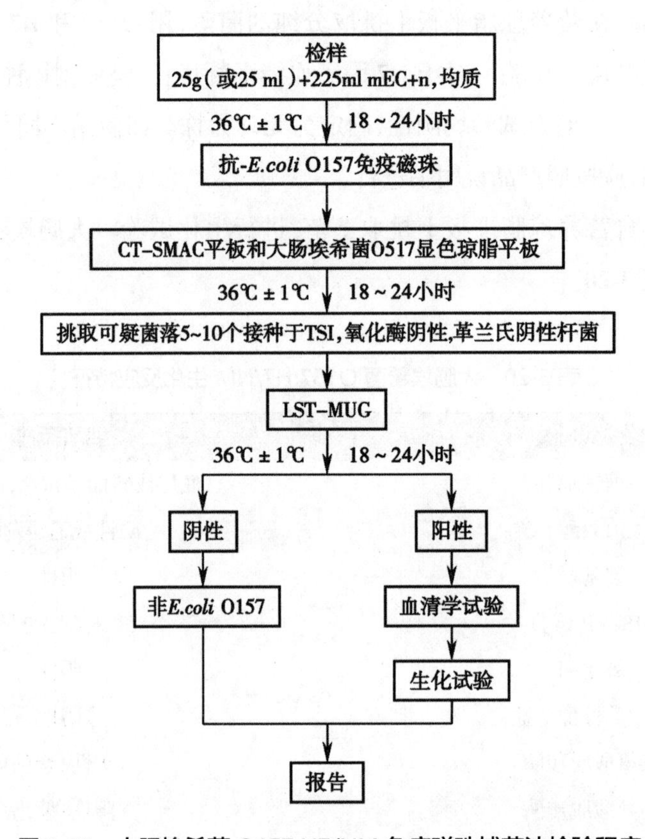

图 3-15 大肠埃希菌 O157:H7/NM 免疫磁珠捕获法检验程序

(二)实验步骤

1. **增菌** 同第一法。

2. **免疫磁珠捕获与分离**

(1)应按照生产商提供的使用说明进行免疫磁珠捕获与分离。当生产商的使用说明与下文的描述可能有偏差时,按生产商提供的使用说明进行。

(2)将 1.5ml 离心管按样品和质控菌株进行编号,然后插到磁板架上。轻柔混匀抗

E.coil O157 免疫磁珠（反复颠倒，直到管底沉淀完全消失），吸取 20μl 抗 -*E.coli* O157 免疫磁珠置于 1.5ml 离心管中。

（3）取 mEC+n 增菌培养物 1ml，加至对应的离心管中，盖紧盖子，轻轻颠倒混匀。每个样品更换 1 个加样吸头，质控菌株必须与样品分开进行，避免交叉污染。

（4）结合：室温下，将上述离心管连同磁板架放在旋涡混合器上转动或用手轻微转动 10 分钟，使 *E.coli* O157 与免疫磁珠充分接触。

（5）捕获：将磁板插到磁板架中浓缩磁珠，反复颠倒数次，确保悬液中与盖子上的免疫磁珠全部吸附在离心管上。

（6）吸取上清液：从免疫磁珠聚集物对侧深入液面，轻轻吸走上清液。当吸到液面通过免疫磁珠聚集物时，应放慢速度，以确保免疫磁珠不被吸走。如吸取的上清液内含有磁珠，则应将其放回到微量离心管中，并重复上文“2. 免疫磁珠捕获与分离（5）”步骤。

免疫磁珠的滑落：某些样品，特别是富含脂肪的样品，其磁珠聚集物易滑落到管底。在吸取上清液时，很难做到不丢失磁珠。在这种情况下，可保留 50 ~ 100μl 上清液于微量离心管中。如果在后续的洗涤过程中也这样做，脂肪的影响将减小，也可达到充分捕获的目的。

（7）洗涤：从磁板架上移走磁板，在每个微量离心管中加入 1ml PBS-Tween20 洗液，放在旋涡混合器上转动或用手轻微转动 3 分钟，洗涤免疫磁珠混合物。重复上文“2. 免疫磁珠捕获与分离（5）~（7）”步骤。

（8）重复上文“2. 免疫磁珠捕获与分离（5）~（6）”步骤。

（9）免疫磁珠悬浮：移走磁板，将免疫磁珠重新悬浮在 100μl PBS-Tween20 洗液中。

（10）涂布平板：将免疫磁珠混匀，各取 50μl 免疫磁珠悬液分别转移至 CT-SMAC 平板和大肠埃希菌 O157 显色琼脂平板一侧，然后用无菌涂布棒将免疫磁珠涂布平板的一半，再用接种环划线接种平板的另一半。待琼脂表面水分完全吸收后，翻转平板，于 36℃ ± 1℃ 培养 18 ~ 24 小时。

注：若 CT-SMAC 平板和大肠埃希菌 O157 显色琼脂平板表面水分过多时，应在 36℃ ± 1℃ 下干燥 10 ~ 20 分钟，涂布时避免将免疫磁珠涂布到平板的边缘。

3. **菌落识别** 大肠埃希菌 O157:H7/NM 在 CT-SMAC 平板和大肠埃希菌 O157 显色琼脂平板上的菌落特征同上文描述。

4. 初步生化试验：同第一法实验步骤二（3）。

5. 鉴定：同第一法实验步骤二（4）。

6. **结果报告**

五、思考与拓展

查阅文献，列出免疫磁珠法在微生物检测中的应用。

实验二十六 蜡样芽孢杆菌快速检测方法

一、实验目的

1. 掌握荧光定量 PCR 检测方法的原理和应用。
2. 能够对食品中的蜡样芽孢杆菌进行快速检测。
3. 认识蜡样芽孢杆菌与人类健康之间的关系。

二、实验原理

本实验采用锁核酸(locked nucleic acid，LNA)探针特异性检测蜡样芽孢杆菌。该探针利用单核苷酸多态性(single nucleotide polymorphism，SNP)的原理，根据蜡样芽孢杆菌区别于其他种芽孢杆菌的特异位点进行检测。

三、实验材料

1. **仪器、设备与试剂** 荧光 PCR 仪、离心机、微量移液器、水浴锅、冰箱、均质器、均质杯、离心管、无菌锥形瓶、无菌吸管、玻璃珠、TE 缓冲液、3mg/ml 溶菌酶溶液、Taq DNA 聚合酶、dNTP、10 × PCR 缓冲液。除另有规定外，试剂为分析纯或生化试剂，水为无菌重蒸馏水。

2. **引物**

5′-CCTTCTTCAAGTTCAAATCTCG-3′

5′-GTYGTAATGACAGGTGATGGA-3′

3. **锁核酸探针**

FAM-5′-FAM-TGTAAT*GG*TTGTT*CG*CAA-BHQ1-3′

注：* 表示该位点为锁核酸位点。

4. DNA 提取试剂：0.1% Chelex100 水溶液。

5. LB 培养基：酪蛋白胨 10g、酵母提取物 5g、NaCl 10g，溶于 1L 水中，调节 pH 至 7.0，

高压灭菌。

6. 蜡样芽孢杆菌质控菌株：ATCC 14579或其他等效菌株。

四、实验步骤

1. **增菌**

(1) 冷冻样品应在45℃以下不超过15分钟或在2 ~ 5℃不超过18小时解冻，若不能及时检验，应放置于–18℃左右保存；非冷冻而易腐的样品应尽可能及时检验，若不能及时检验，应置于2 ~ 5℃冰箱保存，24小时内检验。

(2) 称取样品25g，放入盛有225ml LB培养基的无菌均质杯内，用旋转刀片式均质器以8 000 ~ 10 000r/min均质1 ~ 2分钟，或放入盛有225ml LB培养基的无菌均质袋中，用拍击式均质器拍打1 ~ 2分钟。若样品为液态，吸取25ml样品至盛有225ml LB培养基的无菌锥形瓶（瓶内可预置适当数量的无菌玻璃珠）中，振荡混匀，作为1 ∶ 10的样品匀液。根据对样品污染状况的估计，选择2 ~ 3个适宜稀释度的样品匀液（液体样品可包括原液）30℃ ± 1℃培养9 ~ 18小时。

2. **模板DNA准备** 每瓶培养的菌液分别取1ml加到1.5ml无菌离心管中，8 000r/min离心5分钟，尽量吸去上清液；加入50μl TE缓冲液及终浓度为3mg/ml的溶菌酶，室温孵育10分钟，孵育完毕后沸水浴5分钟（也可以采用等效的核酸提取试剂盒提取DNA），12 000r/min离心5分钟，取上清液以待检验（如不能及时检验，可将上清液置于–20℃保存）。

3. **荧光PCR检测** 反应体系总体积为25μl，其中含10 × PCR缓冲液2.5μl、dNTP（10mmol/L）1μl、引物对（10μmol/L）各1μl、Taq DNA合酶（5U/μl）0.5μl、探针（2μmol/L）1μl、水15.5μl、模板DNA 2.5μl。反应条件：95℃ 10分钟；95℃ 15秒，60℃ 1分钟，60℃时收集FAM荧光，共进行40个循环。反应产物可在4℃保存，必要时可进行电泳或测序等确证工作。检测过程中设阳性对照，阴性对照。阳性对照为标准菌株基因组DNA或是扩增片段的阳性克隆，阴性对照以2.5μl无菌水作为模板。

五、实验结果

1. 阳性对照 *Ct* 值 <30，阴性对照无扩增时，该检测结果有效。检测样本 *Ct* 值小于或等于35.0时，报告蜡样芽孢杆菌筛选阳性；检测样本 *Ct* 值大于35.0且小于40.0时，重复一次，如果 *Ct* 值仍小于40.0，且曲线有明显的对数增长期，可报告蜡样芽孢杆菌筛选阳性，否则报告蜡样芽孢杆菌未检出；样品检测无明显扩增曲线时，报告蜡样芽孢杆菌未检出。

2. 阳性样本按GB/T 4789.14—2014《食品安全国家标准　食品微生物学检验　蜡样芽孢杆菌检验》进行确证。

3. 报告每25g样品中检出或未检出蜡样芽孢杆菌。

六、思考与拓展

查阅文献，总结单核苷酸多态性在食品微生物检测中的应用。

实验二十七　肉毒梭菌及肉毒毒素检验

一、实验目的

1. 熟悉肉毒梭菌的生物学特性。

2. 掌握食品中肉毒梭菌及其毒素的检测方法。

3. 认识肉毒梭菌与人类健康之间的关系。

二、实验原理

肉毒梭菌（*Clostridium botulinum*）是一种厌氧革兰氏阳性芽孢杆菌，广泛存在于土壤、动物粪便、湖水、河水、海水及水底沉积物与淤泥中。肉毒梭菌产生的肉毒毒素是肉毒中毒的直接致病因素，它是一种具有神经和细胞毒性的外毒素，其毒素极强，对人的致死量约为0.1μg。将样品经增菌后划平板分离单菌落，挑取可疑菌落到胰蛋白胨葡萄糖酵母浸膏肉汤（trypticase glucose yeast extract broth，TPGY）培养基中培养，对培养物用DNA提取试剂盒抽提DNA，进行PCR扩增，琼脂糖凝胶电泳检验PCR产物中是否含有肉毒梭菌的特征条带，并结合肉毒梭菌的生物学特性，初步判断食品是否被肉毒杆菌污染。

三、实验材料

1. **设备**　除微生物实验室常规灭菌及培养设备外，其他设备包括：冰箱、天平、无菌手术剪、镊子、试剂勺、均质器或无菌乳钵、离心机、厌氧培养装置、恒温培养箱、恒温水浴箱、显微镜、PCR仪、电泳仪或毛细管电泳仪、凝胶成像系统或紫外检测仪、核酸蛋白分析仪或紫外分光光度计、可调微量移液器、无菌吸管（1.0ml、10.0ml、25.0ml）、无菌锥形瓶（100ml）、无菌试管、培养皿(直径 90mm)、离心管(50ml、1.5ml)、PCR 反应管、无菌注射器(1.0ml)、无菌均质袋、载玻片、盖玻片、酒精灯、火柴。

2. **实验材料** 小鼠:15 ~ 20g,每一批次实验应使用同一品系的 KM 或 ICR 小鼠。

3. **培养基和试剂** 除另有规定外,PCR 试验所用试剂为分析纯或符合生化试剂标准,水应符合 GB/T 6682—2008《分析实验室用水规格和试验方法》中一级水的要求。庖肉培养基、胰蛋白酶胰蛋白胨葡萄糖酵母膏肉汤(TPGYT broth base,简称 TPGYT)、卵黄琼脂,培养基的配方和制法见附录。明胶磷酸盐缓冲液、10% 胰蛋白酶溶液、磷酸盐缓冲液(phosphate buffered saline,PBS)、1mol/L 氢氧化钠溶液、1mol/L 盐酸溶液、生理盐水、肉毒毒素诊断血清、无水乙醇和 95% 乙醇、10mg/ml 溶菌酶溶液、10mg/ml 蛋白酶 K 溶液、3mol/L 乙酸钠溶液(pH 5.2)、TE 缓冲液、革兰氏染色液。引物临用时用超纯水配制成浓度为 10μmol/L。2 × PCR 预混合液、琼脂糖、溴化乙锭、TAE 缓冲液、10 × 加样缓冲液、DNA 标准分子量、重蒸馏水。

四、实验步骤

肉毒梭菌及肉毒毒素检验程序见图 3-16。

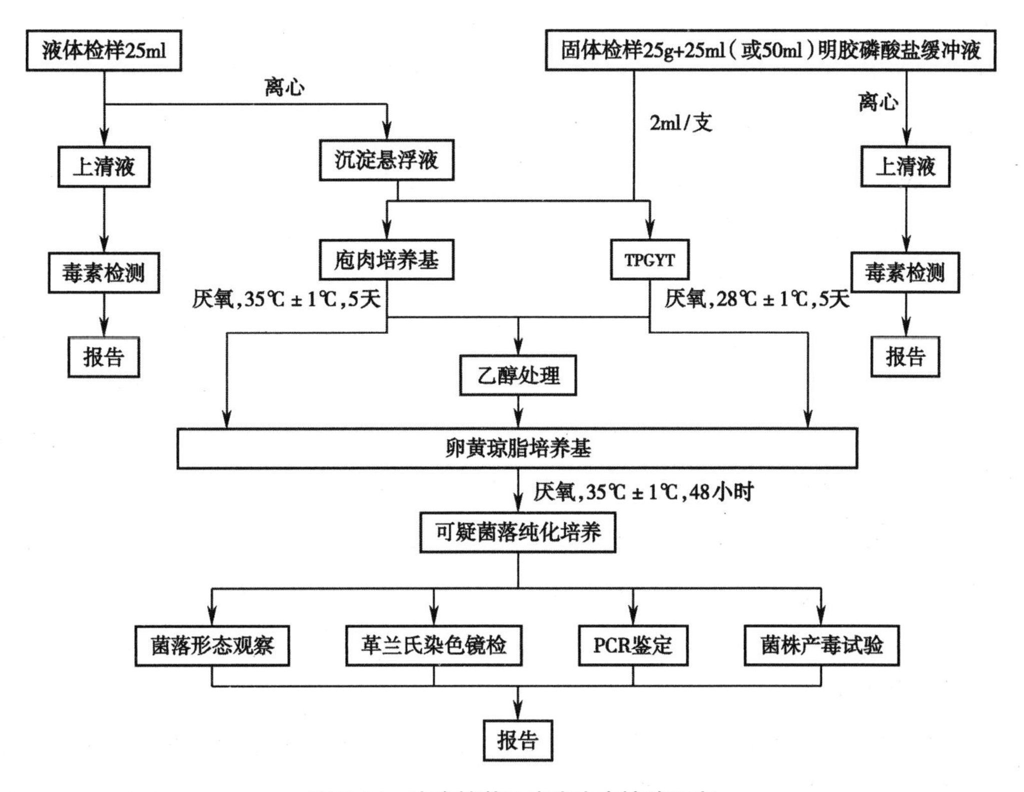

图 3-16 肉毒梭菌及肉毒毒素检验程序

(一)样品制备

1. **样品保存** 待检样品应放置于 2 ～ 5℃ 冰箱中冷藏。

2. **固态与半固态食品** 固体或游离液体很少的半固态食品，以无菌操作称取样品 25g，放入无菌均质袋或无菌乳钵，块状食品以无菌操作切碎，含水量较高的固态食品加入 25ml 明胶磷酸盐缓冲液，乳粉、牛肉干等含水量低的食品加入 50ml 明胶磷酸盐缓冲液，浸泡 30 分钟，用拍击式均质器拍打 2 分钟或用无菌研杵研磨制备样品匀液，收集备用。

3. **液态食品** 液态食品摇匀，以无菌操作量取 25ml 检验。

4. **剩余样品处理** 取样后的剩余样品放 2 ～ 5℃ 冰箱中冷藏，直至检验结果报告发出后，按感染性废弃物要求进行无害化处理，检出阳性的样品应采用压力蒸汽灭菌方式进行无害化处理。

(二)肉毒毒素检测

1. **毒素液制备** 取样品匀液约 40ml 或均匀液体样品 25ml 放入离心管，3 000r/min 离心 10 ～ 20 分钟，收集上清液分为两份放入无菌试管中，一份直接用于毒素检测，一份用胰蛋白酶处理后进行毒素检测。液体样品保留底部沉淀及液体约 12ml，重悬，制备成沉淀悬浮液备用。

胰酶处理：用 1mol/L 氢氧化钠溶液或 1mol/L 盐酸溶液调节上清液 pH 至 6.2，按 9 份上清液加 1 份 10% 胰蛋白酶（活力 1 ∶ 250）溶液混匀，37℃ 孵育 60 分钟，其间间或轻轻摇动反应液。

2. **检出试验** 用 5 号针头注射器分别取离心上清液和胰蛋白酶处理后的上清液腹腔注射小鼠 3 只，每只 0.5ml，观察和记录小鼠 48 小时内的中毒表现。典型肉毒毒素中毒症状多在 24 小时内出现，通常在 6 小时内发病和死亡，其主要表现为竖毛、四肢瘫软、呼吸困难，呈现风箱式呼吸，腰腹部凹陷，宛如蜂腰，多因呼吸衰竭而死亡。若小鼠在 24 小时后发病或死亡，应仔细观察小鼠症状，必要时浓缩上清液重复试验，以排除肉毒毒素中毒。若小鼠出现猝死（30 分钟内）导致症状不明显时，应将毒素上清液进行适当稀释，重复试验。

注：毒素检测动物实验应遵循 GB 15193.2—2014《食品安全国家标准　食品毒理学实验室操作规范》的规定。

3. **确证试验** 上清液和 / 或胰蛋白酶处理后的上清液的毒素试验阳性者，取相应试验液 3 份，每份 0.5ml，其中第一份加等量多型混合肉毒毒素诊断血清，混匀，37℃ 孵育 30 分钟；

第二份加等量明胶磷酸盐缓冲液，混匀后煮沸 10 分钟；第三份加等量明胶磷酸盐缓冲液，混匀。将三份混合液分别腹腔注射小鼠两只，每只 0.5ml，观察 96 小时内小鼠的中毒和死亡情况。

结果判定：若注射第一份和第二份混合液的小鼠未死亡，而注射第三份混合液的小鼠发病死亡，并出现肉毒毒素中毒的特有症状，则判定检测样品中检出肉毒毒素。

注：未经胰蛋白酶激活处理的样品上清液的毒素检出试验或确证试验为阳性者，则毒力测定和定型试验可省略胰蛋白酶激活处理试验。

（三）肉毒梭菌检验

1. 增菌培养与检出试验

（1）取 TPGY 管 2 支，隔水煮沸 10 ～ 15 分钟，排除溶解氧，迅速冷却，切勿摇动，制备 TPGYT 培养基，同时取庖肉培养基 4 支。

（2）吸取样品匀液或毒素制备过程中的离心沉淀悬浮液 2ml 接种于庖肉培养基中，每份样品接种 4 支，其中 2 支直接放置 35℃ ± 1℃ 厌氧培养 5 天，另 2 支放 80℃ 保温 10 分钟，再放置 35℃ ± 1℃ 厌氧培养 5 天；同样方法接种 2 支 TPGYT 管，28℃ ± 1℃ 厌氧培养 5 天。

注：接种时，用无菌吸管轻轻吸取样品匀液或离心沉淀悬浮液，将吸管口小心插入肉汤管底部，缓缓放出样液至肉汤中，切勿搅动或吹气。

（3）检查记录增菌培养物的浊度、产气、肉渣颗粒消化情况，并注意气味。肉毒梭菌培养物会产气、肉汤浑浊（庖肉培养基中 A 型和 B 型肉毒梭菌肉汤变黑）、消化或不消化肉粒、有异臭味。

（4）取增菌培养物进行革兰氏染色镜检，观察菌体形态，注意是否有芽孢、芽孢的相对比例、芽孢在细胞内的位置。

（5）若增菌培养物 5 天无菌生长应延长培养至 10 天观察生长情况。

（6）取增菌培养物阳性管的上清液，进行毒素检出和确证试验，必要时进行定型试验，阳性结果可证明样品中有肉毒梭菌存在。

注：TPGYT 增菌液的毒素试验无须添加胰蛋白酶处理。

2. 分离与纯化培养

（1）增菌液前处理，吸取 1ml 增菌液至无菌螺旋帽试管中，加入等体积过滤除菌的无水乙醇，混匀，在室温下放置 1 小时。

（2）取增菌培养物和经乙醇处理的增菌液分别划线接种于卵黄琼脂平板，35℃ ± 1℃ 厌氧培养 48 小时。

(3) 观察平板培养物菌落形态，肉毒梭菌菌落隆起或扁平、光滑或粗糙，易蔓延生长，边缘不规则，在菌落周围形成乳色沉淀晕圈（E型较宽，A 型和 B 型较窄），在斜视光下观察菌落表面呈现珍珠样虹彩，这种光泽可随蔓延生长扩散到不规则边缘区外的晕圈。

(4) 菌株纯化培养，在分离培养平板上选择 5 个肉毒梭菌可疑菌落，分别接种于卵黄琼脂平板，35℃ ± 1℃，厌氧培养 48 小时，按上述观察菌落形态及其纯度。

3. **鉴定试验**

(1) 染色镜检：挑取可疑菌落进行涂片、革兰氏染色和镜检，肉毒梭菌菌体形态为革兰氏阳性粗大杆菌、芽孢卵圆形、大于菌体、位于次端，菌体呈网球拍状。

(2) 毒素基因检测

1) 菌株活化：挑取可疑菌落或待鉴定菌株接种于 TPGY，35℃ ± 1℃ 厌氧培养 24 小时。

2) DNA 模板制备：吸取 TPGY 培养液 1.4ml 至无菌离心管中，12 000r/min 离心 2 分钟，弃去上清液，加入 1.0ml PBS 悬浮菌体，12 000r/min 离心 2 分钟，弃去上清液，用 400μl PBS 重悬沉淀，加入 10mg/ml 溶菌酶溶液 100μl，摇匀，37℃ 水浴 15 分钟，加入 10mg/ml 蛋白酶 K 溶液 10μl，摇匀，60℃ 水浴 1 小时，再沸水浴 10 分钟，12 000r/min 离心 2 分钟，上清液转移至无菌小离心管中，加入 3mol/L NaAc 溶液 50μl 和 95% 乙醇 1.0ml，摇匀，–70℃ 或 –20℃ 放置 30 分钟，14 000 × g 离心 10 分钟，弃去上清液，沉淀干燥后溶于 200μl TE 缓冲液，置于 –20℃ 保存备用。

注：根据实验室实际情况，也可采用常规水煮沸法或商品化试剂盒制备 DNA 模板。

3) 核酸浓度测定（必要时）：取 5μl DNA 模板溶液，加超纯水稀释至 1ml，用核酸蛋白分析仪或紫外分光光度计分别检测 260nm 和 280nm 波长的吸光值 A_{260} 和 A_{280}。按式（3-4）计算 DNA 浓度。当浓度在 0.34 ~ 340μg/ml 或 A_{260}/A_{280} 比值在 1.7 ~ 1.9 之间时，适宜于 PCR 扩增。

$$C = A_{260} \times N \times 50 \qquad \text{式(3-4)}$$

式中，C 为 DNA 浓度，单位为 μg/ml；A_{260} 为 260nm 处吸光值；N 为核酸稀释倍数。

4) PCR 扩增：分别采用针对各型肉毒梭菌毒素基因设计的特异性引物（见表 3-21）进行 PCR 扩增，包括 A 型肉毒毒素（botulinum neurotoxin A，bont/A）、B 型肉毒毒素（botulinum neurotoxin B，bont/B）、E 型肉毒毒素（botulinum neurotoxin E，bont/E）和 F 型肉毒毒素（botulinum neurotoxin F，bont/F），每个 PCR 反应管检测一种型别的肉毒梭菌。

表 3-21 肉毒梭菌毒素基因 PCR 检测的引物序列及其产物

检测肉毒梭菌类型	引物序列	扩增长度 /bp
A 型	F5′-GTG ATA CAA CCA GAT GGT AGT TAT AG-3′ R5′-AAA AAA CAA GTC CCA ATT ATT AAC TTT-3′	983
B 型	F5′-GAG ATG TTT GTG AAT ATT ATG ATC CAG-3′ R5′-GTT CAT GCA TTA ATA TCA AGG CTG G-3′	492
E 型	F5′-CCA GGC GGT TGT CAA GAA TTT TAT-3′ R5′-TCA AAT AAA TCA GGC TCT GCT CCC-3′	410
F 型	F5′-GCT TCA TTA AAG AAC GGA AGC AGT GCT-3′ R5′-GTG GCG CCT TTG TAC CTT TTC TAG G-3′	1 137

反应体系的配制见表 3-22，反应体系中各试剂的量可根据具体情况或不同的反应总体积进行相应调整。

表 3-22 肉毒梭菌毒素基因 PCR 检测的反应体系

试剂	终浓度	加入体积 /μl
2 × Taq PCR 预混液	1 ×	25.0
10μmol/L 正向引物	0.5μmol/L	2.5
10μmol/L 反向引物	0.5μmol/L	2.5
DNA 模板	—	1.0
重蒸馏水	—	19.0
总体积	—	50.0

反应程序：预变性 95℃ 5 分钟；循环参数 95℃ 1 分钟，60℃ 1 分钟，72℃ 1 分钟；循环数 40。PCR 扩增体系应设置阳性对照、阴性对照和空白对照。用含有已知肉毒梭菌菌株或含肉毒毒素基因的质控品作阳性对照、非肉毒梭菌基因组 DNA 作阴性对照、无菌水作空白对照。

5）凝胶电泳检测 PCR 扩增产物：用 TAE 缓冲液配制 1.2% ~ 1.5% 的琼脂糖凝胶，凝胶加热融化后冷却至 60℃ 左右加入溴化乙锭至 0.5μg/ml 制备胶块，取 10μl PCR 扩增产物与 1.0μl 10 × 加样缓冲液混合，点样，其中一孔加入 DNA 分子量标准。

TAE 电泳缓冲液，10V/cm 恒压电泳，根据溴酚蓝的移动位置确定电泳时间，用紫外检测仪或凝胶成像系统观察和记录结果。

6) 结果判定：阴性对照和空白对照均未出现条带，阳性对照出现预期大小的扩增条带（见表 3-21），判定本次 PCR 检测成立；待测样品出现预期大小的扩增条带，判定为 PCR 结果阳性，根据表 3-21 判定肉毒梭菌菌株型别，待测样品未出现预期大小的扩增条带，判定 PCR 结果为阴性。

注：PCR 试验环境条件和过程控制应参照 GB/T 27403—2008《实验室质量控制规范 食品分子生物学检测》规定执行。

(3) 菌株产毒试验：将 PCR 阳性菌株或可疑肉毒梭菌菌株接种于庖肉培养基或 TPGYT（用于 E 型肉毒梭菌），按实验上文“(三) 肉毒梭菌检验 1. 增菌培养与检出试验 (2)” 步骤条件厌氧培养，按肉毒毒素检测方法进行毒素检测和 / 或定型试验，毒素确证试验阳性者，判定为肉毒梭菌，根据定型试验结果判定肉毒梭菌型别。

注：根据 PCR 阳性菌株型别，可直接用相应型别的肉毒毒素诊断血清进行确证试验。

五、实验结果

1. **肉毒毒素检测结果报告**　根据上文“(二) 肉毒毒素检测 2. 检出试验”结果，报告 25g (ml) 样品中检出或未检出肉毒毒素。

2. **肉毒梭菌检验结果报告**　根据上文“(三) 肉毒梭菌检验 3. 鉴定试验 (3)”结果，报告样品中检出或未检出肉毒梭菌或检出某型肉毒梭菌。

六、思考与拓展

查阅文献，总结如何预防和诊断肉毒梭菌引起的中毒。

实验二十八　产气荚膜梭菌检验

一、实验目的

1. 了解产气荚膜梭菌的危害和鉴定意义。
2. 熟悉产气荚膜梭菌的菌落形态结构和生理生化特点。
3. 掌握食品中产气荚膜梭菌的检验方法。

二、实验原理

产气荚膜梭菌（*Clostridium perfringens*）是一类革兰氏阳性（G^+）产芽孢的厌氧性梭菌，广泛分布于污水、土壤、食物、人畜粪便及肠道中，引发组织毒害感染（如人类气性坏疽）和肠道疾病（如人类 D 型产气荚膜梭菌食物中毒和家畜肠毒血症），因此有效的分离和鉴定产气荚膜梭菌对人类健康有着重要意义。培养基中的胰蛋白胨、酵母粉提供氮源营养，蔗糖提供碳源营养，添加的 D- 环丝氨酸和多黏菌素 B（FD153）抑制伴随的其他菌群，厌氧环境也提供了进一步的选择性。可通过硫还原、革兰氏阳性、芽孢杆状、无动力性、硝还原、明胶液化、乳糖发酵和其他生化试验验证。

三、实验材料

1. **设备**　高压灭菌锅、超净工作台、显微镜、冰箱、恒温水浴箱、天平、均质器、显微镜、无菌吸管 1ml（具 0.01ml 刻度）、10ml（具 0.1ml 刻度）或微量移液器及吸头、无菌试管（18mm × 180mm）、无菌培养皿（直径 90mm）、pH 计或 pH 比色管或精密 pH 试纸、厌氧培养装置、恒温培养箱、均质袋和均质杯、载玻片、盖玻片、酒精灯、火柴、接种环、接种针。

2. **培养基和试剂**　胰胨 - 亚硫酸盐 - 环丝氨酸（tryptose sulfite cycloserine，TSC）琼脂、液体硫乙醇酸盐培养基（fluid thioglycollate medium，FTG）、缓冲动力 - 硝酸盐培养基、乳糖 - 明胶培养基、含铁牛奶培养基、0.1% 蛋白胨水、硝酸盐还原试剂、缓冲甘油 - 氯化钠溶液、锌粉。

四、实验步骤

产气荚膜梭菌检验程序见图 3-17。

1. **样品制备**

（1）样品采集后应尽快检验，若不能及时检验，可在 2 ～ 5℃ 保存；如 8 小时内不能进行检验，应以无菌操作称取 25g（ml）样品加至等量缓冲甘油 - 氯化钠溶液中（液体样品应加双料），并尽快置于 –60℃ 低温冰箱中冷冻保存或加干冰保存。

（2）以无菌操作称取 25g（ml）样品放入含有 225ml 0.1% 蛋白胨水（如为冷冻保存样品，室温解冻后，加入 200ml 0.1% 蛋白胨水）的均质袋中，在拍击式均质器上连续均质 1 ～ 2 分钟；或置于盛有 225ml 0.1% 蛋白胨水的均质杯中，8 000 ～ 10 000r/min 均质 1 ～ 2 分钟，作为 1 ∶ 10 稀释液。

（3）将上述 1 ∶ 10 稀释液按 1ml 加 0.1% 蛋白胨水 9ml 制备成 10^{-2} ～ 10^{-6} 的系列稀释液。

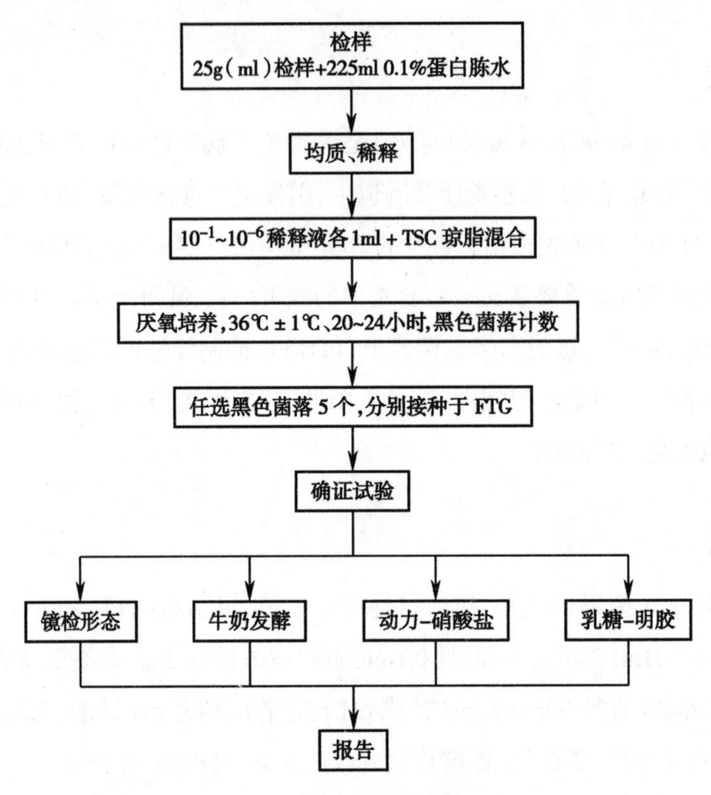

图 3-17　产气荚膜梭菌检验程序

2. 培养

（1）吸取各稀释液1ml加至无菌平皿内，每个稀释度做两个平行操作。每个平皿倾注冷却至50℃的TSC琼脂（可放置于50℃ ± 1℃恒温水浴箱中保温）15ml，缓慢旋转平皿，使稀释液和琼脂充分混匀。

（2）上述琼脂平板凝固后，再加10ml冷却至50℃的TSC琼脂（可放置于50℃ ± 1℃恒温水浴箱中保温）均匀覆盖平板表层。

（3）待琼脂凝固后，正置于厌氧培养装置内，36℃ ± 1℃培养20 ~ 24小时。

（4）典型的产气荚膜梭菌在TSC琼脂平板上为黑色菌落。

3. 确证试验

（1）从单个平板上任选5个（小于5个全选）黑色菌落，分别接种到FTG，36℃ ± 1℃培养18 ~ 24小时。

（2）用上述培养液涂片，革兰氏染色镜检并观察其纯度。产气荚膜梭菌为革兰氏阳性粗短杆菌，有时可见芽孢体。如果培养液不纯，应划线接种于TSC琼脂平板进行分离纯化，

36℃ ± 1℃ 厌氧培养 20 ~ 24 小时，再挑取单个典型黑色菌落接种到 FTG，36℃ ± 1℃ 培养 18 ~ 24 小时，用于后续的确证试验。

（3）取生长旺盛的 FTG 培养液 1ml 接种于含铁牛奶培养基，在 46℃ ± 0.5℃ 水浴中培养 2 小时，每小时观察一次有无"暴烈发酵"现象，该现象的特点是乳凝结物破碎后快速形成海绵样物质，通常会上升到培养基表面。5 小时内不发酵者为阴性。产气荚膜梭菌发酵乳糖，凝固酪蛋白并大量产气，呈"暴烈发酵"现象，但培养基不变黑。

（4）用接种环（针）取 FTG 培养液穿刺接种于缓冲动力 - 硝酸盐培养基，于 36℃ ± 1℃ 培养 24 小时。在透射光下检查细菌沿穿刺线的生长情况，判定有无动力。有动力的菌株沿穿刺线呈扩散生长，无动力的菌株只沿穿刺线生长。然后滴加 0.5ml 试剂甲（见附录）和 0.2ml 试剂乙（见附录）检查是否有亚硝酸盐的存在。15 分钟内出现红色者，表明硝酸盐被还原为亚硝酸盐；如果不出现颜色变化，则加少许锌粉，放置 10 分钟，出现红色者，表明该菌株不能还原硝酸盐。产气荚膜梭菌无动力，能将硝酸盐还原为亚硝酸盐。

（5）用接种环（针）取 FTG 培养液穿刺接种于乳糖 - 明胶培养基，于 36℃ ± 1℃ 培养 24 小时，观察结果。如发现产气和培养基由红变黄，表明乳糖被发酵并产酸。将试管于 5℃ 左右放置 1 小时，检查明胶液化情况。如果培养基是固态，于 36℃ ± 1℃ 再培养 24 小时，重复检查明胶是否液化。产气荚膜梭菌能发酵乳糖，使明胶液化。

五、实验结果

1. **典型菌落计数**　选取典型菌落数在 20 ~ 200CFU 之间的平板，计数典型菌落数。如果：

（1）只有一个稀释度平板的典型菌落数在 20 ~ 200CFU 之间，计数该稀释度平板上的典型菌落。

（2）最低稀释度平板的典型菌落数均小于 20CFU，计数该稀释度平板上的典型菌落。

（3）某一稀释度平板的典型菌落数均大于 200CFU，但下一稀释度平板上没有典型菌落，应计数该稀释度平板上的典型菌落。

（4）某一稀释度平板的典型菌落数均大于 200CFU，且下一稀释度平板上有典型菌落，但其平板上的典型菌落数不在 20 ~ 200CFU 之间，应计数该稀释度平板上的典型菌落。

（5）2 个连续稀释度平板的典型菌落数均在 20 ~ 200CFU 之间，分别计数 2 个稀释度平板上的典型菌落。

2. **结果计算** 计数结果按式(3-5)计算

$$T=\frac{\sum\frac{AB}{C}}{(n_1+0.1n_2)\,d} \qquad 式(3\text{-}5)$$

式中，T 为样品中产气荚膜梭菌的菌落数；A 为单个平板上典型菌落数；B 为单个平板上经试验确证为产气荚膜梭菌的菌落数；C 为单个平板上用于确证试验的菌落数；n_1 为第一稀释度(低稀释倍数)经试验确证有产气荚膜梭菌的平板个数；n_2 为第二稀释度(高稀释倍数)经试验确证有产气荚膜梭菌的平板个数；0.1 为稀释系数；d 为稀释因子(第一稀释度)。

3. **报告** 根据 TSC 琼脂平板上产气荚膜梭菌的典型菌落数，按照式(3-7)计算，报告每克(或毫升)样品中产气荚膜梭菌数，报告单位以 CFU/g(或 CFU/ml)表示；如 T 值为 0，则以小于 1 乘以最低稀释倍数报告。

六、思考与拓展

查阅文献，总结产气荚膜梭菌对人和动物的危害及预防措施。

实验二十九 食品中乙型溶血性链球菌检验

一、实验目的

1. 了解溶血性链球菌的致病性以及与人类健康之间的关系。
2. 熟悉溶血性链球菌的生物学特性。
3. 能够制备乙型溶血性链球菌检验用的培养基和对目的菌进行检验。

二、实验原理

乙型溶血性链球菌(*Streptococcus hemolyticus*)是人体易感染的致病菌，平时寄植于人体上呼吸道，当人体免疫功能降低时可导致上呼吸道感染，引起变态反应性肾炎、风湿病、心肌炎等疾病。乙型溶血性链球菌为革兰氏阳性球菌，呈链状排列，长短不一，在血平板上生长良好，菌落为针尖状圆形凸起，灰白色半透明或不透明，表面光滑，周围有透明溶血圈，在清肉汤中呈絮状或颗粒沉淀生长，链激酶试验阳性。

三、实验材料

1. **设备** 除微生物实验室常规灭菌及培养设备外，其他设备和材料：恒温培养箱、冰箱、厌氧培养装置、天平、均质器、显微镜、无菌吸管或微量移液器及吸头、无菌锥形瓶（容量100ml、200ml、2 000ml）、无菌培养皿（直径90mm）、pH计或pH比色管或精密pH试纸、水浴装置、微生物生化鉴定系统、均质袋和均质杯、载玻片、盖玻片、酒精灯、火柴、接种环。

2. **培养基和试剂** 改良胰蛋白胨大豆肉汤（modified trypticase soy broth，mTSB）、哥伦比亚CNA血琼脂（Columbia CNA blood agar）、哥伦比亚血琼脂（Columbia blood agar）、胰蛋白胨大豆肉汤（trypticase soy broth，TSB）、草酸钾血浆、0.25%氯化钙（$CaCl_2$）溶液、3%过氧化氢（H_2O_2）溶液、灭菌生理盐水、生化鉴定试剂盒或生化鉴定卡。

四、实验步骤

溶血性链球菌检验程序见图3-18。

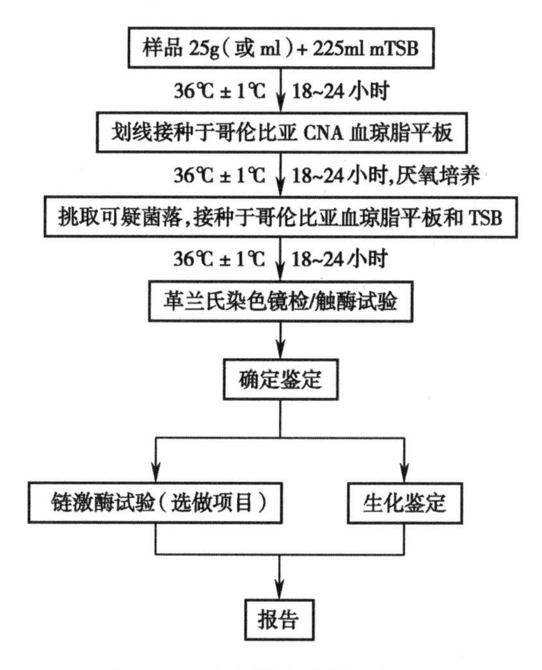

图3-18 溶血性链球菌检验程序

1. **样品处理及增菌** 按无菌操作称取检样25g（ml），加至盛有225ml mTSB的均质袋中，用拍击式均质器均质1 ~ 2分钟；或加至盛有225ml mTSB的均质杯中，以8 000 ~

10 000r/min 均质 1 ~ 2 分钟。若样品为液态,振荡均匀即可。36℃ ± 1℃ 培养 18 ~ 24 小时。

2. **分离** 将增菌液划线接种于哥伦比亚 CNA 血琼脂平板,36℃ ± 1℃ 厌氧培养 18 ~ 24 小时,观察菌落形态。溶血性链球菌在哥伦比亚 CNA 血琼脂平板上的典型菌落形态为直径约 2 ~ 3mm,灰白色、半透明、光滑、表面突起、圆形、边缘整齐,并产生 β 溶血。

3. **鉴定**

(1) 分纯培养:挑取 5 个(如小于 5 个则全选)可疑菌落分别接种于哥伦比亚血琼脂平板和 TSB 增菌液,36℃ ± 1℃ 培养 18 ~ 24 小时。

(2) 革兰氏染色镜检:挑取可疑菌落染色镜检。乙型溶血性链球菌为革兰氏染色阳性,球形或卵圆形,常排列成短链状。

(3) 触酶试验:挑取可疑菌落于洁净的载玻片上,滴加适量 3% 过氧化氢溶液,立即产生气泡者为阳性。乙型溶血性链球菌触酶试验为阴性。

五、实验结果

综合以上试验结果,报告每 25g(ml)检样中检出或未检出溶血性链球菌。

六、思考与拓展

查阅文献,总结乙型溶血性链球菌对人体的危害及预防措施。

实验三十 乳酸菌饮料中乳酸菌的微生物检验

一、实验目的

1. 了解乳酸菌饮料中乳酸菌分离原理。
2. 学习并掌握乳酸菌饮料中乳酸菌菌数的检测方法。
3. 认识益生菌与人类健康的关系。

二、实验原理

乳酸菌为一类可发酵糖,主要产生大量乳酸的细菌的通称。主要为乳杆菌属、双歧杆菌属和嗜热链球菌属。活性酸奶需要控制各种乳酸菌的比例,有些国家将乳酸菌的活菌数含量作为区分产品品种和质量的依据。由于乳酸菌对营养有复杂的要求,生长需要碳水化合物、氨基酸、肽类、脂肪酸、酯类、核酸衍生物、维生素和矿物质等,一般的肉汤培养基难以满足其要求。测定乳酸菌时必须尽量将试样中所有活的乳酸菌检测出来。要提高检出率,关键是选用特定良好的培养基。采用稀释平板菌落计数法,检测乳酸菌饮料中的各种乳酸菌可获得满意的结果。

三、实验材料

1. 除微生物实验室常规灭菌及培养设备外,其他设备和材料如下:恒温培养箱(36℃ ± 1℃),冰箱(2 ~ 5℃),均质器及无菌均质袋、均质杯或灭菌乳钵,天平(感量 0.01g),无菌试管(18mm × 180mm、15mm × 100mm),无菌吸管 [1ml(具 0.01ml 刻度)、10ml(具 0.1ml 刻度)] 或微量移液器及吸头,无菌锥形瓶(500ml、25ml)。

2. **培养基和试剂** 无菌生理盐水、MRS(man rogosa sharpe)培养基及莫匹罗星锂盐(li-mupirocin)和半胱氨酸盐酸盐(cysteine hydrochloride)改良 MRS 培养基、改良 MC 培养基(modified chalmers)、0.5% 蔗糖发酵管、0.5% 纤维二糖发酵管、0.5% 麦芽糖发酵管、0.5% 甘露醇发酵管、0.5% 水杨苷发酵管、0.5% 山梨醇发酵管、0.5% 乳糖发酵管、七叶苷发酵管、革兰氏染色液、莫匹罗星锂盐(li-mupirocin)、半胱氨酸盐酸盐(cysteine hydrochloride)。

四、实验步骤

流程:乳酸菌饮料→稀释→制平板→培养→检查计数。

(一)样品制备

样品的全部制备过程均应遵循无菌操作程序。先将乳酸菌饮料搅拌均匀,用无菌移液管吸取样品 25ml(g)加至盛有 225ml 无菌生理盐水的三角瓶中,在旋涡均匀器上充分振摇,务必使样品均匀分散,即为 10^{-1} 的样品稀释液,然后根据对样品含菌量的估计,将样品稀释至适当的稀释度。

(二)样液稀释

用 1ml 无菌吸管或微量移液器吸取 1 : 10 样品匀液 1ml,沿管壁缓慢注于装有 9ml 生理盐水的无菌试管中(注意吸管尖端不要触及稀释液),振摇试管或换用 1 支无菌吸管反复吹打使其混合均匀,制成 1 : 100 的样品匀液。另取 1ml 无菌吸管或微量移液器吸头,按上述操作顺序,做10倍递增样品匀液,每递增稀释一次,即换用一次1ml灭菌吸管或吸头。

(三)乳酸菌培养

根据对待检样品菌含量的估计,选择2～3个连续的适宜稀释度,每个稀释度吸取1ml样品匀液于灭菌平皿内,每个稀释度做两个平皿。稀释液移入平皿后,将冷却至48℃的培养基倾注入平皿约15ml,转动平皿使混合均匀。按规定条件培养(表3-23),培养后计数平板上的所有菌落数。从样品稀释到平板倾注要求在15分钟内完成。

表3-23 各项目培养条件

检验项目	培养基	培养温度、时间
双歧杆菌计数	莫匹罗星锂盐和半胱氨酸盐酸盐改良MRS培养基	36℃±1℃厌氧培养72小时 ±2小时
嗜热链球菌计数	MC琼脂培养基	36℃±1℃需氧培养72小时 ±2小时
乳杆菌计数	MRS琼脂培养基	36℃±1℃厌氧培养72小时 ±2小时

(四)菌落计数

1. 可用肉眼观察,必要时用放大镜或菌落计数器,记录稀释倍数和相应的菌落数量。菌落计数以菌落形成单位(CFU)表示。

2. 选取菌落数在30～300CFU之间、无蔓延菌落生长的平板计数菌落总数。低于30CFU的平板记录具体菌落数,人于300CFU的可记录为多不可计。每个稀释度的菌落数应采用两个平板的平均数。

3. 其中一个平板有较大片状菌落生长时,不宜采用,应以无片状菌落生长的平板作为该稀释度的菌落数;若片状菌落不到平板的一半,而其余一半中菌落分布又很均匀,即可计算半个平板后乘以2,代表一个平板菌落数。

4. 当平板上出现菌落间无明显界线的链状生长时,将每条单链作为一个菌落计数。

5. **结果的表述** 若只有一个稀释度平板上的菌落数在适宜计数范围内,计算两个平板菌落数的平均值,再将平均值乘以相应稀释倍数,作为每克或每毫升中菌落总数的结果。若有两个连续稀释度的平板菌落数在适宜计数范围内时,按式(3-1)计算。

6. 若所有稀释度的平板上菌落数均大于300CFU,则对稀释度最高的平板进行计数,其他平板可记录为多不可计,结果按平均菌落数乘以最高稀释倍数计算。若所有稀释度的平板菌落数均小于 30CFU,则应按稀释度最低的平均菌落数乘以稀释倍数计算。若所有稀释度(包括液体样品原液)平板均无菌落生长,则以小于 1 乘以最低稀释倍数计算。若所有稀释度的平板菌落数均不在 30 ~ 300CFU 之间,其中一部分小于 30CFU 或大于 300CFU 时,则以最接近 30CFU 或 300CFU 的平均菌落数乘以稀释倍数计算。

7. **菌落数的报告**

(1)菌落数小于 100CFU 时,按“四舍五入”原则修约,以整数报告。

(2)菌落数大于或等于 100CFU 时,第 3 位数字采用“四舍五入”原则修约后,采用两位有效数字。

五、实验结果

根据菌落计数结果出具报告,报告单位以 CFU/g(或 CFU/ml)表示。

六、思考与拓展

1. 为什么乳酸菌的检测关键是选用特定良好的培养基?
2. 目前常用的厌氧培养方式有哪几种?
3. 查阅文献,总结乳酸菌对改善肠胃微生物菌群的作用。

实验三十一 常规的抗原抗体实验（食品中病原性大肠埃希菌的检验）

一、实验目的

1. 了解凝集反应的原理及基本类型。
2. 掌握玻片凝集实验、间接凝集实验的实验方法和结果分析。
3. 了解病原性大肠埃希菌的种类及其与非病原性大肠埃希菌的区别。
4. 掌握病原性大肠埃希菌检验的原理和方法。

二、实验原理

在一定浓度电解质存在的条件下，颗粒性抗原与相应特异性抗体结合后，会出现肉眼可见的凝集小块，称为凝集反应，即为阳性反应。凝集反应是一种定性的检测方法，也可以进行半定量检测。凝集反应可分为直接凝集反应和间接凝集反应（图 3-19，文末彩图 3-19）。

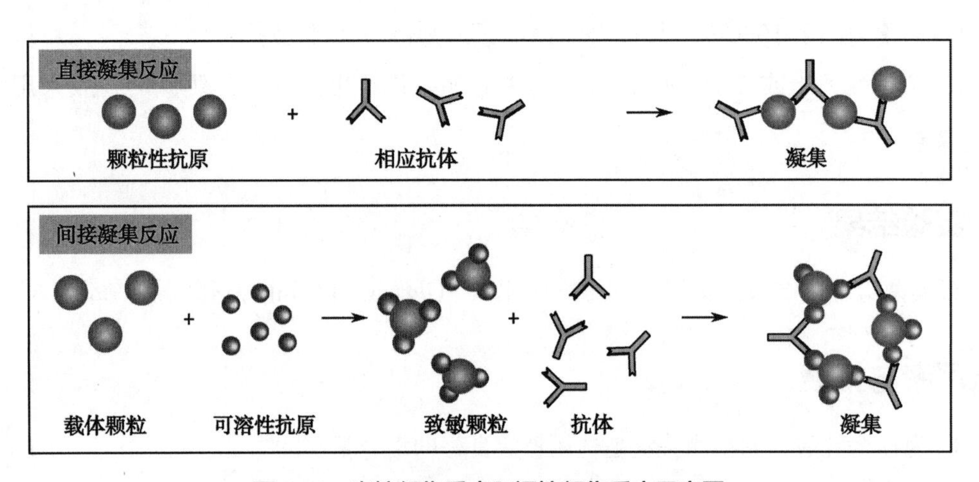

图 3-19　直接凝集反应和间接凝集反应示意图

玻片凝集试验（slide agglutination test）为定性试验。一般用已知抗体作为诊断血清，与受检颗粒抗原，如菌液或红细胞抗原各加一滴在玻片上，混匀数分钟后即可用肉眼观察凝集结果，出现凝集颗粒的为阳性；如两者不对应便无凝集物出现，即为阴性。此法简便、快速。适用于从病人标本中分离得到的菌种的诊断或分型，也可用于细菌鉴定和分型、红细胞 ABO 血型的鉴定。人类 ABO 血型抗原主要有 A 和 B 两种。根据红细胞表面这两种抗原的有无，可把血型分为四种（A、B、AB、O）。将抗 A 和抗 B 抗体分别与待测红细胞混合，抗 A 和 / 或抗 B 抗体与红细胞表面上的相应抗原结合而引起红细胞凝集。据其凝集情况便可判定出受试者的血型（见表 3-24）。

表 3-24　ABO 血型的划分

血型	红细胞表面 Ag	血清中 Ab
A 型	A	抗 B
B 型	B	抗 A

续表

血型	红细胞表面 Ag	血清中 Ab
AB 型	A、B	—、—
O 型	—、—	抗 A、抗 B

注:"—"表示没有出现凝集现象。

大肠埃希菌是人类和动物肠道中正常菌群的主要成员,每克粪便中约含 109 个。大肠埃希菌随粪便排出后,广泛分布于自然界。水、牛乳及其他食品中一旦检出大肠埃希菌,即意味着这些物品直接或间接被粪便污染。正常情况下,大肠埃希菌不致病,而且还能合成维生素 B 和维生素 K,生产大肠菌素,对机体有利。但当机体抵抗力下降或大肠埃希菌侵入肠外组织或器官时,可作为条件性致病菌而引起肠道外感染。有些血清型可引起肠道感染。根据发病机制,致病性大肠埃希菌有 4 类,即肠致病性大肠埃希菌(EPEC)、肠侵袭型大肠埃希菌(EIEC)、肠毒素型大肠埃希菌(ETEC)[又称出血型大肠埃希菌(EHEC)] 和肠凝聚型大肠埃希菌(EAEC)。带菌的牛和猪是传播本菌引起食物中毒的重要原因,人带菌亦可污染食品,引起中毒。

三、实验材料

1. 不耐热肠毒素基因(heat-labile enterotoxin gene,LT)和耐热肠毒素基因(heat-stable enterotoxin gene,ST)、大肠埃希菌标准菌株、食品检样。

2. 84 消毒液、多黏菌素 B 纸片、0.1% 硫柳汞溶液、75%酒精、2% 伊文思蓝溶液、革兰氏染色液。ABO 血型鉴定试剂盒(内含抗 A 分型试剂和抗 B 分型试剂各 1 支)、产肠毒素大肠埃希菌 LT 和 ST 酶标诊断试剂盒、乳糖胆盐发酵管、糖发酵管(乳糖、木糖、鼠李糖和甘露醇)、肠道菌增菌肉汤、营养肉汤、Honda 氏产毒肉汤、赖氨酸脱羧酶试验培养基、氰化钾培养基、Elek 氏培养基、CAYE 培养基(CAYE Medium)、尿素琼脂(pH 7.2)、半固体琼脂、麦康凯琼脂、伊红美蓝琼脂(eosin methylene blue agar,EMB)、三糖铁琼脂(TSI)、克氏双糖铁琼脂(kligler iron agar,KI)、蛋白胨水、靛基质试剂、氧化酶试剂、三氯甲烷溶液。

3. **动物和血清** 1 ~ 4 日龄小白鼠、肠致病性大肠埃希菌诊断血清、肠侵袭性大肠埃希菌诊断血清、产肠毒素性大肠埃希菌诊断血清、出血性大肠埃希菌诊断血清。

4. **设备与材料** 水浴锅、恒温培养箱(36℃ ± 1℃)、显微镜、离心机、酶标仪、天平、均质器或研钵。一次性采血针,注射器,灭菌的刀子、剪子、镊子,硝酸纤维素滤膜,细菌浓度比浊管,洁净载玻片,灭菌棉签,灭菌广口瓶,灭菌三角烧瓶,灭菌平皿,灭菌试管,灭菌吸管,橡胶乳头，灭菌金属匙或玻璃棒，接种棒，接种环，试管架。

四、实验步骤

病原性大肠埃希菌的检验流程如图 3-20 所示。

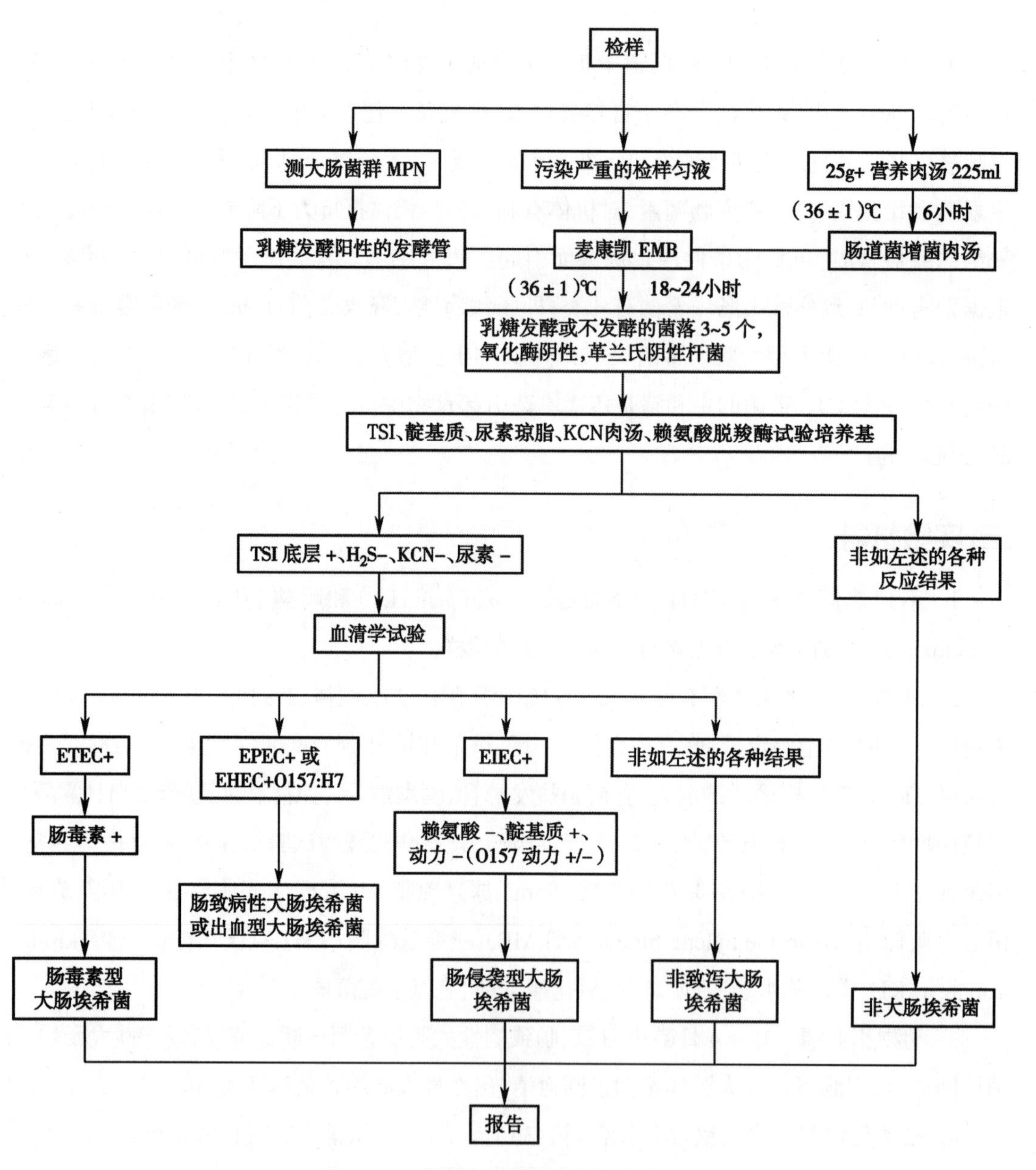

图 3-20　病原性大肠埃希菌的检验流程

(一)玻片凝集试验——ABO 血型鉴定

1. **准备** 取洁净载玻片 1 块,并标记(图 3-21,文末彩图 3-21)。

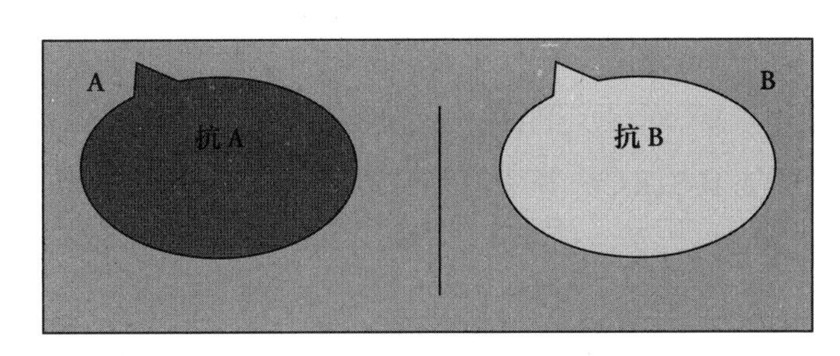

图 3-21 ABO 血型鉴定载玻片标记图示

2. **试剂** 将抗 A、B 分型试剂分别加 1 滴于标记有 A、B 的玻片两侧。

3. **取血** 用 75%酒精棉签消毒被检者手指尖端,以采血针刺破皮肤,稍加挤压,使血液流出。用另一个载玻片一端取适量血液加入抗 A 分型试剂,并混匀;用另一端再取适量血液加入抗 B 分型试剂,并混匀。用干棉签止血。

4. **观察结果** 观察红细胞有无凝集发生。如有凝集,可见红细胞凝集成块,为阳性反应;无凝集,红细胞呈均匀分散,为阴性结果。判定结果后把玻片洗干净后放入消毒液中。

(二)增菌

样品采集后应尽快检验。以无菌操作称取检样 25g,加在 225ml 营养肉汤中,用研钵加灭菌砂磨碎或均质器均质 1 分钟。取出适量肉汤接种于无菌乳糖胆盐培养基,以测定大肠菌群 MPN,其余的移入 500ml 广口瓶内,放置(36 ± 1)℃ 培养 6 小时。挑取 1 环,接种于 1 管 30ml 肠道菌增菌肉汤内,于 42℃ 培养 18 小时。

(三)分离

在麦康凯或伊红美蓝琼脂平板中分别划线接种乳糖发酵呈阳性的乳糖胆盐发酵管及增菌液;污染严重的检样,可将检样匀液直接划线接种麦康凯或伊红美蓝平板,于(36 ± 1)℃ 培养 18 ~ 24 小时,观察菌落(即需要观察乳糖发酵的菌落,同时也要观察乳糖不发酵和迟缓发酵的菌落)。

（四）生化试验

在三糖铁或克氏双糖铁琼脂中分别接种（可直接挑取数个菌落）鉴别平板的菌落。同时将这些培养物分别接种于蛋白胨水、半固体琼脂、尿素琼脂（pH 7.2）、KCN 肉汤和赖氨酸脱羧酶试验培养基。以上培养物均于 36℃ 培养过夜。

TSI 斜面产酸或不产酸，底层产酸，H_2S 阴性，KCN 阴性和尿素阴性的培养物为大肠埃希菌。TSI 底层不产酸或 H_2S、KCN、尿素有任一项为阳性的培养物，均为非大肠埃希菌。必要时做氧化酶试验或革兰氏染色镜检。

（五）血清学试验

1. **假定试验** 挑取经生化试验证实为大肠埃希菌的琼脂培养物，用 EPEC、EIEC、ETEC 多价 O 血清和出血型大肠埃希菌 O157 血清做玻片凝集试验。当与某一种多价 O 血清凝集时，再与该多价血清所包含的单价 O 血清做试验。如与某一个单价 O 血清呈现强凝集反应，即为假定试验阳性。

2. **证实试验** 制备 O 抗原悬液，稀释至与 MacFarland 3 号比浊管相当的浓度。原效价为 1∶160 ~ 1∶320 的 O 血清，用 0.5% 盐水稀释至 1∶40。稀释血清与抗原悬液在 10mm × 75mm 试管内等量混合，做试管凝集试验。混匀后放于 50℃ 水浴箱内，经 16 小时后观察结果。如出现凝集，可证实为该 O 抗原。

（六）肠毒素试验

1. **酶联免疫吸附试验检测 LT 和 ST**

（1）产毒培养试验：将试验菌株和阴性、阳性对照菌株分别接种于 0.6ml CAYE（CAYE Medium，在肠毒试剂内，如无，可用 Honda 氏产毒肉汤）培养基内，于 37℃ 振荡培养过夜（或 12 小时）。加入 20 000IU/ml 的多黏菌素 B 0.05ml，于 37℃ 培养 1 小时，4 000r/min 离心 15 分钟，分离上清液，加入 0.1% 硫柳汞 0.05ml，于 4℃ 保存待用。

（2）LT 检测方法（双抗体夹心法）

包被：先在产肠毒素大肠埃希菌 LT 和 ST 酶标诊断试剂盒中取出包被用 LT 抗体管，加入包被液 0.5ml，混匀后全部吸出，于 3.6ml 包被液中混匀，向 40 孔反应板（聚苯乙烯硬反应板）加入包被液（100μl/ 孔），其中第一孔留空作空白对照，于 4℃ 冰箱湿盒中过夜。

洗板：将板中溶液甩去，洗涤液 Ⅰ 洗 3 次，甩尽液体，翻转反应板，在吸水纸上拍打，去尽孔中残留液体。

封闭：加封闭液（100μl/孔），于37℃水浴1小时。

洗板：洗涤液Ⅰ洗3次，操作同上。

加样本：加多种试验菌株产毒培养液（100μl/孔），于37℃水浴1小时。

洗板：用洗涤液Ⅱ洗3次，操作同上。

加酶标抗体：先在酶标LT抗体管中加0.5ml稀释液，混匀后全部吸出，于3.6ml稀释液中混匀，向40孔反应板加酶标抗体稀释液（100μl/孔），于37℃水浴1小时。

洗板：用洗涤液Ⅱ洗3次，操作同上。

酶底物反应：每孔（包括第一孔）加基质液100μl，室温下避光作用5～10分钟，加入终止液50μl。

结果判定：用酶标仪在波长492nm下测定OD_{492nm}数值，待测标本OD_{492nm}数值大于阴性对照3倍以上为阳性，目测颜色为橘黄色或明显高于阴性对照为阳性。

⑶ST检测方法（抗原竞争法）

包被：先在包被用ST抗原管中加0.5ml包被液，混匀后全部吸出，于1.6ml包被液中混匀，向40孔反应板（聚苯乙烯硬反应板）中加入包被液（50μl/孔）。加液后轻轻敲板，使液体布满孔底。第一孔留空作对照，置于4℃冰箱湿盒中过夜。

洗板：用洗涤液Ⅰ洗3次，操作同上。

封闭：加封闭液（100μl/孔），37℃水浴1小时。

洗板：用洗涤液Ⅱ洗3次，操作同上。

加样本及ST单克隆抗体（鼠源性）：每孔分别加各试验菌株产毒培养液50μl、稀释的ST单克隆抗体50μl（先在ST单克隆抗体管中加0.5ml稀释液，混匀后全部吸出，于1.6ml稀释液中混合），于37℃水浴1小时。

洗板：用洗涤液Ⅱ洗3次，操作同上。

加酶标记兔抗鼠1g复合物：先在酶标记兔抗鼠1g复合物管中加0.5ml稀释液，混匀后全部吸出，于3.6ml稀释液中混匀，向40孔反应板中加酶标抗体稀释液（100μl/孔），于37℃水浴1小时。

洗板：用洗涤液Ⅰ洗3次，操作同上。

酶底板反应：每孔（包括第一孔）加基质液100μl，室温下避光5～10分钟，再加入终止液50μl。

结果判定：以酶标仪在波长492nm下测定OD_{492nm}数值。

OD 值 =(阴性对号 *OD* 值 – 待测样本 *OD* 值)/ 阴性对照 *OD* 值 ×100%。

OD 值≥ 50% 为阳性，目测无色或明显淡于阴性对照为阳性。

2. **双向琼脂扩散试验检测** LT　将被检菌株按五点环形接种于 Elek 氏培养基上。以同样操作，共做两份，于 36℃ 培养 48 小时。在每株菌苔上放多黏菌素 B 纸片，36℃ 静置 5 ~ 6 小时，使肠毒素渗入琼脂中，在距五点环形菌苔各 5mm 处的中央，挖一个直径 4mm 的圆孔，并用 1 滴琼脂垫底。在平板的中央孔内滴加 30μl 的 LT 抗毒素，以已知产 LT 和不产毒菌作对照，反应 15 ~ 20 小时后，观察结果。在菌斑和抗毒素孔之间出现白色沉淀带者为阳性，无沉淀带者为阴性。

3. **乳鼠灌胃试验检测** ST　将被检菌株接种于 Honda 氏产毒肉汤内，于 36℃ 培养 24 小时，3 000r/min 离心 30 分钟，取上清液经薄膜滤器过滤，60℃ 加热 30 分钟，每毫升滤液加入 2% 伊文思蓝溶液。

将此滤液用塑料小管注入 1 ~ 4 日龄的 3 ~ 4 只乳鼠的胃内 0.1ml，禁食 3 ~ 4 小时后，用三氯甲烷麻醉，取出全部肠管，称量肠管（包括积液）质量及剩余体质量。肠管质量与剩余体质量之比大于 0.09 为阳性，0.07 ~ 0.09 为可疑。

五、实验结果

1. 通过本实验，说明是否检出致病性大肠埃希菌。
2. 综合以上生化试验、血清学试验、肠毒素试验撰写实验报告。

六、思考与拓展

1. 致病性大肠埃希菌有哪几种，主要引起哪几种症状的疾病？
2. 致病性大肠埃希菌中毒的原因是什么？怎样预防致病性大肠埃希菌引起的食物中毒？
3. 简述致病性大肠埃希菌的检验程序。

第四篇

食品微生物分子生物学实验

实验三十二　微生物的人工诱变育种技术

一、实验目的

1. 理解紫外诱变育种技术的基本原理。
2. 学会利用紫外诱变技术选育菌株。
3. 能应用紫外诱变技术选育工业生产菌种。

二、实验原理

紫外诱变作为一种操作方便、快速有效的物理诱变方法得到广泛应用。由于紫外线(ultraviolet ray,UV)可以引起DNA结构中两个相邻的嘧啶核苷酸形成二聚体,使DNA在复制过程中无法进行碱基配对,造成局部突变而产生突变体,因此合理控制紫外线照射的强度和时间能够获得理想的诱变菌株。一般采用15W或30W的紫外光灯,控制照射距离20 ~ 30cm,时间为1 ~ 15分钟,使菌株的死亡率为50% ~ 80%。同时被诱变的菌株要处于对数生长期,在诱变过程中呈均匀分散的单细胞悬液状态。值得注意的是,微生物体内存在光复活酶,在白光诱导下激活解聚嘧啶二聚体为单体形态,因此诱变后应该在黑暗或红光下进行后续操作和培养。

三、实验材料

米曲霉菌种米曲霉沪酿3.042、麸皮斜面培养基、酪素培养基、发酵培养基、100μg/mol酪氨酸、10mg/ml酪素溶液、福林-酚试剂、蒸馏水、0.1%聚山梨酯80溶液、0.4mol/L碳酸钠溶液、0.1mol/L pH 7.2磷酸盐缓冲液、0.4mol/L三氯乙酸溶液、三角瓶(250ml)、试管、一次性无菌培养皿(9cm)、研钵、恒温摇床、恒温培养箱、紫外线照射箱、磁力搅拌器、擦镜纸、无菌漏斗、微量移液器、涂布器、酒精灯、旋涡混合器、紫外分光光度计、报纸。

四、实验步骤

(一)出发菌株的选择及菌悬液制备

1. **活化菌株**　米曲霉沪酿3.042菌株是工业生产中的应用菌株,具有生长快、营养要求低、蛋白酶产量高和便于培养等优点。

2. **菌悬液制备** 将菌株转接至麸皮斜面培养基中，30℃培养3 ~ 5天活化。用5ml 0.1%聚山梨酯80溶液冲洗斜面，并用灭菌的双层擦镜纸过滤获得分生孢子悬液，12 000r/min离心10分钟收获沉淀，重新悬浮沉淀于5ml聚山梨酯80溶液中，涡旋振荡，将分生孢子浓度调整为10^6 ~ 10^8个/ml进行诱变处理。

（二）诱变处理

1. **紫外线处理** 打开紫外光灯（30W）预热20分钟稳定光波。取5ml菌悬液放在带有磁力搅拌棒的无菌培养皿（9cm）中，同时制作5份。逐一操作，将培养皿平放在离紫外光灯30cm（垂直距离）处的磁力搅拌器上，打开培养皿盖，照射处理开始的同时打开磁力搅拌器进行搅拌，立即计算时间，照射时间分别为2分钟、4分钟、6分钟、8分钟和10分钟。照射后，关闭紫外光灯，将诱变菌液在黑暗处进行梯度稀释后涂菌初筛。

2. **稀释菌悬液** 按10倍梯度稀释至稀释度为10^{-6}，从稀释度为10^{-5}和10^{-6}的菌悬液中各取出0.1ml加至酪素培养基平板中（每个稀释度均做3个重复），以未经紫外线处理的菌株作对照，然后涂菌并静置，待菌液渗入培养基后倒置，用报纸包扎，于30℃恒温培养48小时。

（三）优良菌株的筛选

1. **初筛** 米曲霉产生的蛋白酶可以分解酪素，因此会在培养基上产生透明圈，由此观察菌落周围出现的透明圈大小，并测量透明圈直径（D）和菌落直径（d），选择其比值大（$k=D/d$）且菌落直径也大的菌落20个，斜面保存作为复筛菌株。

2. **摇瓶复筛** 将初筛出的菌株，吸取0.5ml孢子悬液（10^8个/ml）接入米曲霉发酵培养基中，于30℃恒温培养72小时后检测蛋白酶活性。

（四）蛋白酶的活力测定（福林-酚法）

1. **定义** 1g固体酶粉，于40℃、特定pH下，1分钟水解酪蛋白产生1μg酪氨酸所需要的酶量定义为一个酶活单位。

2. **原理** 蛋白酶将酪素分解为酪氨酸，酪氨酸含有酚基，在碱性条件下与福林-酚试剂还原成钼蓝或钨蓝的混合物，产物颜色深浅与酪氨酸含量成正比，在660nm处测得吸光度可得到酪氨酸含量，计算蛋白酶活力。

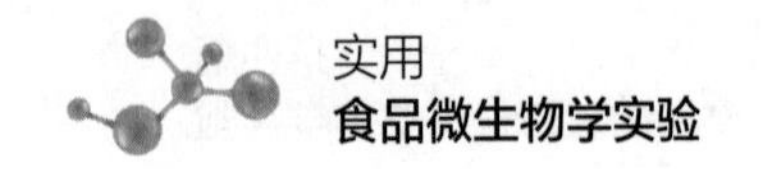

3. **步骤**

(1)标准曲线绘制：按表4-1表配制酪氨酸稀释液，并立即进行测定。

表4-1　酪氨酸标准液的制备

管号	酪氨酸标准液浓度/(μg·ml^{-1})	100μg/ml酪氨酸储备液体积/ml	加水体积/ml
0	0	0	10
1	10	1	9
2	20	2	8
3	30	3	7
4	40	4	6
5	50	5	5

分别取上述标准液1.0ml，加0.4mol/L碳酸钠溶液5ml、福林-酚试剂1ml，振荡均匀，置于40℃水浴锅中反应10分钟，用分光光度计在660nm波长处测吸光度。以吸光度*A*为纵坐标，酪氨酸工作浓度为横坐标进行标准曲线的绘制。利用回归方程计算回归常数*K*，即吸光度为1时酪氨酸的量(μg)，调整其范围为95～100。

(2)待测酶液制备：取成曲2份，一份用来测定含水量，另一份用研钵研磨成均匀的颗粒，按1∶20比例加入蒸馏水，置于40℃水浴锅中，间断搅拌1小时，过滤，滤液用0.1mol/L pH 7.2磷酸盐缓冲液稀释至一定倍数(根据估算的酶活力而定)。

(3)样品测定：按表4-2顺序加入反应液，静置20分钟后制备过滤液。取过滤液1ml，加入0.4mol/L碳酸钠溶液5ml、福林-酚试剂1ml，振荡均匀，置于40℃水浴锅中反应20分钟。以A管吸光度为0进行校正，用分光光度计在660nm波长处测B管的吸光度。B管需要重复3次，计算平均值。

表4-2　样品测定表　　单位：ml

<table>
<tr><th rowspan="2">管号</th><th>待测液Ⅰ</th><th>0.4mol/l
三氯乙酸溶液</th><th>酪素溶液
(10mg/ml)</th><th rowspan="2">0.4mol/l
三氯乙酸溶液</th><th rowspan="2">酪素溶液
(10mg/ml)</th></tr>
<tr><th>条件：42℃，2min</th><th colspan="2">条件：42℃，10min</th></tr>
<tr><td>A</td><td>1</td><td>2</td><td></td><td></td><td>1</td></tr>
<tr><td>B</td><td>1</td><td></td><td>1</td><td>2</td><td></td></tr>
</table>

(4)蛋白酶活力计算

$$样品蛋白酶活力(U/g)=A \times K \times 4/10 \times N/(1-\omega) \quad 式(4\text{-}1)$$

式中,A 为 B 管的吸光度;N 为稀释倍数;4 为反应试剂的总体积(ml);10 为反应时间(min);K 为吸光常数;ω 为样品含水量(%)。

五、实验结果

1. 参考图 4-1,填写表 4-3 和表 4-4 数据,说明高产蛋白酶菌株的筛选结果。
2. 你认为以上的筛选方法有什么优缺点,如何改进?

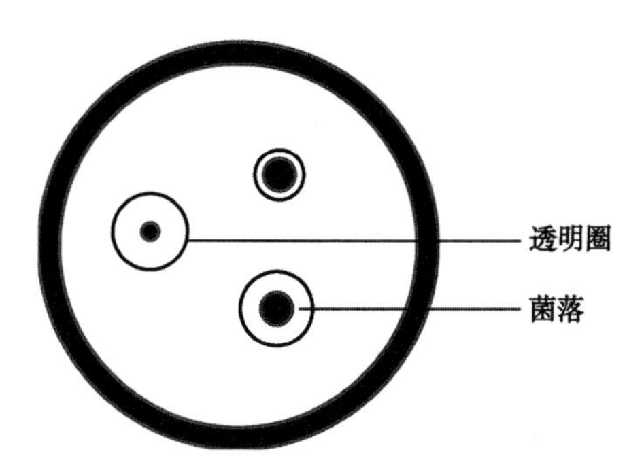

图 4-1　米曲霉菌落周围透明圈示意图

表 4-3　米曲霉初筛结果

菌株编号	透明圈直径 D/mm	菌落直径 d/mm	$K=D/d$
UV-0			
UV-1			
UV-2			
……			

表 4-4　蛋白酶活力

菌株编号	蛋白酶活力 /($U \cdot g^{-1}$)
UV-1	
UV-2	
……	

六、思考与拓展

1. 设计紫外诱变菌株的稳定性实验。
2. 设计通过紫外诱变筛选 ××× 高产菌株的实验思路。
3. 查阅文献，列出菌株诱变的具体方法和所诱变的菌株及诱变结果。

实验三十三 营养缺陷型突变株的筛选与鉴定

一、实验目的

1. 理解营养缺陷型突变株筛选的原理。
2. 学会应用化学诱变剂进行微生物诱变育种。
3. 能够应用化学诱变的方法为工业生产提供优良性状的菌株。

二、实验原理

除物理因素引起基因突变外，化学诱变也是一种有效获取突变菌株的方法，具有稳定性高和成本低的特点，可直接以 DNA 类似物或对 DNA 进行化学修饰而引起碱基错配，也可以直接嵌入 DNA 分子中引起移码突变。基因突变导致微生物细胞合成途径发生改变，缺乏合成某些物质的能力，使菌株只能在添加某种物质的培养基上生长。营养缺陷型菌株可以减弱或消除产物反馈抑制效应，有利于生产氨基酸、维生素、核苷酸等代谢产物。

三、实验材料

1. **菌种** 大肠埃希菌(*Escherichia coli*)：DH5α。

2. **主要试剂** 赖氨酸(DL-Lys)、甲基磺酸乙酯(ethyl methylsulfone，EMS)、青霉素钾盐、5% 硫代硫酸钠溶液、无菌生理盐水。

3. **培养基**

(1) 完全培养基(complete medium，CM)：牛肉膏 0.5g、蛋白胨 1g、NaCl 0.5g，蒸馏水 100ml，pH 7.2，121℃ 高压灭菌 20 分钟，固体培养基添加琼脂 2g/100ml。

(2) 基本培养基(minimal medium，MM)：葡萄糖 2g、$(NH4)_2SO_4$ 0.4g、尿素 0.1g、K_2HPO_4

0.05g、$MgSO_4·7H_2O$ 0.05g、$FeSO_4·7H_2O$ 0.02g、$MnSO_4·H_2O$ 0.02g、D- 生物素 50μg/ml、维生素 B_1 2μg/ml，蒸馏水 100ml，pH 7.0 ～ 7.2，115℃ 灭菌 30min（D- 生物素和维生素 B_1 用 0.22μm 无菌滤膜过滤除菌）。固体培养基添加琼脂 2g/100ml。

（3）赖氨酸补充培养基（[Lys]）：基本培养基补加 100μg/ml DL- 赖氨酸。

（4）无 N 基本液体培养基 [MM（–N）]：葡萄糖 2g、K_2HPO_4 0.05g、$MgSO_4·7H_2O$ 0.05g、$FeSO_4·7H_2O$ 0.02g、$MnSO_4·H_2O$ 0.02g、D- 生物素 50μg/ml、维生素 B_1 2μg/ml，蒸馏水 100ml，pH 7.0 ～ 7.2，115℃ 灭菌 30min（D- 生物素和维生素 B_1 用 0.22μm 无菌滤膜过滤除菌）。

（5）2N 基本液体培养基 [MM（2N）]：葡萄糖 2g、$(NH_4)_2SO_4$ 0.8g、尿素 0.2g、K_2HPO_4 0.05g、$MgSO_4·7H_2O$ 0.05g、$FeSO_4·7H_2O$ 0.02g、$MnSO_4·H_2O$ 0.02g、D- 生物素 50μg/ml、维生素 B_1 2μg/ml，蒸馏水 100ml，pH 7.0 ～ 7.2，115℃ 灭菌 30min（D- 生物素和维生素 B_1 用 0.22μm 无菌滤膜过滤除菌）。

4. **主要仪器**　接种环、250ml 三角瓶、50ml 离心管、微量移液器、恒温摇床、恒温培养箱、超净工作台、高压灭菌锅、离心机、牙签、培养皿、接种环。

四、实验步骤

1. **制备菌悬液**　接种大肠埃希菌 DH5α 于完全培养基上，37℃ 培养 12 ～ 24 小时活化菌体，用接种环挑取少许菌落接种于 50ml 完全培养液中，37℃、200r/min 培养 6 小时左右到达对数期。将菌液倒入 50ml 无菌离心管中，4 000r/min 离心 10 分钟，收集菌体，用无菌生理盐水洗涤，重复一次，最后用无菌生理盐水将菌液浓度调整为 10^8 ～ 10^9CFU/ml。

2. **诱变处理**　用微量移液器吸取 1ml 菌悬液加入 5 个 5ml 离心管中，在每个离心管中分别加入 1.0mg/ml 的 EMS 5 ～ 10μl，37℃、150r/min 分别诱导 5 分钟、10 分钟、15 分钟、20 分钟、25 分钟。诱变结束后向上述离心管中加入 1ml 5% 硫代硫酸钠溶液处理 10 分钟以终止 EMS 作用。5 000r/min 离心 5 分钟，弃去上清液，用 1.0ml 无菌生理盐水重悬浮菌体，重复 3 次。以未经 EMS 诱变的菌悬液为对照组，利用 10 倍梯度稀释法分别对不同浓度 EMS 诱变的菌悬液梯度稀释为 10^{-5}、10^{-6} 和 10^{-7}，从每个稀释度吸取 0.1ml 菌悬液涂布于 [Lys] 培养基，重复 3 次。37℃ 恒温倒置培养 24 小时后，进行菌落计数，分别计算致死率，致死率 =（处理前存活细菌数 – 处理后存活细菌数）/ 处理前存活细菌数 ×100%。致死率达到 80% 左右的诱变剂量和时间为最佳，该条件下的诱变菌株作为后续实验菌株。

3. **过渡培养**　取诱变处理后的菌悬液以 5% 接种量接入 20ml 的 [Lys] 液体培养基中，37℃、200r/min 培养 4 ～ 6 小时，使细胞分裂几代以排除表型延迟对实验结果的影响，充分表现缺陷型突变株表型。

4. **饥饿培养** 取上述培养液5ml，5 000r/min离心10分钟收集菌体，用无菌生理盐水重复洗涤2次，重悬于5ml无菌生理盐水中，然后接入50ml无N基本培养基中，37℃、200r/min培养3 ~ 5小时至菌液浓度不再增加，以消耗菌体内基本氮源，尤其是氨基酸类氮源。

5. **淘汰野生型** 在经过饥饿培养的菌液中加入等体积的2N基本液体培养基，37℃、200r/min培养2 ~ 3小时，使菌液达到对数生长期，此时OD_{600}值增加至初始值的3 ~ 4倍，细胞分裂2 ~ 3代，这时大部分野生型细胞处于生长最旺盛时期。然后加入终浓度为100μg/ml的青霉素钾盐溶液，继续培养2 ~ 3小时。在此过程中，青霉素抑制野生型菌株细胞壁的合成，生成的原生质体在后续培养过程中因为胀破而死亡，但缺陷型菌株因为不繁殖而不受青霉素的影响，从而达到浓缩缺陷型菌株的目的。取2ml菌液，5 000r/min离心10分钟收集菌体，用无菌生理盐水洗涤3次，终止青霉素的作用，并洗去因原生质体破裂而释放的营养物质，最后把菌体重悬于2ml无菌生理盐水中，制成菌悬液备用。

6. **初筛突变体** 对以上菌悬液进行合适的梯度稀释后，取0.1ml涂布在[Lys]培养基上，37℃培养24 ~ 48小时。用灭菌牙签挑取长出的菌落分别接种到MM和[Lys]培养基上，37℃培养24 ~ 48小时。挑取在MM不生长或生长不良，而在[Lys]培养基上生长良好的菌落作为后续实验菌。

7. **复筛突变体** 采用划线对照法进行突变体的复筛。将MM和[Lys]平板进行辐射划线，平均分为6等份，将初筛的突变体分别划线接种到每个扇形区，37℃培养24 ~ 48小时，观察菌落的生长情况，选择在MM培养基上不生长或生长不良，而在[Lys]培养基上生长良好的菌落作为Lys^-突变株。

8. **传代实验** 把经过复筛的菌株用斜面培养的方法连续传代3次，每次培养时间为24小时，然后采用平板划线对照法进行Lys^-突变株稳定性实验，并计算Lys^-检出率，检出率＝最终得到的Lys^-突变菌株数量/初筛挑取的菌株数量 ×100%。

五、实验结果

1. 以诱变时间（分钟）为横坐标，致死率（%）为纵坐标对EMS诱变条件进行作图。

2. 参考划线对照法示意图（图4-2），拍摄初筛和复筛实验结果。

3. 计算Lys^-突变菌株的检出率。

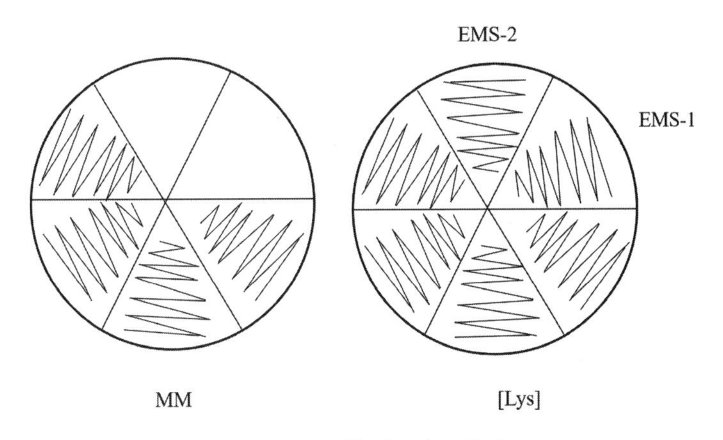

图 4-2 划线对照法示意图

六、思考与拓展

1. 设计应用紫外线和化学诱变剂进行复合诱变育种的实验思路。
2. 如果诱变致死率达不到 80% 左右，如何调整实验步骤？
3. 若突变检出率为 0，应从哪些方面进行实验优化？

实验三十四 细菌原生质体融合技术

一、实验目的

1. 理解原生质体融合技术的原理。
2. 学会应用细菌原生质体融合技术进行微生物诱变育种。
3. 能够应用细菌原生质体融合技术为工业生产选育优良性状的菌株。

二、实验原理

原生质体融合技术是一种有效的基因重组技术，可以通过聚乙二醇(polyethylene glycol，PEG)等化学介导或电击的方法将不同菌株的原生质体融合，产生基因重组，获得重组子，从而将多个不同菌株的优良性状整合在一起。这种方法克服了远缘杂交的限制，提升了优良性状的表现，具有广泛的应用前景。

三、实验材料

1. **菌种** 枯草芽孢杆菌(*Bacillus subtilis*)、大肠埃希菌(DH5α)。

2. **培养基和试剂**

(1)LB 培养基:胰蛋白胨 1.0g、酵母粉 0.5g、氯化钠 1.0g、琼脂 2.0g,pH 7.0 ~ 7.2。

(2)再生培养基:牛肉膏 0.5g、蛋白胨 1.0g、氯化钠 0.5g、葡萄糖 1.0g、氯化钙 0.33g、氯化镁($6H_2O$)0.41g、丁二酸钠 1.62g、L- 色氨酸 0.02g,100ml 蒸馏水,pH 6.7,115℃ 灭菌 30 分钟,再加入终浓度为 20mg/ml 的过滤除菌的腺嘌呤。

(3)淀粉培养基:可溶性淀粉 0.2g、蛋白胨 1g、牛肉膏 0.5g、氯化钠 0.5g、水 100ml、pH 7.0 ~ 7.2,琼脂 1.5g。

(4)高渗稳定液:蔗糖 17.15g、氯化镁 0.427 3g、顺丁烯二酸 0.233 6g,100ml 蒸馏水,pH 6.7,115℃ 灭菌 30 分钟。

(5)高渗磷酸缓冲液:0.1mol/L pH 6.0 磷酸缓冲液,0.8mol/L 甘露醇。

(6)促融剂:40% 聚乙二醇 6 000 的高渗稳定液。

(7)溶菌酶溶液:用高渗稳定液配制,浓度为 10mg/ml,用 0.22μm 的微孔滤膜过滤除菌,分装后于 –20℃ 保存。

(8)鲁氏碘液:碘 1g、碘化钾 2g,蒸馏水 300ml。先用少量蒸馏水溶解碘化钾,再加入碘,补足蒸馏水。

(9)0.2μg/ml 青霉素溶液。

(10)无菌水和香柏油。

3. **实验设备、仪器及其他** 离心机、过滤装置、超净工作台、高压灭菌锅、紫外分光光度计、水浴锅、恒温摇床、显微镜、培养皿、微量移液器、接种环、烧杯、三角瓶、离心管、涂布器、载玻片、盖玻片、酒精灯、擦镜纸、火柴、记号笔。

四、实验步骤

(一)活化菌株

将枯草芽孢杆菌和大肠埃希菌从 –70℃ 冰箱中取出,接种到 LB 固体斜面培养基,37℃ 培养 18 ~ 24 小时。

(二)培养菌株

挑取活化的大肠埃希菌和枯草芽孢杆菌斜面菌种接种于LB培养中,37℃、200r/min振荡培养14 ~ 16小时,然后取1ml菌悬液接种到装有50ml LB培养液的250ml三角瓶中,继续培养2 ~ 3小时,在600nm下测定菌液的吸光度,在吸光度达到0.5之前收集菌体,此时菌株处于对数生长期前期,浓度为10^7 ~ 10^8CFU/ml,对溶菌酶比较敏感。然后加入终浓度为0.2μg/ml的青霉素,继续培养2小时。

(三)制备原生质体

1. **收集细胞** 取上步培养的两种菌液各10ml,5 000r/min离心10分钟收集细胞,将细胞重悬于磷酸缓冲液中,离心洗涤2次,用10ml高渗稳定液重悬菌体。

2. **测定菌落总数** 各取0.5ml菌悬液用生理盐水稀释至稀释度为10^{-5}、10^{-6}和10^{-7},各取稀释液1ml倾注于LB培养基中,37℃培养24小时后计数,作为处理前的菌落总数。

3. **酶解脱壁** 各取5ml菌悬液,加入终浓度为0.1mg/ml的溶菌酶,37℃、100r/min酶解处理,每隔5分钟取样镜检,当95%的细胞变为球状的原生质体时,3 000r/min离心10分钟收集原生质体,将原生质体重悬于10ml高渗稳定液中备用。

4. **计算原生质体形成率** 各取0.5ml上述原生质体悬浮液,用无菌水稀释裂解原生质体,再梯度稀释至稀释度为10^{-2}、10^{-3}和10^{-4},取0.1ml稀释液涂布在高渗再生培养基上,37℃培养36小时,计算菌落总数,获得原生质体形成率,即

$$R_F=(A-B)/A \quad \text{式(4-2)}$$

式中,A为总菌落数,即酶解前的菌落总数;B为未原生质化菌落数,即酶解后的菌落总数。

(四)原生质体再生

1. 用高渗溶液将原生质体稀释为10^2CFU/ml,取0.1ml稀释液涂布在再生培养基上,37℃培养36小时,观察并计算菌落总数。

2. 用无菌水代替高渗溶液稀释原生质体,取0.1ml稀释液涂布在LB固体平板上,37℃培养36小时,计算菌落总数,获取原生质体再生率,即

$$R_G=(\gamma-\beta)/(\alpha-\beta) \quad \text{式(4-3)}$$

式中,α为总菌落数,即溶菌酶处理前LB固体平板上的菌落数;β为未原生质化的菌落数,

即溶菌酶处理后LB平板上的菌落数；γ为再生菌落数，即溶菌酶处理后再生平板上的菌落数。

（五）原生质体融合

将两个亲本的原生质体1ml进行混合，放置5分钟后，3 000r/min离心10分钟，弃去上清液，加入高渗磷酸缓冲溶液洗涤2次，然后加入2ml PEG6000溶液，轻柔地用移液器吸头吹打使菌体悬浮，置于37℃水浴保温10分钟，3 000r/min离心10分钟，弃去上清液，将菌体重新悬浮在2ml高渗稳定液中。

（六）筛选

取0.5ml融合液，用高渗稳定液液稀释到合适浓度，取0.1ml涂布在再生培养基上，36℃培养36小时后计数，以未经PEG6000处理的原生质体的再生菌株作为对照组，计算融合率。随机挑取再生培养基上的菌落，进行显微观察，选取没有芽孢的细菌，接种到LB液体培养基中，37℃、200r/min摇动14小时，取适量稀释的菌悬液接种到淀粉培养基上，置37℃培养24小时，加鲁氏碘液，观察有无透明圈产生。把产生透明圈的菌落在80℃保温15分钟，在再生培养基上培养3天，无菌体再生即可证明为融合菌。

五、实验结果

1. 填写表4-5，计算原生质体形成率、原生质体再生率和原生质体融合率。

表4-5　原生质体形成、再生和融合结果

菌株	原生质体形成率（R_F）	原生质体再生率（R_G）	原生质体融合率
E. coli			
B. subtilis			

2. 用显微镜观察原生质体的制备结果。
3. 用显微镜观察融合子的菌落形态。
4. 拍摄融合子周围透明圈的产生情况。

六、思考与拓展

1. 查阅近 5 年文献,列表原生质体融合子筛选的方法。

2. 影响原生质体制备的关键因素有哪些？选择其中一个因素进行实验设计,证实其对原生质体形成的关键作用。

实验三十五 真菌原生质体融合技术

一、实验目的

1. 理解真核生物原生质体融合技术的原理。
2. 学会应用真菌原生质体融合技术进行微生物诱变育种。
3. 能够应用真菌原生质体融合技术为工业生产选育优良性状的菌株。

二、实验原理

原生质体融合技术是一种重要的生物技术手段,可以将不同种类或不同亲本的细胞融合成为一个细胞,实现杂交。该技术可以获得整合了两个不同优良性状的融合子,具有广泛的应用前景。在真核细胞的融合过程中,必须破除细胞壁,以便进行原生质体的融合。目前常用的原生质体融合方法包括化学融合和电融合两种。其中,化学融合是通过化学物质使细胞膜相互融合,从而完成细胞的融合;电融合是利用高压电脉冲作用于细胞,使细胞膜产生短暂的孔洞,从而实现细胞融合。融合后的细胞发生细胞核染色体 DNA 重组,通过连续传代获得稳定性状。原生质体融合技术在植物、动物、微生物等多个领域都有广泛的应用,是一种重要的生物技术手段。

三、实验材料

1. **菌种** 酿酒酵母(*Saccharomyces cerevisiae*)Y_1 和 Y_2

2. **培养基和试剂**

(1) YPD 培养基:酵母粉 1g、蛋白胨 2g、葡萄糖 2g,蒸馏水 100ml,pH 6.0,固体培养基再加入 1.5% 琼脂粉,121℃灭菌 15 分钟。YPD 高渗再生培养基:在 100ml YPD 培养基中加入山梨醇 18.218g。

(2)磷酸缓冲溶液:将 87.7ml 0.2mol/L 磷酸氢二钠($2H_2O$)和 12.3ml 0.2mol/L 磷酸氢二钠($2H_2O$)混合即可。

(3)高渗缓冲溶液:将 50ml 磷酸缓冲溶液加至 450ml 1mol/L 山梨醇溶液即可。

(4)预处理剂:0.05mol/L 乙二胺四乙酸(ethylenediamine tetraacetic acid,EDTA),0.5mol/L β- 巯基乙醇。

(5)蜗牛酶溶液:0.2g 蜗牛酶溶解在 10ml 高渗缓冲溶液中,0.45μm 微孔滤膜过滤除菌,分装保存于冷冻冰箱。

(6)助溶剂:40% PEG6000、0.01mol/L 氯化钙溶液、0.7mol/L 蔗糖溶液。

3. **主要设备、仪器及其他** 恒温摇床、恒温水浴、显微镜、台式离心机、接种环、培养皿、试管、三角瓶、离心管、涂布器、载玻片、盖玻片、酒精灯、火柴、记号笔、过滤灭菌装置。

四、实验步骤

1. **活化菌株** 将亲本酵母菌接种到 YPD 固体培养基上,30℃ 培养 3 ~ 5 小时,可以观察到培养基上出现单个菌落。挑取亲本单菌落接种到 5ml YPD 液体培养基中,30℃、180r/min 振荡培养 24 小时。按 1 : 100 的比例将活化的亲本酵母菌转接到装有 50ml YPD 液体培养基的 250ml 三角瓶中,30℃、180r/min 振荡培养 13 ~ 15 小时,使细胞处于对数生长期前期,此时细胞浓度为 10^7 ~ 10^8CFU/ml,3 000r/min 离心 5 分钟收集菌体,用磷酸缓冲液清洗 2 次。

2. **制备原生质体** 在上述两种亲本菌体沉淀中分别加入 5ml 0.2% β- 巯基乙醇溶液预处理 10 分钟,3 000r/min 离心 5 分钟收集沉淀。在收集的沉淀中加入 5ml 2% 蜗牛酶溶液悬浮细胞,置于 30℃ 摇床上轻轻振荡(100r/min)培养 2 小时,每隔 20 分钟镜检,待 90% 以上细胞形成原生质体后,3 000r/min 离心 5 分钟离心收集细胞,用高渗缓冲溶液洗涤 2 次,重新将菌体悬浮在 10ml 的高渗缓冲溶液中。利用平板计数法计算原生质体形成率。原生质体形成率 $R_F=(A-B)/A$,其中 A 为酶液处理前用无菌水稀释后涂布在 YPD 上的菌落数;B 为酶液处理后用无菌水稀释后涂布在 YPD 上的菌落数。

3. **原生质体再生** 将 20ml 含有 2% 琼脂的 YPD 高渗再生培养基倒入平板,待凝固后,将适当稀释的原生质体悬液涂布平板上,再倒入 10ml 含有 1% 琼脂的 YPD 高渗再生培养基,制成 YPD 高渗再生双层平板,统计长出的菌落数,计算原生质体的再生率。原生质体再生率 $R_G=(C-B)/(A-B)$,其中 A 为酶液处理前用无菌水稀释后涂布在 YPD 上的菌落数;B 为酶液处理后用无菌水稀释后涂布在 YPD 上的菌落数;*C* 为酶处理后的菌液用高渗缓冲液稀释涂布在 YPD 再生平板上的菌落数。

4. **原生质体灭活** 为了有效防止亲本类型的再生,更有利于后续筛选出目的融合子。3 000r/min 离心 5 分钟收集原生质体,用高渗缓冲溶液洗涤并悬浮,将一个亲本的悬浮液置于 25W 紫外光灯下照射 120 秒,另一个亲本在 70℃ 水浴中处理 40 分钟。处理后的两亲本用高渗缓冲溶液进行稀释,然后均匀涂布于 YPD 双层平板上,30℃ 培养 3 天,计算原生质体致死率,控制致死率在 95% 以上。

5. **原生质体融合** 将双亲原生质体浓度用高渗缓冲液调整为 10^7CFU/ml,各取 0.5ml 混合离心,将沉淀物重新悬浮在 1ml PEG6000 助溶剂中,然后置于 25℃ 避光培养 30 分钟,每隔 5 分钟轻轻摇动一次,使助溶剂与原生质体充分混合。用显微镜观察原生质体融合状态,离心收集原生质体,用高渗缓冲液洗涤 2 次除去助溶剂,重悬在 1ml 高渗缓冲溶液中,再用高渗缓冲溶液稀释至稀释度为 10^{-3}。取稀释度为 10^{-2} 和 10^{-3} 的稀释液各 0.1ml 涂布在 YPD 高渗再生培养基上,另取相同量的融合前原生质体稀释液涂布在 YPD 高渗再生培养基上,30℃ 培养 3 天,统计菌落数,计算融合率。融合率 =YPD 高渗培养基上长出的融合子个数 / 融合前双亲原生质体个数。

6. **融合子的筛选** 根据酵母菌特性和预期目的,选育耐酸耐乙醇高发酵力的融合菌株。将在高渗再生培养基中生长最快的单菌落挑出,接种于 pH 为 2.0、酒精含量 16% 的含杜氏小管的 YPD 液体试管培养基中,30℃ 培养 48 小时,观察菌株耐受程度和产气情况,选择生长耐受好、产气速度快的菌株初步认定为双亲融合成功的菌株。

五、实验结果

1. 原生质体形成结果填入表 4-6。

表 4-6 原生质体形成结果

菌株	原生质体数目(*A*–*B*)	完整细胞数(*A*)	原生质体形成率(R_F)
Y_1			
Y_2			

2. 原生质体再生结果填入表 4-7。

表 4-7　原生质体再生结果

菌株	YPD 长出的菌落数（A–B）	高渗 YPD 长出的菌落数（C–B）	再生率（R_G）
Y_1			
Y_2			

3. 原生质体融合结果填入表 4-8。

表 4-8　原生质体融合结果

菌株	稀释倍数	融合子数	双亲原生质体个数	融合率
Y_1				
Y_2				

4. 融合菌株耐受筛选结果填入表 4-9。

表 4-9　融合菌株耐受筛选结果

菌株编号	12h	24h	36h	48h
R_1	+	+ +	+ + +	+ + +
R_2	–	+	+	+
R_3	+	+ +	+ + +	+ + +
……				

注："–""表示不能生长，不产气；"＋"表示生长较差，产气；"＋＋"表示生长一般，产气；"＋＋＋"表示生长良好，产气。

六、思考与拓展

1. 影响酵母菌原生质体制备的关键因素有哪些？如何设计实验来证实其重要性？
2. 影响酵母菌原生质体融合的关键因素有哪些？如何设计实验来证实其重要性？

实验三十六 细菌基因组 DNA 提取和检测

一、实验目的

1. 掌握细菌总 DNA 提取原理和方法。

2. 能够应用 DNA 提取方法探究环境中微生物的种群结构及其与环境的关系。

二、实验原理

核酸包括脱氧核糖核酸(deoxyribonucleic acid, DNA)和核糖核酸(ribonucleic acid, RNA)。DNA 主要存在于细胞核的染色体中，在提取过程中用苯酚抽提、分离和纯化，去除蛋白质、脂类、糖类和 RNA，用乙醇和丙酮沉淀 DNA，尽可能去除在提取过程中残留的有机溶剂和过高浓度的金属离子。

三、实验材料

1. **菌种** 大肠埃希菌(*Escherichia coli*)。

2. **仪器** 微量移液器及吸头、接种环、试管、小型高速台式离心机、凝胶成像仪、1.5ml 离心管、锥形瓶、恒温摇床、紫外分光光度计、微波炉、水平电泳槽。

3. **试剂**

(1) LB 培养液：胰蛋白胨 1.0g、酵母粉 0.5g、氯化钠 1.0g，蒸馏水 100ml，pH 7.0。

(2) TE 缓冲液：10mmol/L Tris-HCl、1.0mmol/L EDTA，pH 8.0。

(3) 10% 十二烷基硫酸钠(sodium dodecylsulfate, SDS)溶液：1g SDS 溶解在 10ml 蒸馏水中。

(4) 50×TAE 缓冲液：Tris[Tris(hydroxymethyl)aminomethane] 242g、$Na_2EDTA \cdot 2H_2O$ 37.2g 溶于 800ml 去离子水中，充分搅拌均匀，再加入 57.1ml 冰醋酸，充分溶解，用氢氧化钠调 pH 至 8.3，加去离子水定容至 1L 后，室温保存，使用时稀释 50 倍即 1×TAE 缓冲液。

(5) 10×DNA 上样缓冲液(loading buffer)：0.05% 溴酚蓝、0.9% SDS 溶液、50% 甘油溶液。

(6) 20mg/ml 蛋白酶 K。

(7) 5mol/L 氯化钠溶液。

(8) 三氯甲烷。

(9) Tris 饱和酚。

(10) 无水乙醇、70% 乙醇。

(11) 琼脂糖。

(12) 0.5μg/ml 溴化乙啶。

四、实验步骤

(一) 提取 DNA

1. 在 LB 固体培养基上划线接种大肠埃希菌，37℃ 恒温培养 20 小时左右，挑取培养基上的大肠埃希菌单菌落接种于 5ml LB 液体培养基中，37℃、180r/min 培养 14 ～ 18 小时。

2. 取 1ml 菌液于 1.5ml 离心管中，12 000r/min 离心 1 分钟，弃去上清液，重复汲菌一次，将离心管倒扣在吸水纸上，尽量去除残存的培养液。

3. 在离心管中加入 190μl TE 缓冲液、10μl 10% SDS 溶液、1μl 20mg/ml 蛋白酶 K，用微量移液器轻轻吹打混匀，37℃ 保温 1 小时，使菌体充分裂解，蛋白质分解为氨基酸，释放细胞内 DNA。

4. 加入 60μl 5mol/L 氯化钠溶液，混和均匀，12 000r/min 离心 10 分钟，除去蛋白质和细胞壁等残渣。

5. 吸取上清液到一个新的 1.5ml 离心管中，加入等体积的 Tris 饱和酚，上下颠倒 15 秒充分混匀，12 000r/min 离心 5 分钟，小心吸取上清液到一个新的离心管中，注意不要吸取中间层。

6. 在上清液中加入等体积三氯甲烷，充分混匀，12 000r/min 离心 5 分钟除去残留的苯酚。

7. 吸取上清液，加入 2 倍体积预冷的无水乙醇，沉淀 30 分钟以上，12 000r/min 离心 10 分钟，用微量移液器小心吸去上清液，注意不要触碰沉淀。

8. 在沉淀中加入 500μl 70% 乙醇洗涤 2 次，12 000r/min 离心 10 分钟，弃去上清液，沉淀在室温下自然干燥，挥发掉残留的乙醇。

9. 将沉淀用 50μl TE 缓冲液进行溶解，制备成 DNA 溶液。

(二) DNA 纯度测定

用紫外分光光度计测定制备的 DNA 溶液 OD_{260} 和 OD_{280} 数值，计算 OD_{260}/OD_{280} 比值，

纯 DNA 的比值约为 1.8，纯 RNA 的比值约为 2.0。若 DNA 比值高于 1.8，说明制剂中 RNA 尚未除尽。RNA、DNA 溶液中含有酚和蛋白质将导致比值降低。在波长 260nm 紫外线下，1*OD* 值的光密度相当于双链 DNA 浓度为 50μg/ml；单链 DNA 或 RNA 浓度为 40μg/ml；寡核苷酸浓度为 20μg/ml，可以以此来计算核酸样品的浓度。

（三）电泳检测

1. **琼脂糖凝胶的配制**　称取 1.0g 琼脂糖置于 250ml 锥形瓶中，加入 100ml 1×TAE 缓冲溶液，在微波炉中加热融化，用水冷却到 60℃ 后加入终浓度为 0.5μg/ml 的溴化乙啶（ethidium bromide，EB），轻轻晃动混合均匀，趁热将琼脂糖溶胶倒入胶模中，胶厚度为 3 ~ 5mm，插入梳子后等待凝固。

2. **加样**　待胶体凝固后拔掉梳子，留下加样孔，将胶体连同胶板一同放入电泳槽中，加入适量 TAE 浸没胶体。取 2 ~ 3μl DNA 溶液，再加入 0.5μl 10×loading buffer 混合均匀，用微量移液器吸取混合液，缓慢加入加样孔中。

3. **电泳**　接通电泳，在 100 ~ 120V 电压下进行电泳，当溴酚蓝迁移至胶体 3/4 处停止电泳，关闭电泳，取出凝胶，把凝胶放入凝胶成像仪中进行观察拍照。

五、实验结果

1. DNA 纯度结果填入表 4-10。

表 4-10　DNA 纯度结果

样品	OD_{260}	OD_{280}	OD_{260}/OD_{280}	纯度
1				
2				

2. **电泳结果**　见电泳图。

六、思考与拓展

1. 设计从某一特殊环境中提取微生物 DNA 的方法思路。
2. 如果使用吸附柱进行 DNA 的收集，如何设计实验步骤？

实验三十七　细菌 16S rDNA 的分子鉴定

一、实验目的

1. 了解 16S rDNA 作为细菌分类鉴定的依据和原理。

2. 掌握 PCR 扩增目的片段的实验方法。

3. 能够应用生物学信息进行序列比对和构建系统发育树。

二、实验原理

细菌分类除了传统的生理生化特性和免疫学特征之外，还可从基因水平上进行分类鉴定。16S rDNA 是编码核糖体 16S rRNA 的基因，其长度约为 1 500bp，具有保守性和普遍性的特点，内部片段有高突变性，因不同菌种而异。因此，可以在保守序列上设计引物扩增 16S rDNA 片段，利用可变区差异对不同菌属和菌种的细菌进行分类鉴定。

聚合酶链式反应（polymerase chain reaction，PCR）是以 DNA 为模板，4 种脱氧核苷酸为底物，在 DNA 聚合酶的作用下不断形成 3′,5′- 磷酸二酯键合成子链，是一种快速、特异的体外进行 DNA 扩增的技术。

三、实验材料

1. **菌种**　大肠埃希菌（DH5α）。

2. **实验试剂**　LB 培养基、Taq 聚合酶、10mmol/L dNTP、DNA 标准分子量、琼脂糖、DNA 凝胶提取试剂盒、凝胶回收试剂盒、10 × PCR 反应缓冲液、无菌水。

3. **仪器设备、仪器及其他**　微量移液器及吸头、PCR 仪、DNA 电泳槽、微波炉、台式高速离心机、凝胶成像系统、恒温金属浴、紫外分光光度计、DNA 检测仪、PCR 管、台式高速离心管、牙签、刀片。

4. 实验引物序列如表 4-11 所示。

表 4-11　实验引物

名称	序列（5′ → 3′）
27 F	AGAGTTTGATCCTGGCTCAG

续表

名称	序列(5′→3′)
1492 R	GGTTACCTTGTTACGACTT

四、实验步骤

1. **制作模板** 用牙签挑取LB固体培养基上培养16 ~ 24小时的大肠埃希菌单菌落，悬浮于10μl无菌水中作为PCR扩增的简易模板，也可以用提取的纯DNA为模板。

2. **加样** 在0.2ml的PCR管中，依次加入下列溶液，短暂离心后进行PCR反应。

PCR反应体系：10×PCR反应缓冲液1μl、引物(10μmol/L)各1μl、dNTP 0.5μl、模板1μl、Taq聚合酶0.5 ~ 1μl，补足双重蒸馏水，总体积为10μl。

3. **PCR反应条件** 95℃ 5分钟预变性，95℃ 30秒变性，55℃ 30秒退火，72℃ 2分钟延伸，72℃ 5分钟延伸，其中第2 ~ 4步骤进行40个循环。

4. **电泳** PCR扩增结束后进行DNA电泳，以DNA标准分子量确定PCR扩增片段的大小，回收目的片段。

5. **回收目的片段**

(1)在凝胶成像仪中，用锋利刀片切下1 500bp大小的目的片段，用吸水纸尽量吸去残留的液体，把切下的凝胶连同DNA片段放入1.5ml离心管中称量后用凝胶回收试剂盒进行凝胶回收。

(2)按照1g:1 000μl的标准加入3倍体积的溶胶液A，在恒温金属浴中55℃保温10分钟，间断上下颠倒离心管加速胶体溶解。把溶解的胶体加入吸附柱中，吸附柱套在2ml收集管中，5 000r/min离心2分钟，弃去收集管中的过滤液。

(3)向吸附柱中加入500μl溶胶液A，12 000r/min离心1分钟，弃去收集管中的过滤液。

(4)向吸附柱中加入700μl漂洗液B(确认是否提前加入对应体积的无水乙醇)，12 000r/min离心1分钟，弃去收集管中的过滤液。

(5)将吸附柱重新套在收集管中，12 000r/min离心2分钟，尽量除去残留的乙醇。

(6)将吸附柱重新套在一个新的1.5ml离心管中，在吸附柱的中央加入提前预热到80℃的无菌水或Elution Buffer洗脱液20 ~ 30μl，室温静置1分钟，12 000r/min离心1分钟，收集DNA溶液。

(7)用紫外分光光度计或DNA检测仪测定DNA浓度，同时取回收的DNA溶液2μl进行电泳，检测DNA条带的完整性和大小，确认回收的效果。

6. **测序** 将回收的DNA片段寄送给生物公司进行序列测定。

7. **序列比对和构建系统发育树** 利用NCBI-BLAST在线平台，在GeneBank数据库中进行同源性检索。下载相似度高的序列，应用MEGA5.0软件构建16S rRNA系统发育树。

五、实验结果

1. 提供16S rRNA PCR电泳图。
2. 提供凝胶回收后目的片段的浓度大小。
3. 提供系统发育树。

六、思考与拓展

1. 设计真菌18S rRNA鉴定实验。
2. 菌落PCR在分子生物学实验中还有哪些应用？

实验三十八 大肠埃希菌转化实验

一、实验目的

1. 掌握大肠埃希菌感受态的制备和转化方法。
2. 掌握质粒提取的原理和方法。
3. 应用大肠埃希菌表达外源蛋白的方法制备工业生产所用的酶和代谢产物。

二、实验原理

转化是将外源基因引入受体细胞，使之获得新的遗传性状的一种手段，它是微生物遗传、分子遗传、基因工程等研究领域的基本实验技术。转化过程所用的受体细胞经过特定的方法处理后会膨胀成球形，细胞膜变薄而成为感受态细胞。经过42℃短暂的热击处理，外源DNA可进入感受态细胞中，并在受体细胞中进行复制和表达，实现遗传信息的转移，使受体细胞获得新的遗传性状。

利用碱裂解法提取质粒进行转化子的验证。质粒和染色体DNA在碱性条件下都发生变性。在pH恢复至中性时，因为环状质粒DNA的两条链在变性过程中仍然保持在一起，因此复性速度较快，但线性染色体 DNA 复性速度较慢，他们缠绕成网状结构，被变性的蛋白一起沉淀下来，通过离心的方法可以将两种 DNA 分离。

三、实验材料

1. **菌种** 大肠埃希菌（DH5α），质粒 PGEX-6P。

2. **实验试剂**

（1）氨苄青霉素钾盐（50mg/ml）：称 0.5g 氨苄青霉素钾盐，10ml 蒸馏水溶解，用孔径为 0.22μm 的滤膜进行过滤除菌。

（2）其他：质粒提取试剂盒（内含溶液Ⅰ、Ⅱ、Ⅲ、漂洗液、洗脱液和 RNA 酶）、0.05mol/L 氯化钙溶液、80%（*V*/*V*）甘油溶液、LB 培养基、无菌水。

3. **仪器设备** 微量移液器及吸头、恒温金属浴、1.5ml 离心管、50ml 离心管、接种环、试管、培养皿、灭菌牙签、吸水纸、火柴、吸附柱、玻璃涂棒、酒精灯、超净工作台、恒温摇床、离心机、恒温培养箱、旋涡混合器、冰箱、DNA 电泳仪、DNA 水平电泳槽、凝胶成像仪。

四、实验步骤

（一）制备感受态

1. 从 –70℃ 冰箱中取出保存的大肠埃希菌 DH5α，用划线的方法分离出单菌落。

2. 用接种环挑取单菌落接种到装有 5ml LB 液体培养基的试管中，37℃、180r/min 振荡培养 12 ～ 16 小时。

3. 按照 1∶100 的比例把活化的菌接种到 50ml 新鲜的 LB 液体培养基中，继续培养 2 ～ 3 小时，每隔 0.5 小时在 OD_{600} 下测定菌液的吸光度，直至 OD_{600} 等于 0.5，此时大肠埃希菌处于对数生长期。

4. 将菌液转入 50ml 离心管中，在冰上放置 10 分钟，防止大肠埃希菌继续增殖，然后 4℃、5 000r/min 离心 5 分钟收集细胞。

5. 弃去上清液，用预冷的 0.05mol/L 氯化钙溶液 10ml 轻轻悬浮细胞，冰上放置 30 分钟，4℃、5 000r/min 离心 5 分钟收集细胞。

6. 弃去上清液，加入 0.05mol/L 氯化钙溶液 2ml，再加入 80% 甘油溶液 0.625ml，混合均匀，使甘油浓度达到 15% 左右，冰上放置几分钟，即为感受态细胞。

7. 感受态细胞按每份 100μl 进行分装，液氮速冻后存放在 –70℃ 冰箱中保存。

(二)转化

1. 从冰箱中取出1管感受态细胞,在冰上融化。

2. 在感受态细胞中加入浓度为 100 ~ 500ng/μl 的质粒 PEGX-6P 2μl,用微量移液器吸头轻轻混合均匀,冰上放置 20 ~ 30 分钟。

3. 置于金属浴中 42℃热击 1 ~ 2 分钟,然后冰上放置 2 分钟。

4. 在超净工作台中向处理过菌液中加入无抗的 LB 培养液 900μl,37℃、150r/min 轻轻摇动 1 小时。

5. 5 000r/min 离心 5 分钟收集细胞,在超净工作台中用微量移液器吸取 900μl 上清液弃去,剩余 100μl 上清液和菌体混合均匀制成菌悬液,涂布在有氨苄抗性(终浓度为 60μg/ml)的 LB 平板上,在 37℃ 恒温培养箱中倒置培养 12 ~ 16 小时,观察菌落的生长情况。

(三)验证

1. 用灭菌的牙签挑取筛选出的单菌落接种于含有氨苄青霉素的 LB 液体培养基中,37℃、180r/min 振荡培养 12 ~ 16 小时。

2. 吸取 1ml 菌液置于 1.5ml 离心管中,12 000r/min 离心 1 分钟去上清液,重复收集菌体 1 次,弃去上清液,把离心管倒扣在吸水纸上尽量除去培养液。

3. 向菌体中加入 250μl 溶液 Ⅰ(含 RNA 酶),涡旋混匀,悬浮菌体。

4. 向离心管中加入 250μl 溶液 Ⅱ,温和地上下颠倒混匀 4 ~ 6 次,获得澄清的裂解液,注意剧烈混合会剪切染色体 DNA,降低质粒纯度。

5. 向离心管中加入 350μl 溶液 Ⅲ,立即温和地上下颠倒混匀 4 ~ 6 次,此时出现白色絮状沉淀。室温 12 000r/min 离心 10 分钟。

6. 小心将上步中所得的上清液转移至洁净的吸附柱中,注意不要吸入沉淀和细胞碎片,12 000r/min 离心 1 分钟,如果上清液超过 700μl,可以分两次过柱,倒掉收集管中的过滤液。

7. 向吸附柱中加 700μl 漂洗液(检查是否加入无水乙醇),12 000r/min 离心 1 分钟,倒掉收集管中的废液,重复漂洗 1 次。将吸附柱重新套在收集管中,12 000r/min 空转 2 分钟,尽量除去残留在吸附柱中的溶液。

8. 将吸附柱置于一个新的 1.5ml 离心管中,打开盖子,挥发掉残留的乙醇。

9. 向吸附柱的吸附膜中间部位加 60μl 洗脱缓冲液或无菌水(提前加热到 80℃,有利于提高回收率),室温静置 1 分钟,12 000r/min 离心 1 分钟回收质粒溶液。

10. 取 2 ~ 3μl 质粒溶液与 10×上样缓冲液进行混合,然后点样电泳,剩余的质粒保存于 –20℃ 冰箱备用。

11. 电泳结束后,在凝胶成像仪中观察并拍照保存,确定转化是否成功。

五、实验结果

1. 观察并拍摄在筛选平板上菌落的生长情况。
2. 拍摄质粒的电泳图,分析质粒的存在形态。

六、思考与拓展

1. 设计重组载体连接、转化和筛选的实验思路。
2. 简述蓝白斑筛选的实验原理和设计思路。

实验三十九 酵母菌转化实验

一、实验目的

1. 掌握酵母菌感受态制备和转化的方法。
2. 掌握酵母菌转化子的筛选方法。
3. 应用酵母菌表达外源蛋白制备工业生产所用的酶和代谢产物。

二、实验原理

常用 LiAc-PEG 化学转化法和电击法进行酵母菌细胞的转化。LiAc 可改变细胞膜的通透性,PEG 会促使外源 DNA 更加紧密地附着在细胞膜表面,在热击的作用下,外源 DNA 进入酵母菌细胞。电转化方法使酵母菌细胞膜表面形成电穿孔促进对 DNA 的摄取,具有快速方便、转化效率高和不需要预先制备感受态细胞等优点。

三、实验材料

1. **菌株** 酿酒酵母(*Saccharomyces cerevisiae*)EGY48、毕赤酵母(*Pichia pastoris*)GS115。

2. **培养基**

(1) YPD 培养基：蛋白胨 2g、酵母粉 1g、葡萄糖 2g，100ml 蒸馏水，固体培养基加入 1.5% 琼脂粉，121℃ 灭菌 15 分钟。

(2) SD/-Trp/-Ura 培养基：SD 基础培养基（minimal SD Base）6.7g、缺陷型氨基酸和核苷酸混合物（DO supplement -Trp/-Ura）0.72g，加重蒸馏水定容到 1L，调 pH 为 7.0，121℃ 灭菌 15 分钟，室温保存。

(3) MD 固体培养基：无氨基酸酵母氮源（YNB 培养基）1.34g、葡萄糖 2.0g、琼脂粉 1.5g、生物素 0.04mg，重蒸馏水 100ml。

3. **试剂**

(1) 载体 pB42AD、线性性化载体 pPIC9K。

(2) 1.1 × TE/LiAc 溶液：1.1ml 10 × TE、1.1ml 1mol/L LiAc，用无菌的重蒸馏水定容到 10ml。

(3) 1 × PEG/LiAc：8ml 50% PEG3350、1ml 10 × TE、1ml 1mol/L LiAc。

(4) 500 × 生物素母液（0.02%）：20mg 生物素溶于 100ml 蒸馏水中，过滤除菌。

(5) 10 × PCR 反应缓冲液。

(6) Taq 聚合酶。

(7) 所用引物见表 4-12。

表 4-12　实验引物

名称	序列（5′ → 3′）
pB42AD-F	CCAGCCTCTTGCTGAGTGGAG
pB42AD-R	GAAGTGTCAACAACGTATCTA
AOX-F	GCGACTGGTTCCAATTGACAAGC
AOX-R	GGCAAATGGCATTCTGACATCCT

(8) 10μg/μl 鲑鱼精 DNA。

(9) 二甲基亚砜（dimethyl sulfoxide，DMSO）。

(10) 1mol/L 预冷的山梨醇溶液。

(11) 新霉素（geneticin，G418）。

(12) 无菌水。

4. **实验仪器、设备及其他**　微量移液器及吸头、冷冻离心机、台式高速离心机、电转化仪、恒温培养箱、恒温金属浴、超净工作台、PCR 仪、DNA 水平电泳槽、凝胶成像仪、旋涡混合器、离心管、PCR 管、电转化仪、电击杯、接种环、灭菌牙签、96 孔细胞培养板。

四、实验步骤

（一）感受态的制备

1. 从 –80℃ 冰箱中取出酵母甘油菌，在 YPD 固体平板上划单菌落，置于 30℃ 恒温培养箱中培养 3 ~ 5 天。

2. 挑单菌落接种于 3ml YPD 液体培养基中，30℃、250r/min 培养 8 ~ 12 小时。

3. 取 5μl 活化酵母菌转接到 50ml YPD 液体培养基中，30℃、250r/min 培养 16 ~ 20 小时，使 OD_{600} 达到 0.15 ~ 0.3，5 000r/min 离心 5 分钟，弃去上清液，将菌体沉淀重新悬浮于新鲜的 100ml YPD 液体培养基中，继续培养 3 ~ 5 小时至 OD_{600} 值在 0.4 ~ 0.5 范围内。

4. 离心收集菌体，分装到 2 个 50ml 离心管中，室温、5 000r/min 离心 5 分钟。弃去上清液，把菌体悬浮在 30ml 的无菌水中。

5. 离心收集菌体，将菌体沉淀悬浮于 1.5ml 1.1 × TE/LiAc 中。

6. 将重悬菌液转移到 1.5ml 无菌离心管中，12 000r/min 离心 15 秒。

7. 弃去上清液，重悬菌体沉淀于 600μl 1.1 × TE/LiAc 溶液中，按每份 50μl 分装，无须保存感受态，直接进行酵母菌转化的操作。

（二）化学转化（以载体 pB42AD 转入 EGY48 为例）

1. 吸取 10μg/μl 的鲑鱼精 DNA 5μl 于 0.2ml PCR 管中，在 PCR 仪以 95 ~ 100℃ 加热 5 分钟，然后迅速在冰上冷却备用。

2. 取浓度为 100ng/μl 的质粒 5μl，和上文处理过的鲑鱼精 DNA 进行短暂离心，混合均匀。

3. 取上文制备的混合溶液 10μl 加至 50μl 酵母菌感受态细胞，并轻柔地混合均匀。

4. 加入 PEG/LiAc 500μl，混合均匀。

5. 在恒温金属浴中 30℃ 保温 30 分钟，15 分钟时翻转 6 ~ 8 次混匀。

6. 为改变细胞膜的通透性，加入 20μl DMSO，注意不要剧烈涡旋，轻轻混合均匀。

7. 将离心管放在恒温金属浴中 42℃ 保温 15 分钟，7.5 分钟时翻转 6 ~ 8 次混匀。

8. 5 000r/min 离心 30 秒，收集细胞，移去上清液，加入 500μl 无菌水重悬。

9. 离心去上清液，用 100μl 无菌水重悬沉淀，涂布在 SD/-Trp/-Ura 培养基上，30℃倒置培养 3 ～ 5 天，直到有单克隆菌落出现。

（三）电转化（以载体 pPIC9K 转入 GS115 为例）

1. 用灭菌牙签蘸取 YPDA 平板上生长的酵母菌单菌落接种到装有 3ml YPD 液体培养基的试管中，28℃、250r/min 培养 14 ～ 16 小时。

2. 按 1∶100 的比例接种活化的菌液到 100ml YPD 液体培养基中，200r/min 培养 14 ～ 16 小时，此时 OD_{600}=2.0。为了准确测量 *OD* 值，可以把菌液用无菌水稀释为 2、4、6、8、10、16 倍，测量其 *OD* 值是否成线性关系判定菌液浓度的准确性。

3. 将培养好的菌液分装到 2 个 50ml 的无菌离心管中，4℃ 5 000r/min 离心 5 分钟收集菌体，用 50ml 预冷的无菌水重悬菌体进行洗涤，重复洗涤 1 次。

4. 用 1mol/L 预冷的山梨醇溶液 2ml 重悬细胞，4℃ 5 000r/min 离心 5 分钟收集菌体。

5. 用 1mol/L 预冷的山梨醇溶液 500μl 悬浮细胞，按照 100μl/ 管进行分装和转化。

6. 在 80μl 感受态细胞中加入 5μg 线性化 pPIC9K 载体，轻轻混合均匀，冰上放置 5 分钟后转入预冷的电击杯中。

7. 1.5KV、4.8 ～ 5.5 毫秒进行酵母菌电击转化。

8. 转化后立即加入 1mol/L 预冷的山梨醇 1ml 至电击杯中，用微量移液器吹打均匀后转移至 1.5ml 离心管中，在 30℃摇床上低速培养 1 小时后涂板。

9. 按照每份 200μl 涂布于 MD 平板上，待菌液吸收后倒置于 30℃培养箱中培养 3 天。

10. 为了得到高拷贝的转化子，将转化得到的单菌落进行 G418 筛选。接种于 0 ～ 3mg/ml G418 抗生素的 YPD 平板上，30℃培养箱培养 3 ～ 5 天，于高浓度抗性平板中挑选高拷贝数转化子。

（四）PCR 验证

1. 用灭菌的牙签挑取在选择培养上长出的单菌落，分散于 20μl 无菌水中。

2. **配制 PCR 反应溶液**　10×PCR 反应缓冲液 1μl、引物 pB42AD-F/pB42AD-R 或 AOX1-F/AOX1-R（浓度为 10mmol/L）各 0.5μl、模板 1μl、Taq 聚合酶 0.5 ～ 1μl，补足重蒸馏水，总体积为 10μl。

3. **PCR 反应**　95℃ 5 分钟预变性，95℃ 30 秒变性，55℃ 30 秒退火，72℃ 2 分钟延伸，72℃ 5 分钟延伸，其中第 2 ～ 4 步骤进行 40 个循环。

4. 电泳、观察和拍照。

五、实验结果

1. 观察并拍摄酵母菌在选择培养基上的生长情况。
2. 酵母菌 PCR 验证的电泳图。

六、思考与拓展

1. 查阅资料，简述酵母菌转化除了用来表达外源蛋白外，还应用于哪些方面。
2. 查阅资料，设计利用重组酵母菌细胞表达和纯化外源蛋白的后续实验思路。

实验四十 丝状真菌转化实验

一、实验目的

1. 掌握农杆菌介导的丝状真菌转化和筛选方法。
2. 应用丝状真菌转化方法研究食用真菌的基因功能和表达外源蛋白。

二、实验原理

根癌农杆菌（*Agrobacterium tumefaciens*）是一类普遍存在于土壤中的革兰氏阴性细菌，其介导的转化方法具有效率高、遗传稳定、适用范围广等诸多优点，已成为真菌遗传转化研究的重要手段。经农杆菌和真菌共培养，乙酰丁香酮（acetosyringone，As）透过农杆菌的细胞膜使 Ti 质粒上的 Vir 基因活化。Vir 基因产物使 Ti 质粒上的 T-DNA 进入真菌细胞，并整合到真菌核基因组中，使外源基因在真菌细胞中得到表达，从而改变真菌的遗传性状。

三、实验材料

1. **菌株和载体** 蛹虫草（*Cordyceps militaris*）、农杆菌 AGL1、pK2-bar 载体。

2. **培养基**

（1）PDB 培养基：去皮的马铃薯 200g，切成小块，加适量蒸馏水煮沸 20 分钟，四层纱布过滤，在滤液中加入 20g 葡萄糖，用蒸馏水补足到 1 000ml，固体培养基加入 15g 琼脂粉即为

PDA 培养基。

(2) YEB 培养基：胰蛋白胨 1g、酵母粉 0.1g、蔗糖 0.5g、硫酸镁（$7H_2O$）0.05g、重蒸馏水 100ml，加入 1.5g 琼脂粉即为固体培养基。

(3) IM 液体培养基：磷酸氢二钾 2.28g、磷酸二氢钾 1.36g、氯化钠 0.15g、硫酸镁（$7H_2O$）0.49g、氯化钙 0.07g、硫酸亚铁（$7H_2O$）0.0025g、硫酸铵 0.53g、甘油 5g、2-(*N*- 吗啡啉）乙磺酸（MES）8.53g、用 1mol/L 氢氧化钠调 pH 值为 5.3 左右。121℃灭菌 20 分钟，等培养基冷却到 55℃后按照 1∶100 比例加入 1mol/L 葡萄糖过滤除菌溶液，再按照 1∶1 000 比例加入 200mmol/L AS，在加入 AS 过程避光。

(4) 用于配制 M-100 培养基的微量元素溶液：硼酸 30mg、氯化锰（$4H_2O$）70mg、氯化锌 200mg、钼酸钠（$4H_2O$）20mg、氯化铁（$6H_2O$）50mg、硫酸铜（$5H_2O$）200mg，重蒸馏水 500ml。

(5) 用于配制 M-100 培养基的盐溶液：磷酸氢二钾 16g、硫酸钠（$10H_2O$）9.064g、氯化钾 8g、硫酸镁（$7H_2O$）2g、氯化钙 1g、微量元素溶液 8ml，用重蒸馏水定容到 1 000ml。

(6) M-100 培养基：M-100 培养基的盐溶液 62.5ml、葡萄糖 10g、硝酸钾 3g、琼脂粉 1.5g，重蒸馏水 1 000ml，115℃灭菌 30 分钟。

3. 试剂

(1) 菌丝裂解液：0.3mol/L 氢氧化钠溶液。

(2) 中和液：5ml 1mol/L Tris-HCl（pH=8.0），20ml 0.3mol/L 盐酸溶液，用重蒸馏水定容至 400ml。

(3) 10% 甘油溶液。

(4) 20mmol/L 氯化钙溶液。

(5) 0.5%（*V*/*V*）无菌聚山梨酯 80 溶液。

(6) 200mmol/L 乙酰丁香酮母液。

(7) 18%（wt %）草甘膦溶液。

(8) 头孢噻肟钠（cefotaxime sodium，Cef）和卡那霉素（kanamycin，Kan）。

(9) 10 × PCR 反应缓冲液、Taq 聚合酶、溴化乙锭、琼脂糖、重蒸馏水。

4. **引物序列**　PtrpC-F: AAGGAGCACTTTTTGGGC；PtrpC-R: AGGAAGGGCGAACTTAAG。

5. **实验仪器、设备及其他**　恒温培养箱、超净工作台、微量移液器、冷冻离心机、电转化仪、PCR 仪、DNA 水平电泳槽、凝胶成像仪、接种环、牙签、250ml 三角瓶、1.5ml 离心管、PCR 管、培养皿、微孔过滤装置、液氮。

四、实验步骤

（一）农杆菌电击转化

1. 从 –70℃ 冰箱中取出 AGL1 甘油农杆菌，在 YEB 固体平板上划线分离，置于 28℃ 恒温培养箱中倒置培养 2 ～ 3 天，直至出现单菌落。

2. 用灭菌的牙签挑取单菌落接种到 5ml YEB 培养基中，28℃、200r/min 振荡培养 20 小时。

3. 吸取 1 ～ 2ml 培养液接种到 50ml YEB 培养基中，28℃、200r/min 振荡培养至 OD_{600}=0.5 左右。

4. 4℃、5 000r/min 离心 5 分钟收集菌体，去上清液，用 10ml 预冷的 10%（*V*/*V*）甘油重悬菌体，离心去上清液后重复洗涤 1 次。

5. 用 0.5ml 预冷的 10% 甘油重悬菌体，按照每份 50μl 进行分装，液氮速冻后保存于 –70℃ 冰箱中备用。

6. 冰上融化感受态细胞，在每管感受态细胞中加入 200ng 质粒，置于冰上 5 分钟，然后将感受态细胞加入电击杯中，在 2.2kV 电压、4.5 ～ 5 毫秒条件下进行电击转化。

7. 电击后，立即在电击杯中加入 1ml 无抗的 YEB 培养基，用微量移液器反复吹打混合均匀，然后将混合液吸入 1.5ml 离心管中，在 28℃、180r/min 的条件下振荡培养 2 ～ 3 小时，吸取 30μl 菌液涂布在含有终浓度为 50μg/ml Kan 的 YEB 选择性固体培养基上，28℃ 倒置培养 2 ～ 3 天，进行转化子的筛选。

（二）农杆菌的化学转化

1. 菌株的活化同 // 上文“（一）农杆菌电击转化”中 1 ～ 3 步骤。

2. 在菌体沉淀中加入 30ml 20mmol/L 预冷的 $CaCl_2$ 溶液，用微量移液器缓慢吹打重悬菌体，在冰上放置 30 分钟。

3. 4℃、12 000r/min 离心 1 分钟收集菌体，弃去上清液。

4. 在菌体沉淀中加入 2ml 20mmol/L 预冷的 $CaCl_2$ 溶液，重悬菌体，按照每份 100μl 分装到 1.5ml 离心管中，液氮速冻后保存备用。

5. 在 100μl 感受态细胞中加入 200 ～ 300ng 重组质粒，置于冰上 5 分钟，液氮中速冻 5 分钟。

6. 37℃热击5分钟。

7. 加入1ml YEB培养基，在28℃、200r/min的条件下轻摇培养2～3小时。

8. 5 000r/min离心5分钟，吸去900μl上清液，剩下的100μl上清液和菌体混合均匀，然后涂布在含有50μg/ml Kan的YEB固体平板上，28℃倒置培养2～3天，进行转化子的筛选。

（三）蛹虫草的转化

1. 用灭菌的牙签挑取整合有pK2-bar载体的农杆菌单菌落接种到3ml YEB液体培养基中（含有50μg/ml Kan），28℃、200r/min振荡培养12～20小时至菌液浓度达到OD_{600}=0.5～0.8。

2. 吸取1ml菌液置于1.5ml离心管中，12 000r/min离心1分钟收集菌体，弃去上清液，用IM液体重悬菌体，然后按照1∶100的比例加入葡萄糖母液（1mol/L），使其终浓度达到10mmol/L。在避光条件下，按照1∶1 000的比例加入As母液（200mmol/L），使其终浓度达到200μmol/L。将菌液在28℃、200r/min和避光的条件下培养6小时。

3. 用牙签挑取在PDA培养基上培养10天左右的蛹虫草菌株，置于1ml 0.5%（*V*/*V*）聚山梨酯80无菌溶液中，涡旋振荡混合均匀，用4层擦镜纸过滤除去菌丝，获得分生孢子悬液体，并将孢子浓度调整至5×10^5个/ml。

4. 取500μl孢悬液和500μl农杆菌菌液振荡混匀，吸取100μl混合菌液涂布于IM培养基上，每个混合样可以涂布5～10个平板，25℃避光共培养48小时。

5. 按1∶1 000比例在M-100培养基中加入草铵膦溶液，同时按照250μl/100ml的比例加入Cef，将15ml M-100培养基轻轻覆盖于“步骤4”中的IM培养基上，形成双层培养基，在26℃培养5～7天直至有单菌落出现。

6. 用微量移液器吸取600μl含有Cef和草铵膦抗性的M-100培养基加入无菌的48孔细胞培养板中，待凝固后，挑取在双层培养基上生长的单菌落转接到48孔细胞培养板中，26℃培养10天左右。

7. 在0.2ml PCR管加入8μl菌丝裂解液，用无菌牙签挑取生长在48孔细胞培养板中的菌丝浸入菌丝裂解液中，95℃ 3分钟在PCR仪器中进行加热裂解。

8. 在冷却至室温的菌丝裂解液中加入170μl中和液，短暂离心混合均匀。

9. 以中和后的菌丝裂解液为模板进行PCR验证。

PCR反应体系为：10×PCR反应缓冲液1μl、上下游引物（浓度为10mmol/L）各0.5μl、模板3μl、Taq聚合酶0.5～1μl，补足重蒸馏水，总体积为10μl。

PCR反应程序为：95℃ 5分钟预变性，95℃ 30秒变性，55℃ 30秒退火，72℃ 2分钟延伸，72℃ 5分钟延伸，其中第2 ~ 4步骤进行30个循环。将反应后的PCR产物进行电泳，电泳后在凝胶成像仪中进行观察和拍照，对潜在的转化子进行标记。

10. 将潜在的阳性转化子转接到新的含有草铵膦溶液和Cef抗性的PDA平板上，用PCR的方法对转化子的遗传稳定性进行检测。

五、实验结果

1. 农杆菌转化的PCR验证电泳图。
2. 蛹虫草转化的PCR验证电泳图。

六、思考与拓展

查阅文献，总结食用菌的转化方法和应用情况。

实验四十一　酵母菌双杂交实验

一、实验目的

1. 了解酵母菌双杂交实验的原理。
2. 利用酵母菌双杂交实验验证蛋白的互作。
3. 应用酵母菌双杂交实验寻找互作蛋白。

二、实验原理

酵母菌双杂交系统是一种基于酵母菌细胞的分子遗传学技术，用于研究蛋白质 - 蛋白质相互作用，其建立源于对真核细胞调控转录起始过程的认识。研究发现，许多真核生物的转录激活因子由两个可以分开的、功能上相互独立的结构域（domain）组成。例如，酵母菌的转录激活因子GAL4，在N端有一个由147个氨基酸组成的DNA结合域（DNA-binding domain，BD），在C端有一个由113个氨基酸组成的转录激活域（transcription activating domain，AD）。GAL4分子的DNA结合域可以和上游激活序列（upstream activating sequence，UAS）结合，而转录激活域则能激活UAS下游的基因进行转录。但是，单独的DNA结合域不能激活基因转录，单独的转录激活域也不能激活 UAS 的下游基因，它们之间只有通过某种方式结合在一起才具有完整的转录激活因子的功能。

酵母菌双杂交系统就是利用 GAL4 的功能特点，通过将 GAL4 的 BD 和 AD 分别与两个研究对象的蛋白质结合，形成 BD- 蛋白质 -AD 的融合蛋白，从而在酵母菌细胞中实现蛋白质 - 蛋白质相互作用的检测。如果两个融合蛋白能够相互结合，则其 BD 能够结合到 UAS，同时 AD 能够激活报告基因的转录，从而产生阳性信号。反之，如果两个融合蛋白不能相互结合，则无法激活报告基因的转录，产生阴性信号。酵母菌双杂交系统可以用于筛选蛋白质相互作用的配对，也可以用于研究蛋白质结构域的功能和相互作用机制等。

三、实验材料

1. **菌株和载体** Y2HGold 酵母菌菌株、Y187 酵母菌菌株、pGBKT7 质粒、pGADT7 质粒、重组载体 pGBKT7-A、重组载体 pGADT7-B。

2. **试剂及培养基**

（1）1.1 × TE/LiAc：1.1ml 10 × TE 缓冲液、1.1ml 10 × LiAc（浓度为 1mol/L）缓冲液，用无菌水定容到 10ml。

（2）PEG/LiAc 溶液：8ml 50% PEG3350，1ml 10 × TE 缓冲液，1ml 10 × LiAc（浓度为 1mol/L）。

（3）培养基

1）选择培养基：SD/-Trp=SDO，SD/-Trp/X-α-Gal=SDO/X，SD/-Trp/X-α-Gal/ AbA=SDO/X/A，SD/-Leu/-Trp=DDO，SD/-Ade/-His/-Leu/-Trp=QDO，SD/-Ade/-His/-Leu/-Trp/X-α-Gal/AbA=QDO/X/A。

2）YPDA 培养基：蛋白胨 20g、酵母抽提物 10g、葡萄糖 20g，0.03% 腺嘌呤硫酸盐，用重蒸馏水定容到 1 000ml，115℃ 高压灭菌 30 分钟。

（4）0.9%（*w/V*）NaCl 溶液：0.9g NaCl 溶解至 100ml 重蒸馏水中。

（5）卡那霉素（kanamycin，Kan）：500mg 溶解至 10ml 重蒸馏水中，过滤除菌，分装保存。

（6）2 × Taq 预混液、琼脂糖、溴化乙锭、无菌水。

（7）引物

1）5′T7：AATACGACTCACTATAGGGC。

2）3′AD：AGATGGTGCACGATGCACAG。

（8）其他试剂：二甲基亚砜（dimethyl sulfoxide，DMSO）、X-α-Gal、AbA。

3. **设备、仪器及其他** 恒温培养箱、PCR 仪、DNA 水平电泳槽、凝胶成像仪、冰箱、天平、显微镜、无菌吸管或微量移液器及吸头、锥形瓶 250ml 和 2 000ml、无菌培养皿（直径 150mm）、三角瓶、载玻片、盖玻片、酒精灯、火柴、离心管、金属浴、离心机、摇床。

四、实验步骤

（一）酵母菌感受态的制备

1. 将 Y2HGold 酵母菌菌株从 –70℃ 冰箱中取出，划线接种于 YPDA 培养基上，30℃ 培养 3 天，直至单菌落出现，挑取直径 2 ~ 3mm 菌落接种于 3ml YPDA 液体培养基中，30℃ 250r/min 振荡培养 8 ~ 12 小时。

2. 用微量移液器吸取 5ml 菌液于 50ml YPDA 液体培养基中，振荡培养 16 ~ 24 小时，直至 OD_{600} 为 0.15 ~ 0.3。

3. 将培养好的菌液转移至 50ml 离心管中，室温 5 000r/min 离心 5 分钟，弃去上清液，把菌体重悬在 100ml YPDA 液体培养基中，30℃ 振荡培养 3 ~ 5 小时，直至 OD_{600} 为 0.4 ~ 0.5。

4. 转移菌液于 50ml 离心管中，室温 5 000r/min 离心 5 分钟，弃去上清液，重悬菌体于 30ml 无菌水中。

5. 室温，5 000r/min 离心 5 分钟，弃去上清液，将每管沉淀重悬于 1.5ml 1.1 × TE/LiAc 溶液中。

6. 转移菌悬液于两个 1.5ml 离心管中，13 000 r/min 离心 15 秒。

7. 弃去上清液，将菌体重悬于 600μl 1.1 × TE/LiAc 溶液中，立即用于 DNA 的转化。

（二）诱饵基因的自激活和毒性验证

1. 在提前预冷的 1.5ml 离心管中加入 100ng BD 融合的重组质粒（pGBKT7 载体）和 5μl 鲑鱼精 DNA。注意：鲑鱼精 DNA 在 95 ~ 100℃ 条件下加热 5 分钟进行变性，然后在冰上迅速冷却。

2. 加入 50μl 感受态细胞，和 DNA 轻柔混匀。

3. 加入 500μl PEG/LiAc，轻柔地混合均匀。

4. 30℃ 保温 30 分钟，每隔 10 分钟轻柔地混合菌液。

5. 42℃ 热击 15 分钟，每隔 5 分钟轻柔地混合菌液。

6. 13 000r/min 离心 15 秒，弃去上清液，用 1ml 增菌液重悬菌体。

7. 13 000r/min 离心 15 秒，弃去上清液，将菌体重新悬浮在 1ml 0.9%（*w*/*V*）NaCl 溶液中。

8. 吸取 100μl 菌悬液涂布于 SDO、SDO/X 和 SDO/X/A 选择培养基上。

9. 30℃ 培养 3 ~ 5 天，观察菌落的大小和颜色，判定是否有自激活作用，见表 4-13。

表 4-13　蛋白自激活作用

样品	培养基	2mm 菌落	颜色
pGBKT7-A	SDO	+	白色
pGBKT7-A	SDO/X	+	白色或淡蓝色
pGBKT7-A	SDO/X/A	–	无
阳性对照	DDO/X/A	+	蓝色

注：“+”代表有菌落生成；“–”代表无菌落生成。

10. 将 pGBKT7 空载体和 pGBKT7-A 重组载体分别转入 Y2HGold 酵母菌中，30℃ 培养 3 ~ 5 天，以空载体作为对照，观察转化重组载体的菌落大小，若后者显著小于前者，说明转入的基因对酵母菌菌株有毒性。

（三）钓取猎物蛋白

1. 将 2 ~ 3mm 直径大小的诱饵酵母菌接种于 50ml SD/-Trp 液体培养基中。

2. 30℃，250r/min 振荡培养 16 ~ 20 小时至 OD_{600}=0.8。

3. 5 000r/min 离心 5 分钟，弃去上清液。

4. 将沉淀重悬于 SD/-Trp（5ml）液体培养基中，使得菌液浓度 >1×10^8 个 /ml。

5. 在一个 2L 三角瓶中加入 1ml 文库菌和上步中的菌悬液，并加入 45ml 2×YPDA 液体培养基（含有终浓度为 50μg/ml Kan）。

6. 30℃、30 ~ 50r/min 培养 20 ~ 24 小时，20 小时后每隔 30 分钟用显微镜观察是否有菌株融合的“米老鼠”形状出现，若有直接进行下一步，若没有再继续培养 4 小时。

7. 5 000r/min 离心 10 分钟，弃去上清液，用 50ml 0.5×YPDA（含有终浓度为 50μg/ml 的 Kan）冲洗三角瓶，并重悬菌体。

8. 5 000r/min 离心 10 分钟，弃去上清液，把菌体沉淀重新悬浮于 10ml 0.5×YPDA 液体培养基（含有终浓度为 50μg/ml Kan）。

9. 吸取 200μl 菌液涂布在 DDO 培养基上进行筛选，需要 50 个直径为 15mm 的平板。

10. 30℃ 倒置培养 3 ~ 5 天。

(四)蛋白互作显色

将 DDO 培养基上筛选出的菌落转接到 QDO 培养基上继续筛选,进一步转接到 QDO/X/A 培养基上观察是否有蓝色菌落出现。

(五)菌落 PCR 和测序

挑取蓝色菌落悬浮于 20μl 无菌水中,进行菌落 PCR。PCR 扩增体系为:2 × Taq 预混液 5μl,5′T7 和 3′AD 上下游引物各 0.5μl,菌悬液 1μl,补无菌水至总体积 10μl。PCR 扩增程序为:95℃ 5 分钟,95℃ 30 秒,55℃ 30 秒,72℃ 2 分钟,72℃ 5 分钟,其中第 2 ~ 4 步共进行 30 个循环。PCR 扩增结束后回收≥ 500bp 的片段,送生物公司测序。根据测序结果进行序列比对,查找潜在的作用蛋白。

(六)蛋白互作的验证

查找潜在互作蛋白的基因编码框,设计引物,以 cDNA 为模板扩增目的基因,将目的基因构建在 pGADT7 质粒上形成重组载体 pGADT7-B。按照酵母菌化学转化的方法将 pGBKT7-A 和 pGADT7-B 共转化酵母菌 Y2HGold,同时以 pGBKT7 和 pGADT7-B 共转化的酵母菌为阴性对照,涂布在 DDO/X 和 QDO/X/A 平板上,30℃ 培养 3 ~ 5 天,直至菌落出现,按照表 4-14 判定两个蛋白是否有相互作用。

表 4-14　蛋白相互作用显色

样品	培养基	2mm 菌落	颜色
pGBKT7-A/pGADT7-B	DDO/X	+	蓝色
	QDO/X/A	+	蓝色
pGBKT7/pGADT7-B	DDO/X	+	白色
	QDO/X/A	–	/

注:“+”代表有菌落生成;“–”代表无菌落生成。

五、实验结果

酵母筛选 PCR 验证和测序以及蛋白互作显色结果图。

六、思考与拓展

查阅文献，举例说明蛋白互作研究具有的理论价值和实际意义。

实验四十二 凝胶迁移实验

一、实验目的

1. 了解凝胶迁移实验的原理。
2. 应用凝胶迁移实验进行 DNA 和蛋白质之间的互作研究。

二、实验原理

凝胶迁移或电泳迁移率实验(electrophoretic mobility shift assay，EMSA)是一种用于研究蛋白质与 DNA 或 RNA 相互作用的技术。该技术基于 DNA/ 蛋白质或 RNA/ 蛋白质复合物在聚丙烯酰胺凝胶电泳(polyacrylamide gel electrophoresis，PAGE)中迁移速度不同。首先将末端标记的核酸探针与蛋白质结合，然后进行 PAGE，结合了蛋白质的复合物迁移率比未结合蛋白质的探针慢。因此，通过 PAGE 的电泳结果可以判断蛋白质是否与特定序列结合或者该序列是否与蛋白质结合。在检测 DNA 结合蛋白时，可以使用纯化蛋白、部分纯化蛋白或核细胞抽提液。竞争实验中，使用含蛋白结合序列的 DNA 片段和寡核苷酸片段(特异)以及其他非相关的片段(非特异)来确定 DNA 结合蛋白的特异性。在特异和非特异片段的竞争下，根据复合物的特点和强度来确定特异结合。EMSA 可根据实验方案设计的不同，分为验证型 EMSA、竞争型 EMSA 和超迁移 EMSA。验证型 EMSA 用于验证探针是否含有可与蛋白质结合的位点；竞争型 EMSA 引入冷探针来干扰探针与蛋白的结合，以排除假阳性结果；超迁移 EMSA 利用特异性抗体结合蛋白 - 探针复合物，验证探针是否与特定蛋白结合，且结合是否有特异性。超迁移 EMSA 是以竞争型 EMSA 为基础的实验方案。

三、实验材料

1. **菌株** 含有 pGEX-6P、pGEX-6P-A 重组载体的大肠埃希菌 BL21。

2. **培养基和试剂**

(1) LB 培养基:蛋白胨 1g、酵母粉 0.5g、NaCl 1.0g、蒸馏水 100ml,加入 1.5g 琼脂粉为固体培养基。

(2) 氨苄青霉素钾盐:0.5g 氨苄青霉素钾盐溶解于 10ml 重蒸馏水中,过滤除菌后分装保存于 –20°C 冰箱。

(3) 蛋白纯化试剂盒和 EMSA 试剂盒。

(4) 10 × TBE 缓冲液:三羟甲基氨基甲烷 [tris(hydroxymethyl)aminomethane, Tris] 108g、硼酸 55g、乙二胺四乙酸 7.44g,重蒸馏水 1 000ml。

(5) 0.1 M 异丙基 -β-D- 硫代半乳糖苷(isopropyl β-D-thiogalactopyranoside, IPTG)溶液:将 0.238g IPTG 溶解至 10ml 重蒸馏水中,过滤除菌,分装存放在冰箱中。

(6) 其他试剂:30% 丙烯酰胺 - 甲叉双丙烯酰胺的水溶液(*m/m*)、甘油、过硫酸铵(ammonium persulfate, AP)、四甲基乙二胺(*N*, *N*, *N*, *N*-tetramethylethylenediamine, TEMED)、溴酚蓝、无菌水、未标记探针、生物素标记的 DNA 探针、PBS 磷酸盐缓冲液、无水乙醇、重蒸馏水。

3. **仪器** 水浴锅、PCR 仪、离心机、电泳仪、电泳槽、电转模装置、摇床、磁力架、翻转架、超声波破碎仪、紫外交联仪、冰箱。

四、实验步骤

(一)蛋白的诱导表达

1. 挑取单克隆菌落于 5ml 含有氨苄青霉素(终浓度为 50μg/ml)的 LB 培养基中培养 12 ~ 16 小时。

2. 按照 1 : 50 的比例将菌液接种到含有氨苄抗性的 LB 培养基中,37°C 200r/min 培养 3 ~ 5 小时,直至菌液的浓度为 OD_{600}=0.8 左右。

3. 在菌液中加入终浓度为 0.5mmol/L IPTG 于 20°C、150r/min 条件下诱导目的蛋白表达 20 小时。

4. 5 000r/min 离心 5 分钟收集菌体,用无菌水重悬菌体,离心收集沉淀。

5. 按 1 : 30 的比例加入 PBS 磷酸盐缓冲液(pH=7.2),重悬菌体。

6. 用超声波破碎仪在冰浴中破碎细胞,超声波功率为 300W,工作 2 秒,间隔 2 秒,直至菌体完全破碎,获得澄清透明的细胞裂解液,整个时间大概持续 3 ~ 5 分钟。注意如菌液不透明,需要进行适当稀释,再进行破碎。

7. 4℃ 12 000r/min 离心 10 分钟,吸取上清液,即为可溶性的粗蛋白溶液。

(二)蛋白的纯化

以 MagneGST 蛋白纯化试剂盒为例,具体实验步骤如下:

1. 取 100μl 磁珠加至 1.5ml 离心管中,放在磁力架上,去掉上清液。

2. 加入 250μl 的吸附缓冲液,用移液器吸头反复进行吹打,此步骤重复 3 次。

3. 加入 100μl 的吸附缓冲液,再加入 200μl 的蛋白上清液,混合均匀,4℃或常温下缓慢翻转 30 ~ 60 分钟,适当延长时间有利于提高蛋白回收率。

4. 将离心管重新放在磁力架上,去掉吸附缓冲液。

5. 重新加入 250μl 吸附缓冲液,在常温下缓慢翻转 5 分钟,去掉吸附缓冲液。

6. 再加入 250μl 吸附缓冲液,用手指轻弹混匀磁珠,置于磁力架上,用微量移液器吸去吸附缓冲液。此步骤需要重复 3 ~ 5 次。

7. 加入 100 ~ 200μl 洗脱缓冲液,在 4℃或常温下缓慢翻转 15 ~ 30 分钟,去掉磁珠,获得上清液,即为纯化的蛋白溶液。

(三)EMSA 结合反应

1. **探针的合成** 合成含有潜在结合位点 DNA 片段,并在序列的 3′ 末端用生物素进行标记。

2. 按照 LightShift 化学发光 EMSA 试剂盒说明书的方法,进行 EMSA。以没有潜在结合位点的探针用作阴性对照。在竞争试验中,未标记的探针以 200 ~ 800 倍的量添加。具体步骤为:

(1) 未标记的探针用 TE 缓冲液稀释至 25μmol/L,标记探针稀释至 1μmol/L,在 PCR 仪中 98℃加热 5 分钟,缓慢冷却到室温。

(2) 配制 4% ~ 6% 的非变性胶:

10×TBE 缓冲液(pH=8.3)	1ml
30% Acr-Bis	4ml
80% 甘油	0.625ml
10% APs	0.3ml
TEMED	20μl

重蒸馏水　　　　　　　　14.055ml

总体积　　　　　　　　　　20ml

(3)按照说明书的方法加入反应试剂。在加入探针前室温放置10分钟,避免蛋白与探针的非特异性结合,然后按顺序再入冷探针和热探针,不可剧烈振荡,低速离心混匀,室温放置30分钟后,在反应混合液中加入5× 上样缓冲液终止反应,轻轻混合后立即上样。

(4)为了避免气泡产生,在0.5×TBE缓冲液中,用120V电压预电泳10分钟。

(5)将混合物上样,在冰浴环境中,用100V电压进行电泳,直至溴酚蓝迁移到胶体下边缘1/4处。

(6)参照免疫印迹(western blot)的方法,将胶体、尼龙膜和滤纸进行固定,进行转膜操作,在0.5×TBE的转膜液中80V转膜90分钟。具体操作如下:

1)取一个和EMSA胶大小相近或略大的尼龙膜,剪角做好标记,用0.5×TBE缓冲液浸泡至少10分钟。尼龙膜自始至终仅能使用镊子夹取,并且仅可夹取不可能接触样品的边角处。

2)取两片和尼龙膜大小相近或略大的滤纸,用0.5×TBE缓冲液浸湿。

3)将浸泡过的尼龙膜放置在一片浸湿的滤纸上,注意避免尼龙膜和滤纸间产生气泡。

4)小心地取出EMSA胶放置到尼龙膜上,注意确保胶和膜之间没有气泡。

5)再将另外一片浸湿的滤纸放置到EMSA胶上,注意确保滤纸和胶之间没有气泡。

6)采用蛋白免疫印迹时所使用的湿法电转膜装置或其他类似的电转膜装置,以0.5×TBE缓冲液为转膜液,将EMSA胶上的探针、蛋白以及探针和蛋白的复合物等转移到尼龙膜上。对于大小约为10cm×8cm×0.1cm的EMSA胶,用常用的蛋白免疫印迹转膜装置,电转时可以设置为380mA(约100V)转膜30 ~ 60分钟。如果胶较厚,则须适当延长转膜时间。转膜时须保持转膜液的温度较低,通常可以把电转槽置于4℃冷库或置于冰浴或冰水浴中进行电转,这样可以确保低温。具体的电转膜方法请参考电转膜装置的使用说明。

7)转膜完毕后,小心取出尼龙膜,样品面向上,放置在一张干燥的滤纸上,轻轻吸掉下表面明显的液体。立即进入下一步的交联步骤,不可使膜干掉。

(7)转膜完毕后,将尼龙膜取下,放在吸水纸上,在紫外交联仪(UV-light cross-linker)中进行照射。

1)用紫外交联仪,选择254nm紫外线波长,120mJ/cm^2,交联45 ~ 60秒,为获得更好的效果,可以将交联时间延长为30分钟。如果没有紫外交联仪可以使用普通的手提式紫外光灯距离膜5 ~ 10cm照射3 ~ 10分钟。也可以使用超净工作台内的紫外光灯,距离膜

5 ~ 10cm 照射 3 ~ 15 分钟。

2）交联完毕后，可以直接进入下一步检测；也可以用保鲜膜包裹后在室温干燥处存放 3 ~ 5 天，然后再进入下一步检测。

3）如果检测结果发现交联效果不佳，甚至连自由探针的条带都非常微弱，可以考虑在膜干燥后再交联一次，以进一步改善交联效果。

（8）预先将封闭液在 37 ~ 50℃ 水浴锅中加热溶解。

（9）把经过紫外交联过的尼龙膜，放入 10ml 封闭液中缓慢摇动 15 分钟，进行封闭。

（10）按 1 ∶ 300 的比例用封闭液稀释抗体。

（11）去除封闭液，加入上步稀释的抗体，室温下缓慢摇动 15 分钟。

（12）用 20ml 洗涤液进行 4 次洗膜，每次 5 分钟。

（13）加入 10ml 底物平衡液，缓慢摇动 5 分钟。

（14）按照 1 ∶ 1 的比例将发光增强溶液和稳定过氧化物溶液混合，制备底物显影液。

（15）用镊子小心取出尼龙膜，使其一端与纸巾触碰，去掉尼龙膜上的残液，将膜放在干净的容器中，把上文制备的底物显影液覆盖在尼龙膜上，避光静置 5 分钟后，放在显影设备上进行显色和拍照。

五、实验结果

1. 凝胶迁移实验的扫描结果图。
2. 在实验过程中如何做好阴性和阳性对照实验？

六、思考与拓展

1. 如何预测转录因子所结合的位点？
2. 在进行结合位点突变时，如何选择突变碱基？

第五篇

食品微生物发酵实验

实验四十三 淀粉酶、果胶酶及纤维素酶产生菌的分离筛选

一、实验目的

1. 了解淀粉酶、果胶酶和纤维素酶产生菌分离的原理。
2. 掌握淀粉酶、果胶酶和纤维素酶产生菌的分离技术。
3. 认识工业菌种分离筛选的应用价值。

二、实验原理

土壤中微生物数量多、种类繁杂，富含腐殖质的土壤中常含有能降解不同有机物的微生物，为了分离筛选能降解不同底物的微生物，需要将要分解的化合物作为唯一碳源或主要碳源，如果某种微生物能在这种培养基上生长，说明该微生物具有降解利用这种化合物的作用，否则微生物就不能生长。还需要利用特定的方法将微生物分解利用的这种能力检测出来。之后将这些菌落进一步分离纯化，就可得到目的菌株。

碘与淀粉反应会呈现蓝色，而当产生胞外淀粉酶的菌株在含可溶性淀粉的培养基平板上长出菌落后，加入碘液时，由于菌落周围的淀粉被降解，因此出现碘液的浅紫色或浅棕色的“透明圈”，而不产淀粉酶的菌落周围则为蓝色。

刚果红可与培养基中的果胶或纤维素形成红色复合物，如果果胶或纤维素被菌株所产的果胶酶或纤维素酶分解，加入刚果红溶液，菌落周围无法形成果胶或纤维素刚果红红色复合物，因此菌落周围会出现“透明圈”，以此可判断哪些菌落产果胶酶或纤维素酶。

“透明圈”与菌落直径的比值常作为判断该菌株产酶能力的筛选依据，但其产酶活力需要进一步发酵以获得酶液来测定。

三、实验材料

1. **待分离样品** 富含腐殖质的土壤或淀粉、果胶和纤维素生产厂下游排污口污泥或土壤。

2. **试剂** 碘溶液、刚果红溶液、灭菌乳酸、无菌水。

3. **培养基** ①从土壤中分离菌株的初筛培养基有牛肉膏蛋白胨培养基、PDA 培养基；

②淀粉酶产生菌鉴别培养基为添加0.2% ~ 0.4%可溶性淀粉的牛肉膏蛋白胨培养基或PDA培养基；③果胶酶产生菌鉴别培养基为每升中加入果胶4g的牛肉膏白胨培养基或PDA培养基；④纤维素酶产生菌鉴别培养基组成：纤维素粉20g、磷酸二氢钾2g、硫酸铵2g、硫酸镁0.5g、氯化钠0.5g、琼脂20g、调pH至7.0，定容至1 000ml。

4. **仪器和其他用品** 无菌培养皿、装有225ml无菌水的三角瓶、无菌水、试管、微量移液器、无菌涂布器、无菌称量纸、灭菌勺、天平、接种环、载玻片、盖玻片、酒精灯、火柴、记号笔、玻璃珠、显微镜。

四、实验步骤

1. 采集富含腐殖质的土壤或淀粉、果胶和纤维素生产厂下游排污口土壤。

2. 称取土样25g，在无菌条件下加入装有225ml无菌水的三角瓶（含玻璃珠）中，充分振荡混匀，获得稀释度为10^{-1}的土壤悬液。

3. 将土壤悬液静置30秒，然后系列稀释至稀释度为10^{-4}、10^{-5}、10^{-6}。

4. 取培养皿若干，做好标记。将熔化、保温的各种培养基倒入编好号的培养皿中凝固制平板。分离霉菌的PDA培养基，于倒皿前加入0.3%灭菌乳酸酸化。

5. 各取稀释度为10^{-4}、10^{-5}、10^{-6}的菌悬液0.1ml，滴加到初筛培养基平板上，用无菌涂布器将菌液涂布均匀。分离细菌和霉菌的平板分别置于37℃和28℃条件下培养24 ~ 48小时，至菌落长出。

6. 采用点种法，将不同培养基上长出的单菌落分别接种于含淀粉、果胶或纤维素的鉴别培养基上，每菌落接种两个平板，并一一对应编号，置于37℃或28℃条件下培养24 ~ 48小时。菌落生成后，向对应的其中一个平板中加入碘液或刚果红溶液，使其覆盖培养基表面，此时产生对应酶的菌落周围将会出现“透明圈”。

7. 取产生透明圈的菌落进行显微镜观察，初步判断菌株类别。

五、实验结果

1. 记录接种到各种鉴别培养基的菌株数和产透明圈的菌株数。

2. 将实验结果填入表5-1，并比较各菌株产酶活力的大小。

表 5-1　酶降解“透明圈”直径和菌落直径

菌株编号	菌落直径 D/mm	酶降解“透明圈”直径 d/mm	酶降解“透明圈”直径 / 菌落直径（$m=d/D$）	镜检结果
1				
2				
3				
4				
5				
6				

六、思考与拓展

1. 是否可以通过鉴别培养基平板上形成的透明圈大小来判断菌株产酶能力？
2. 查阅文献，列举不同工业菌种筛选的具体方法。

实验四十四　糖化曲的制备及其酶活力的测定

一、实验目的

1. 学习制作糖化曲的方法。
2. 掌握糖化酶活力的测定原理和方法。
3. 了解我国制曲工艺历史。

二、实验原理

1. **淀粉糖化为可发酵性糖**　糖化曲是发酵工业中普遍使用的淀粉糖化剂。种类很多，如大曲、小曲、麦曲和麸曲等。曲中菌类复杂，曲霉菌是酒精和白酒生产中常用的糖化菌，含有许多强活性的糖化酶，能把原料中的淀粉转变成可发酵性糖。除供给曲霉菌生长繁殖必需的营养、温度和湿度外，还必须进行适当的通风，以供给其呼吸用氧。

2. **糖化酶活力的测定**　固体曲糖化酶活力的测定，采用可溶性淀粉为底物，在一定的

pH与温度条件下,使之水解为葡萄糖,以费林试剂快速测定。费林试剂由甲、乙液组成,甲液为硫酸铜溶液,乙液为氢氧化钠与酒石酸钾钠溶液。平时甲、乙液分别贮存,测定时,二者等体积混合。混合时硫酸铜与氢氧化钠反应,生成氢氧化铜沉淀,沉淀与酒石酸钾钠反应,生成酒石酸钾钠铜络合物,使氢氧化铜溶解。酒石酸钾钠铜络合物中二价铜是氧化剂,能使还原糖中的羰基氧化,二价铜被还原成一价的氧化亚铜沉淀。

反应终点用次甲基蓝指示剂显示。由于次甲基蓝氧化能力较二价铜弱,故待二价铜全部被还原后,过量的还原糖会被次甲基蓝氧化,次甲基蓝本身被还原,溶液蓝色消失以示终点。

温度对糖化酶活力影响甚大,糖化温度一定要严格控制。反应是在强碱性溶液沸腾情况下进行,产物极为复杂,为得到正确的结果,必须严格按操作规程进行。费林试剂甲、乙液平时应分别贮存,用时混合。反应液的酸碱度要一致,要严格控制反应液的体积。反应时温度须一致,温度恒定后才加热,并控制在2分钟内沸腾。滴定速度须一致(按1滴4 ~ 5秒的速度进行)。反应产物中氧化亚铜极不稳定,易被空气氧化而增加耗糖量。故滴定时不能随意摇动三角瓶,更不能从电炉上取下后再行滴定。

三、实验材料

1. **菌种** AS3.4309黑曲霉斜面试管菌。

2. **培养料及培养基** 麸皮、稻皮、察氏培养基。

3. **试剂** 费林试剂、0.1%标准葡萄糖溶液、乙酸-乙酸钠缓冲液(pH 4.6)、可溶性淀粉溶液、0.1mol/L NaOH溶液、无菌水。

4. **仪器、设备及其他** 恒温水浴箱、恒温培养箱、高压灭菌锅、常压蒸锅、瓷盘、试管、烧杯、三角瓶、50ml比色管或容量瓶、酸式滴定管、接种环、灭菌纱布、脱脂棉。

四、实验步骤

(一)麸曲制备流程

斜面试管菌→活化

↓

麸皮+水→拌料→润料→装瓶→灭菌→冷却→接种→培养→三角瓶种曲

↓

麸皮+水→拌料→蒸料→冷却→接种→装盘→培养→晾干→麸曲

(二)糖化酶活力测定

麸曲浸出液→固体糖化液→定糖→糖化液测定→计算结果→记录

(三)糖化曲制备(以浅盘麸曲为例)

1. **菌种的活化** 无菌操作取原试管菌1环接入察氏培养基斜面,或用无菌水稀释法接种,31℃保温培养4 ~ 7天,取出,备用。

2. **三角瓶种曲培养** 称取一定量的麸皮,加入70% ~ 80%的水,搅拌均匀,润料1小时,装瓶,料厚1.0 ~ 1.5cm,包扎,在0.1MPa压力下灭菌30分钟。冷却后接种,31 ~ 32℃培养,待瓶内麸皮已结成饼时,进行扣瓶,继续培养3 ~ 4天即成熟。要求成熟种曲孢子稠密、整齐。

3. **糖化曲制备**

(1)配料:称取一定量的麸皮,加入5%稻皮,加入原料量70%的水,搅拌混匀。

(2)蒸料:圆气后蒸煮40 ~ 60分钟。若时间过短料蒸不透,对曲质量有影响;若时间过长,麸皮易发黏。

(3)接种:将蒸料冷却,打散结块,当料冷至40℃时,接入0.25% ~ 0.35%(按干料计)三角瓶种曲,搅拌均匀,将其平摊在灭过菌的瓷盘中,料厚为1 ~ 2cm。

(4)前期管理:将接种好的料放入培养箱中培养,为防止水分蒸发过快,可在料面上覆盖灭菌纱布。这段时间为孢子膨胀发芽期,料醅不发热,控制温度30℃左右。8 ~ 10小时,孢子已发芽,开始蔓延菌丝,控制品温在32 ~ 35℃。若温度过高,水分蒸发过快,会影响菌丝生长。

(5)中期管理:这时菌丝生长旺盛,呼吸作用较强,放热量大,品温迅速上升。应控制品温35℃ ~ 37℃。

(6)后期管理:这阶段菌丝生长缓慢,故放出热量少,品温开始下降,应降低湿度,提高培养温度,将品温提高到37 ~ 38℃,以利于水分排出。这是制曲很重要的排潮阶段,对酶的形成和成品曲的保存都很重要。出曲水分应控制在25%以下。总培养时间24小时左右。

(7)糖化曲感官鉴定:要求菌丝粗壮浓密,无干皮或"夹心",没有怪味或酸味,曲呈米黄色,孢子尚未形成,有曲清香味,曲块结实。

4. **糖化酶活力测定**

(1)浸出液的制备:称取5.0g固体曲(干重),置入250ml烧杯中,加90ml水和10ml

pH=4.6 的乙酸 - 乙酸钠缓冲液，摇匀，于 40℃ 水浴中保温 1 小时，每隔 5 分钟搅拌 1 次。用脱脂棉过滤，滤液为 5% 固体曲浸出液。

(2) 糖化液的制备：吸取 2% 可溶性淀粉溶液 25ml，置入 50ml 比色管中，于 40℃ 水浴预热 5 分钟。准确加入 5ml 固体曲浸出液，摇匀，立即记下时间。于 40℃ 水浴准确保温糖化 1 小时。而后迅速加入 0.1mol/L 氢氧化钠溶液 15ml，终止酶解反应。冷却至室温，用水定容至刻度，同时做一个空白液。

空白液制备：吸取 2% 可溶性淀粉 25ml，置入 50ml 比色管中，加 0.1mol/L 氢氧化钠溶液 15ml，然后准确加入 5% 固体曲浸出液 5ml，40℃ 水浴准确保温 1 小时后用水定容至刻度。

(3) 葡萄糖测定：①空白液测定：吸取费林试剂甲、乙液各 5ml，置入 150ml 三角瓶中，加空白液 5ml，并用滴定管预先加入适量的 0.1% 标准葡萄糖溶液，使后滴定时消耗 0.1% 标准葡萄糖溶液在 1ml 以内，加热至沸，立即用 0.1% 标准葡萄糖溶液滴定至蓝色消失，此滴定操作在 1 分钟内完成。②糖化液测定：准确吸取 5ml 糖化液代替 5ml 空白液，其余操作同①。

(4) 计算：固体曲糖化酶活力定义为 1g 干重固体曲，于 40℃、pH 4.6 条件下，1 小时内水解可溶性淀粉为葡萄糖的毫克数。

$$\text{糖化酶活力} = (V_0 - V) \times c \times 50/5 \times 100/5 \times 1/W \times 1\,000 \qquad \text{式(5-1)}$$

式中，V_0 为 5ml 空白液消耗 0.1% 标准葡萄糖溶液的体积，ml；V 为 5ml 糖化液消耗 0.1% 标准葡萄糖溶液的体积，ml；c 为标准葡萄糖溶液的质量浓度，g/ml；50/5 为 5ml 糖化液换算成 50ml 糖化液中的糖量，g；100/5 为 5ml 浸出液换算成 100ml 浸出液中的糖量，g；W 为干曲称取量，g；1 000 为单位克换算成毫克。

五、实验结果

1. 记录制曲过程中观察到的现象。
2. 酶活力测定结果列表记录。

六、思考与拓展

1. 固体曲和液体曲相比，各有何优缺点？
2. 糖化酶活力测定中应注意哪些因素？

实验四十五 小曲中根霉菌的分离纯化及酒酿制作

一、实验目的

1. 了解酒曲中根霉菌的分离原理。

2. 掌握酒曲中根霉菌的分离方法，观察根霉菌的菌落特征和细胞形态。

3. 通过甜酒酿的制作了解酒酿制作的基本原理，掌握甜酒酿的制作技术，初步了解传统发酵技术的应用。

二、实验原理

酒曲作为米酒和白酒发酵的糖化发酵剂，含有丰富的微生物和特有的酶类，酒曲中的霉菌一般包括根霉菌、毛霉菌、黑曲霉菌、黄曲霉菌等，其中根霉菌最重要，它不但含有丰富的淀粉酶还含有酒化酶，在发酵过程中还能产生有机酸，因此根霉菌的种类、发酵特性对于产品的风味、品质具有重要的意义。定期分离筛选酒曲中优良的根霉菌，保证菌种的优良发酵性能，对保证生产正常进行具有重要意义。

根霉菌在人工培养基或自然基质上生长时，菌丝体向空间延伸，遇光滑平面后营养菌丝体形成匍匐枝，节间产生假根，假根处匍匐枝上着生成群的孢子囊梗，柄顶端膨大形成孢子囊，囊内产生孢子囊孢子。常利用此生长特性和形态特征来判断根霉菌，再挑取单个孢子囊孢子进行纯化，从而得到分离。

培养基的种类影响根霉菌的分离效果，根霉菌在高浓度的麦芽汁培养基上匍匐菌丝粗壮发达，气生菌丝极少，无黑孢，而在含淀粉质较多的马铃薯培养基上，可形成浓密的气生菌丝，后期产生密集的黑色孢子囊。故采用高浓度的麦芽汁作培养基，可得粗壮发达的菌丝体，同时麦汁的色泽与根霉菌菌体的颜色不同，在挑选菌丝时便于观察和识别。

以糯米（或大米）经甜酒药发酵制成的甜酒酿，是我国的传统发酵食品。我国酿酒工业中的小曲酒和黄酒生产中的淋饭酒在某种程度上就是由甜酒酿发展而来的。甜酒酿是将糯米经过蒸煮糊化，利用酒药中的根霉菌和米曲霉菌等微生物将原料中糊化后的淀粉糖化，蛋白质水解成氨基酸，然后酒曲中的酵母菌利用糖化产物生长繁殖，并通过酵解途径将糖转化为酒精，从而赋予甜酒酿特有的香气、风味和丰富的营养。随着发酵时间延长，甜酒酿中的糖分逐渐转化成酒精，因而糖度下降，酒度提高，故适时结束发酵是保持甜酒酿口味的关键。

三、实验材料

1. **分离源** 小曲或酒药。

2. **试剂和器材** PDA 培养基、14 ~ 16°Bé 麦芽汁培养基、糯米、甜酒曲、乳酸 - 苯酚溶液、无菌水、培养皿、三角瓶、酒精灯、火柴、接种环、涂布棒、试管、研钵、吸管、解剖针、玻璃瓶、镜检用物(载玻片、显微镜等)、手提高压灭菌锅、钢丝网篮、纱布、烧杯、不锈钢锅、天平、恒温培养箱等。

四、实验步骤

(一)菌株的分离纯化

1. **方法一**

(1)样品稀释:将分离用的曲块掰成两块,观察断面色泽,应洁白一致,无杂色斑点,有特有的曲香味,用无菌小刀截取曲块中心部位米粒大小的曲样数粒置于无菌研钵中研细,称量 10g 放入装有 90L 无菌水的三角瓶中,振荡摇匀,静置,然后取上清液依次做 10 倍梯度稀释至稀释度为 10^{-5}。

(2)分离培养:用无菌吸管吸取稀释度分别为 10^{-3}、10^{-4}、10^{-5} 的样品各 0.1ml,滴入凝固的麦芽汁培养基平板中,用涂布棒以浓度从低到高的顺序依次均匀涂开,使细胞尽量分散存在,最好能在固体培养基中形成单个菌落,然后将平板倒置于 28℃ 条件下培养 3 ~ 5 天。

(3)转接:对平板上长出的典型单菌落进行制片镜检,然后根据根霉菌的细胞形态并结合菌落特征,选择数个根霉菌的单个菌落分别接于麦芽汁培养基的斜面试管中,置 28℃ 条件下培养 3 ~ 5 天,即得到根霉菌的分离菌株,供筛选用。

(4)纯化:将分离得到的根霉菌菌株采用平板划线的方法进行纯化。

(5)培养鉴定:将纯化后的菌株分别接种于试管斜面或平板上,于 28℃ 条件下培养 3 天,记录培养特征,镜检细胞形态。根霉菌的特征观察主要包括肉眼观察和镜检,肉眼观察时,要观察分离菌株的菌落特征,观察根霉菌在不同温度下的生长情况;镜检分为培养物直接观察和培养物制片观察两个方面,具体方法如下:

1)培养物直接观察

A. 无性阶段特征观察:将长有菌种的平板直接置于低倍镜下,分别观察它的孢囊、形状、着生位置及分枝情况,孢子囊的形状,并注意观察有无假根特征。

B. 有性阶段特征观察：用低倍或高倍显微镜观察，根霉菌是否形成接合孢子。

2）培养物制片观察

A. 制片：滴一滴乳酸 - 苯酚溶液于洁净载玻片中央，用无菌的解剖针挑取少量平板中的培养物，浸入载玻片上的乳酸 - 苯酚溶液内，然后用两根无菌的解剖针将菌丝撕开，使其全部打湿，盖上盖玻片，即成临时性载玻片标本。

B. 无性阶段特征观察：用装有已标定过的目镜测微尺的低倍或高倍显微镜观察孢囊梗的形状、大小、颜色、排列、着生位置和分枝情况；孢子囊和孢囊孢子的形状、大小、纹饰和颜色；囊轴的形状、大小、纹饰和颜色；囊托的形状、大小和颜色，并注意有无厚垣孢子（包括着生位置和假根，以及假根的形状、发达程度和颜色等特征）。

C. 有性阶段特征观察：用低倍或高倍显微镜观察是否有接合孢子，若有则注意观察接合孢子的形状、大小等特征。

根据不同的需要和目的，对分离到的根霉菌进行有关性能测定，选择优良的菌种供生产使用。

2. 方法二

样品稀释：按照上文"方法一（1）"制备样品稀释液。

（1）划线分离：用接种环蘸取样品稀释液少许直接在 PDA 固体培养基平板中做"之"字形划线，然后将平板放入恒温培养箱中培养 3 ~ 5 天，温度控制在 28 ~ 30℃，待长出均匀菌落且产生黑色孢子时，挑取有特征的菌落进行镜检，发现有匍匐菌丝，且产生孢囊孢子者为根霉菌。

（2）纯化培养：用接种环挑取根霉菌少量孢子，接入含 PDA 固体培养基的试管中，然后置 28 ~ 30℃ 培养 3 ~ 5 天，直至试管长满黑色孢了。

（二）甜酒酿制作

甜酒酿制作工艺流程如下所示。

饮用水→烧开→冷却　　甜酒曲
↓　　↓
糯米→去杂清洗→浸泡→蒸饭→淋饭降温→落缸搭窝→保温发酵→甜酒酿

具体操作要点如下：

（1）去杂清洗：选择当年生产的优质糯米为原料，除去杂质和碎米后，用水淘洗 2 ~ 3 次，直至淋出水不带白浊为止。

（2）浸泡：将淘洗干净的糯米置于35℃的温水中，保持水面高于米面约10cm，浸泡8～12小时。要求米粒全部浸润、膨胀，以便于蒸煮时淀粉糊化完全，一般用手掐一下米，感觉米变酥即可。

（3）蒸米（蒸饭）：捞起浸泡好的糯米，放置于铺有纱布的多孔蒸盘上，于蒸锅内蒸熟。蒸米时间根据投料量大小确定，一般为1～2小时。要求饭粒松软、无白芯、不黏结。其主要作用是促使米粒中的淀粉糊化，利于糖化酶将淀粉转化成单糖，同时杀灭杂菌。

（4）淋水（淋饭）：用凉开水淋洗蒸熟的糯米饭，使其快速降温至35℃左右，同时使饭粒松散。

（5）落缸搭窝：将甜酒曲均匀拌入饭内，同时在洗干净的玻璃瓶内撒少许药酒，然后将饭松散放入容器内，搭成凹形圆窝，面上再撒少许甜酒曲粉，最后用保鲜膜或纱布密封。

（6）保温发酵：将密封好的玻璃瓶放入30℃左右的恒温培养箱中恒温发酵，当窝内酒液高度达到饭堆高度的2/3左右时进行搅拌，再继续发酵1～2天后结束。

（7）检测：测定成品的pH和可溶性固形物含量，并进行感官评定。

五、实验结果

1. 记录所得到的根霉菌的菌落特征，并绘制镜检的根霉菌细胞形态。
2. 发酵期间每天观察、记录发酵现象。
3. 记录甜酒酿成品的pH和可溶性固形物含量，并填写甜酒酿成品感官评定表（表5-2）。

表5-2　甜酒酿成品感官评定表

项目	评分标准	分数（总分100分）	实际得分
色泽	均匀一致，透明度高，自然协调	30分	
滋味、气味	酒香浓郁，口感自然，无异味	40分	
口感	细腻，醇厚甘润，滑润可口	20分	
稳定效果	无沉淀，无杂质	10分	

六、思考与拓展

1. 根据观察结果，查阅根霉菌常见种检索表，将未知分离菌株鉴定到种。
2. 如何才能得到纯化优良的根霉菌菌株？
3. 发酵期间为什么要进行搅拌？制作甜酒酿的关键操作是什么？

4. 甜酒酿发酵过程为什么要搭窝？

实验四十六　毛霉菌的分离纯化及豆腐乳制作

一、实验目的

1. 了解我国腐乳生产的文化历史。
2. 掌握毛霉菌的分离和纯化方法。
3. 掌握豆腐乳发酵的工艺过程。

二、实验原理

豆腐乳是我国独特的传统发酵食品，是用豆腐发酵制成。民间古法生产豆腐乳均为自然发酵，现代酿造厂多采用蛋白酶活性高的鲁氏毛霉菌或根霉菌发酵。豆腐坯上接种毛霉菌，经过培养繁殖，分泌蛋白酶、淀粉酶、谷氨酰胺酶等复杂酶系，在长时间发酵中与腌坯调料中的酶系、酵母菌、细菌等协同作用，使腐乳坯蛋白质缓慢水解，生成多种氨基酸，加之由微生物代谢产生的各种有机酸与醇类作用生成酯，形成细腻、鲜香的豆腐乳。

三、实验材料

1. **菌种**　毛霉菌斜面菌种。

2. **培养基及试剂**　PDA 培养基、无菌水、豆腐坯、红曲米、面曲、甜酒酿、白酒、黄酒、食盐、苯酚溶液。

3. **仪器、设备及其他**　培养皿、500ml 三角瓶、接种针、解剖针、接种环、小笼格、喷枪、小刀、带盖广口玻璃瓶、玻璃棒、载玻片、盖玻片、无菌双层纱布、显微镜、恒温培养箱。

四、实验步骤

1. **制作工艺流程**

毛霉菌斜面菌种→扩大培养→孢子悬浮液

↓

豆腐→豆腐坯→接种→培养→晾花→加盐→腌坯→装瓶→后熟→成品

毛霉菌的分离：配制培养基→毛霉菌分离→观察菌落→显微镜检→分离纯种毛霉菌菌株→斜面菌株制备。

豆腐乳的制备：悬液制备→接种孢子→培养与晾花→装瓶与压坯→装坛发酵→感官鉴定。

2. **毛霉菌的分离**

(1)配制培养基：PDA 培养基，经配制、灭菌后倒平板备用。

(2)毛霉菌的分离：从长满毛霉菌菌丝的豆腐坯上取小块于 5ml 无菌水中，振摇，制成孢子悬液，用接种环取该孢子悬液在 PDA 平板表面做划线分离，于 20℃ 培养 1 ~ 2 天，以获取单菌落。

(3)初步鉴定

1)菌落观察：呈白色棉絮状，菌丝发达。

2)显微镜检：于载玻片上加 1 滴苯酚溶液，用解剖针从菌落边缘挑取少量菌丝于载玻片上，轻轻将菌丝体分开，加盖玻片，于显微镜下观察孢子囊、梗的着生情况。若无假根和匍匐菌丝或菌丝不发达，孢囊梗直接由菌丝长出，单生或分枝，则可初步确定为毛霉菌。

3. **豆腐乳的制备**

(1)孢子悬液制备

1)毛霉菌菌种的扩培：将分离纯化后的毛霉菌接入 PDA 斜面培养基种，于 25℃ 培养 2 天。将斜面菌种转接到盛有种子培养基的三角瓶中，于同样温度下培养至菌丝和孢子生长旺盛，备用。

2)孢子悬液制备：于上述三角瓶中加入无菌水 200ml，用玻璃棒搅碎菌丝，用无菌双层纱布过滤，滤渣倒回三角瓶，再加 200ml 无菌水洗涤 1 次，合并滤液于第一次滤液中，装入喷枪贮液瓶中供接种使用。

(2)接种孢子：选取含水量为 71% ~ 72% 的新鲜豆腐，用刀将豆腐坯划成 2.4cm × 2.4cm × 1.2cm 的块，小笼格经蒸汽消毒、冷却，用孢子悬液喷洒笼格内壁，然后把划块的豆腐坯均匀竖放在小笼格内，块与块之间间隔 2cm。再用喷枪向豆腐块上喷洒孢子悬液，使每块豆腐周身沾上孢子悬液。

(3)培养与晾花：将放有接种豆腐坯的小笼格放入培养箱中，于 20℃ 左右培养，培养 20 小时后，每隔 6 小时上下层调换一次，以更换新鲜空气，并观察毛霉菌生长情况。44 ~ 48 小时后，菌丝顶端已长出孢子囊，腐乳坯上毛霉菌呈棉花絮状，菌丝下垂，白色菌丝已包围住豆腐坯，此时将小笼格取出，使热量和水分散失，坯迅速冷却，其目的是增加酶的作用，并使酶味散发，此操作在工艺上称为晾花。

(4) 装瓶与压坯：将冷至 20℃ 以下的坯块上互相依连的菌丝分开，用手指轻轻地在每块坯块表面揩涂一遍，使豆腐坯上形成一层皮衣，装入玻璃瓶内，边揩涂边沿瓶壁呈同心圆方式一层一层向内侧放，摆满一层稍用手压平，撒一层食盐，每 100 块豆腐坯用盐约 400g，使平均含盐量约为 16%，如此一层层铺满玻璃瓶。下层食盐用量少，向上食盐逐层增多，腌制中盐分渗入毛坯，水分析出，为使上下层含盐均匀，腌坯 3 ~ 4 天时须加盐水淹没坯面，称之为压坯。腌坯周期冬季 13 天，夏季 8 天。

(5) 装罐贮藏（装坛发酵）

1) 红方：按每 100 块坯用红曲米 32g、面曲 28g、甜酒 1kg 的比例配制染坯红曲卤和装瓶红曲卤。先用 200g 甜酒酿浸泡红曲米和面曲 2 天，研磨细，再加 200g 甜酒酿调匀即为染坯红曲卤。将腌坯沥干，待坯块稍有收缩后，放在染坯红曲卤内，六面染红，装入经预先消毒的玻璃瓶中。再将剩余的红曲卤用剩余的 600g 甜酒酿兑稀，灌入瓶内，淹没腐乳，并加适量食盐和 50 度白酒，加盖密封，在常温下贮藏 6 个月成熟。

2) 白方：将腌坏沥干，待坯块稍有收缩后，将按甜酒酿 0.5kg、黄酒 1kg、白酒 0.75kg、盐 0.25kg 配方配制的汤料注入瓶中，淹没腐乳，加盖密封，在常温下贮藏 2 ~ 4 个月成熟。

(6) 质量鉴定：将成熟的腐乳开瓶，进行感官质量鉴定、评价。

五、实验结果

1. 记录豆腐乳发酵过程中毛霉菌的生长情况。
2. 从腐乳的表面及断面色泽、组织形态（块形、质地）、滋味及气味、有无杂质等方面综合评价腐乳质量。

六、思考与拓展

1. 豆腐乳生产发酵的原理是什么？
2. 腌坯时所用食盐含量对豆腐乳的质量有何影响？
3. 豆腐乳制作的基本环节有哪些？须注意的细节有哪些？

实验四十七　乳酸菌的分离和酸奶制作

一、目的要求

1. 了解自然发酵和纯种发酵的差异，以及乳酸菌的菌落特征及细胞形态特征。

2. 熟悉从原料（酸奶或泡菜）中分离和纯化乳酸菌的一般方法。

3. 学习酸奶的制作方法及工艺，理解乳酸菌发酵使牛乳发生凝固的原理，了解发酵剂的制备及应用。

二、实验原理

乳酸菌分离的目的是在混合菌群中将乳酸菌分离出来形成单个菌落，以获得纯种乳酸菌。常用方法有以下两种。平板划线法：平板划线法是将混杂在一起的微生物或同一个微生物群体中的不同细胞用接种环在平板培养基表面通过划线稀释而得到较多独立分布的单个细胞，经培养后繁殖成单菌落，从而得到待分离菌种的纯种。其原理是将微生物在固体培养基表面多次做“由点到线”稀释而达到分离的目的。平板涂布法：平板涂布法是将样品经稀释之后，其中的微生物充分分散成单个细胞，取一定量的稀释液接种到平板上，经过培养，由每个单细胞生长繁殖而形成肉眼可见的菌落，即一个单菌落代表原样品中的一个单细胞。

通过以上方法获得单菌落后，培养基中添加适量碳酸钙，观察菌落周围是否会形成透明圈，再结合革兰氏染色法获得乳酸菌。乳酸菌为革兰氏阳性细菌，通常是乳杆菌和乳球菌的混合体。牛乳中的乳糖在乳酸菌产生的乳糖分解酶的作用下产生乳酸，牛乳在乳酸作用下变酸，使其蛋白质发生凝固，在适当的蔗糖添加量下，只要发酵产酸适当，不仅可以使牛乳形成均匀的凝固状态，也可产生酸甜适口的口感。

三、实验材料

1. **材料**　市售品牌酸奶（1瓶）或自制泡菜；新鲜牛乳，酸度不高于20°T。菌种：乳酸链球菌（*Streptococcus lactis*）、德氏保加利亚乳杆菌（*Lactobacillus delbrueckii* subsp. *bulgaricus*）。

2. **培养基**

（1）添加碳酸钙的MRS琼脂固体培养基：蛋白胨10.0g、牛肉膏10.0g、酵母膏5.0g、K_2HPO_4 2.0g、柠檬酸二铵2.0g、乙酸钠5.0g、葡萄糖20.0g、聚山梨酯80 1ml、硫酸镁0.58g、硫酸锰 0.25g、琼脂粉 15.0g，加蒸馏水至 1 000ml，加热溶解，调 pH 为 6.2 ~ 6.4，121℃ 灭菌 20 分钟。培养基中含 0.5% ~ 1% 碳酸钙。

(2) 脱脂乳培养基：脱脂奶粉 20g，加蒸馏水至 300ml，分装试管后，灭菌。

3. **试剂和仪器** 结晶紫、乙醇、碘、碘化钾、番红、NaOH、NaCl、生理盐水、革兰氏染液、香柏油、高压蒸汽灭菌锅、电磁炉、恒温培养箱、培养皿、三角瓶、移液管、涂布棒、酒精灯、火柴、记号笔、接种环、天平、载玻片、盖玻片、pH 试纸等（用于乳酸菌分离）、pH 计、塑料杯（150 ~ 200ml）、白砂糖、果汁、羧甲纤维素钠（sodium carboxymethyl cellulose，CMC-Na）、黄原胶、海藻酸丙二醇酯（propylene glycol alginate，PGA）、温度计、塑料杯封口机、均质机等（用于酸奶制作）。

四、实验步骤

1. **乳酸细菌分离**

(1) 浇注平板：将三角瓶中已灭菌的 MRS 琼脂培养基加热熔化，冷却至 45℃ 左右，浇注 12 个平板（每个平板约 20ml）。

(2) 样品稀释：按常规方法对酸奶（或泡菜发酵液）做 10 倍的系列稀释，取适当稀释度的菌液做乳酸菌的分离。

(3) 平板分离

1) 平板划线接种：用接种环挑取稀释度为 10^{-1} 的菌液，按无菌操作对 3 个平板进行划线接种；划线完毕后，盖上盖，标上“10^{-1}”，倒置在 40℃ 恒温培养箱中培养 48 小时。

2) 平板涂布接种：用 3 支 1ml 无菌移液管分别吸取稀释度为 10^{-5}、10^{-6} 和 10^{-7} 的稀释菌悬液各 0.1ml，每一个浓度分别接种 3 个无菌平板；尽快用无菌玻璃涂布棒将菌液在平板上涂布均匀，平放于实验台上 20 分钟；然后在每个平板上分别标上相应的稀释倍数，倒置于 40℃ 恒温培养箱中培养 48 小时。

(4) 观察菌落：选择菌落分布较好的平板，先对其菌落形态进行观察，初步找出乳酸菌菌落。可能出现以下两种不同形态的菌落。

1) 扁平形菌落：直径 2 ~ 3mm，边缘不整齐，呈菜花状，薄而透明。

2) 半球状隆起形菌落：直径 1 ~ 2mm，隆起呈半球状，具有金属光泽，高约 0.5mm，菌落边缘整齐。

对出现溶钙圈的菌落要特别留意。

(5) 镜检：取干净载玻片两块，分别在载玻片中央加一滴生理盐水，无菌操作法取疑似乳酸菌少量菌体涂片；结晶紫初染→碘液媒染→乙醇脱色→番红复染，干燥后用油镜观察，菌体被染成蓝紫色的为乳酸菌；扁平形菌落的菌体呈杆状，单杆、双杆或长丝状，为保加利亚乳杆菌；半球状隆起形菌落的菌体呈球状，成对，或短链，或长链状，为嗜热链球菌。

(6)单株发酵：选取经初步鉴定的乳酸菌典型菌落，用接种环挑取转接到灭菌的脱脂乳培养基试管中，40℃培养8～10小时，若牛乳出现凝固、无气泡产生并呈酸性，镜检菌体细胞呈杆状或链球状(两种形状的菌株分别接种)，革兰氏染色阳性，可将其连续传代3～5次，选出在4～6小时凝乳效果好的留作菌种待用。

2. 酸奶制作

(1)发酵剂制备

1)牛乳杀菌：根据产品生产量确定发酵剂所用牛乳的用量，一般生产发酵剂的牛乳占发酵牛乳的5%。将新鲜牛乳或脱脂牛乳装入三角瓶中，装入的牛乳以占三角瓶总容积的2/3为宜，装入三角瓶的牛乳采用90℃、30分钟杀菌处理。

2)牛乳冷却：经热处理之后的牛乳须及时冷却到适合于菌种生长的温度，一般以42～43℃为最佳温度。

3)接种：在无菌操作台上，将活化后的试管发酵剂接种到冷却的牛乳中，每一阶段的接种操作都必须严密防止污染。接种量根据发酵剂菌种活力的不同而不同，通常为0.5%～2.5%，在活力正常情况下接种量一般可为2%。适当加大接种量可以缩短发酵时间。

4)恒温培养：接种后，一般在42～43℃恒温状态下培养，酸度为100(0.9%乳酸)～125°T(1.125%乳酸)时即可。培养时间根据菌的活力，可为3～20小时。一般16小时乳酸菌的活菌数达最高点，测酸度达到要求后立即冷却。

5)冷却：培养达到要求的酸度后应立即冷却到10～12℃。如果不马上使用该发酵剂，必须冷却到5℃，以免活力降低。

(2)酸奶生产

1)牛乳加热处理与冷却：同发酵剂制备过程。

2)接种：在尽量防止污染的环境下接种已经培养好的上述生产发酵剂，在活力正常情况下接种量一般可为2%。

3)恒温培养：接种后，一般在38～42℃保温发酵2.5～3.5小时。当酸度为65～70°T，pH在4.2～4.5时终止发酵。

4)冷却：培养达到要求的酸度后应立即冷却到2～6℃，后熟一定时间再销售。

五、实验结果

1. 描述平板分离培养时不同的菌落形态特征；绘图表示显微镜下不同的菌体形态特征。

2. 结合实验总结酸奶的加工工艺。

六、思考与拓展

1. 从酸奶中分离乳酸菌要注意哪些因素？
2. 酸奶一般是混菌发酵，混菌发酵有什么好处？
3. 生产优质酸乳（或酸奶）的条件有哪些？
4. 纯酸乳（或酸奶）和乳酸菌酸乳饮料制作方面有什么异同？

实验四十八　酱油种曲中米曲霉菌孢子数及发芽率的测定

项目1　酱油种曲孢子数测定

一、实验目的

掌握应用血细胞计数板测定孢子数方法。

二、实验原理

种曲是成曲的曲种，是保证成曲的关键，也是酿制优质酱油的基础。种曲质量要求之一是含有足够的孢子数量，必须达到 6×10^9 个/g（干基计），孢子旺盛、活力强、发芽率达 85% 以上，所以孢子数及其发芽率的测定是种曲质量控制的重要手段。测定孢子数方法有多种，本实验采用血细胞计数板在显微镜下直接计数，这是一种常用的细胞计数方法。此法是将孢子悬浮液放在血细胞计数板与盖片之间的计数室中，在显微镜下进行计数。由于计数室中的容积是一定的，可以根据在显微镜下观察到的孢子数目来计算单位体积的孢子总数。

实验中，称样时要尽量防止孢子的飞扬。测定时，如果发现有许多孢子集结成团或成堆，说明样品稀释未能符合操作要求，因此必须重新称重、振摇、稀释。生产实践中应用时，种曲通常以干物质计算。

三、实验材料

1. **样品** 酱油种曲。

2. **仪器、设备及其他** 盖玻片、旋涡混匀器、血细胞计数板、电子天平、显微镜、三角瓶、3层纱布、无菌滴管、吸水纸。

3. **试剂** 95%乙醇溶液、稀硫酸(1∶10)、无菌水。

四、实验步骤

1. **实验流程** 曲种→称量→稀释→过滤→定容→制计数板→观察计数→计算。

2. **样品稀释** 精确称取种曲1g(准确称量至0.002g)，倒入盛有玻璃珠的250ml三角瓶内，加入95%乙醇溶液5ml、无菌水20ml、稀硫酸10ml，在旋涡混匀器上充分振摇，使种曲孢子分散，然后用3层纱布过滤，用无菌水反复冲洗，务使滤渣不含孢子，最后稀释至500ml。

3. **制计数板** 取洁净干燥的血细胞计数板盖上盖玻片，用无菌滴管取孢子稀释液1小滴，滴于盖玻片的边缘处(不宜过多)，让滴液自行渗入计数室中，注意不可有气泡产生。若有多余液滴，可用吸水纸吸干，静置5分钟，待孢子沉降。

4. **观察计数**

(1)观察：用低倍镜头和高倍镜头观察，由于稀释液中的孢子在血细胞计数板上处于不同的空间位置，要在不同的焦距下才能看到，因而计数时必须逐格调动微调螺旋，才能不使之遗漏，如孢子位于格线上，数上线不数下线，数左线不数右线。

(2)计数：使用16×25规格的计数板时，只计板上4个角上的4个中格(即100个小格)，如果使用25×16规格的计数板，除计4个角上的4个中格外，还需要计中央1个中格的数目(即80个小格)。每个样品重复观察计数不少于2次，然后取其平均值。

5. **计数**

(1)16×25规格的计数板

$$孢子数(个/g)=(N/100)\times 400\times 10\,000\times(V/G)=4\times 10^4\times(NV/G) \quad 式(5\text{-}2)$$

式中，N为100小格内孢子总数，个；V为孢子稀释液体积，ml；G为覆盖品质量，g。

(2)25×16规格的计数板

$$孢子数(个/g)=(N/80)\times 400\times 10\ 000\times (V/G)=5\times 10^4\times (NV/G) \qquad 式(5\text{-}3)$$

式中,N为80小格内孢子总数,个;V为孢子稀释液体积,ml;G为样品质量,g。

五、实验结果

样品稀释至每个小格所含孢子数在10个以内较适宜,过多不易计数,应进行稀释调整。结果记入表5-3。

表5-3 孢子数记录

计算次数	各中格孢子数/个	小格平均孢子数/个	稀释倍数	孢子数/(个·g^{-1})	平均值/(个·g^{-1})
第一次					
第二次					

六、思考与拓展

用血细胞计数板测定孢子数有什么优缺点?

项目2 孢子发芽率测定法

一、实验目的

学习孢子发芽率的测定方法。

二、实验原理

测定孢子发芽率的方法常有液体培养法和玻片培养法。本实验应用液体培养法制片,在显微镜下直接观察测定孢子发芽率。测定的孢子发芽率除受孢子本身活力影响外,培养基种类、培养温度、通气状况等因素也会直接影响到测定的结果。所以测定孢子发芽率时,要求选用固定的培养基和培养条件,才能准确反映其真实活力。

三、实验材料

1. **样品** 种曲孢子粉。

2. **培养基** 察氏液体培养基。

3. **仪器、设备及其他** 载玻片、盖玻片、三角瓶、无菌滴管、显微镜、接种环、酒精灯、恒温摇床、火柴。

四、实验步骤

1. **实验流程** 种曲孢子粉→接种→恒温培养→制标本片→镜检→计数。

2. **接种** 用接种环挑取种曲少许接种入含察氏液体培养基的三角瓶中，置于30℃下摇床振荡恒温培养3 ~ 5小时。

3. **制片** 用无菌滴管取上述培养液于载玻片上滴一滴，盖上盖玻片，注意不可产生气泡。

4. **镜检** 将标本片直接放在高倍镜下观察发芽情况，标本片至少同时做2个，连续观察2次以上，取平均值，每次观察不少于100个孢子的发芽情况。

5. **计算**

$$发芽率=A/(A+B)\times 100\% \quad 式(5\text{-}4)$$

式中，A 为发芽孢子数；B 为未发芽孢子数。

五、实验结果

将实验结果记入表5-4。

表5-4 孢子发芽率记录

序号	发芽的孢子数（A，个）	发芽和未发芽孢子数（A+B，个）	发芽率/%	平均值

注意：①正确区分孢子的发芽和不发芽状态；②培养前要检查调整孢子接入量，以每个视野含孢子数10 ~ 20个为宜。

六、思考与拓展

影响孢子发芽率的因素有哪些？哪些实验步骤容易造成结果误差？

实验四十九　酵母菌固定化实验

一、实验目的

1. 掌握固定化细胞技术的原理与方法。

2. 熟悉酵母菌发酵生产啤酒的过程。

二、实验原理

细胞的固定化是一种将游离的生物细胞定位于限定的空间区域使其保持活性并可反复使用的技术。固定化细胞相比游离细胞具有生长停滞时间短、浓度高、反应速度快、抗污染能力强、可以进行连续发酵、反复使用等优点。制备固定化细胞的方法包括吸附法、包埋法、共价结合法、交联法、多孔物质包络法、超滤法等。其中，包埋法应用较为广泛，包括凝胶包埋法和微胶囊法两种。凝胶包埋法是利用凝胶包埋来进行固定化的方法，可以使用天然凝胶物质和合成聚合物包埋制备固定化细胞。微胶囊法是利用半通透性聚合物薄膜将细胞包裹起来形成微型胶囊的方法，可以分为界面聚合法、液体干燥法、分相法、液膜法等几种。固定化细胞技术有望在生物制药、食品发酵、废水处理等领域得到广泛应用。

三、实验材料

1. **样品**　啤酒酵母。

2. **培养基**

(1)麦芽汁琼脂培养基(斜面)。

(2)种子培养基:麦芽汁加入0.3%酵母膏，调节pH至5.0，每个小三角瓶装入75ml液体培养基。

(3)发酵培养基:250ml三角瓶中装入150ml 8% ~ 12%麦芽汁。

3. **固定化细胞材料(要求无菌)**

(1)1.5%海藻酸钠溶液10ml，加热溶解，高压灭菌后冷却至45℃备用。

(2)4%和0.05% $CaCl_2$溶液，灭菌后冷却备用。

(3)无菌生理盐水和无菌水。

4. **实验设备** 恒温培养箱、恒温摇床、冰箱、水浴锅、旋转蒸发仪、酒精计、接种环、滴管、三角瓶。

四、实验步骤

1. **酵母菌菌液的制备** 将培养24小时的新鲜斜面菌种，接种于三角瓶种子培养基中，28℃静止培养48小时或28℃、转速100r/min振荡培养24小时，调整酵母菌浓度为1×10^7个/ml。

2. **酵母菌细胞的固定化** 在酵母菌培养液中，按照1∶9的体积比加入1.5%海藻酸钠溶液混合均匀，在37℃水浴条件下用无菌滴管以缓慢而稳定的速度滴入4% $CaCl_2$溶液中，边滴入边摇动三角瓶，然后21℃水浴下固定化1小时，最后用无菌水洗数遍，放入0.05% $CaCl_2$溶液中，4℃平衡过夜，备用。

3. **固定化酵母菌细胞发酵啤酒** 将制得的固定化酵母菌细胞移入生理盐水中，洗去表面的$CaCl_2$。转移固定化酵母菌凝胶珠全至发酵培养基中，室温下静止培养7天后测酒精含量。发酵后的固定化酵母菌细胞用生理盐水清洗，即可再接入新的发酵培养基，进行第二次发酵。

4. **发酵液中酒精含量的测定** 取发酵液50ml，加水100ml进行蒸馏。收集前馏分50ml，用酒精计测定酒精含量。

五、实验结果

无菌操作条件下取出经过钙化的凝胶珠5～10粒，测定其直径并计算平均值。

六、思考与拓展

查阅资料，综述固定化技术在食品行业中的应用。

实验五十 啤酒生产工艺实验

一、实验目的

1. 了解啤酒文化和啤酒发酵过程中各参数的变化规律。

2. 掌握啤酒小型生产线的结构与工作原理。

二、实验原理

啤酒作为一种低酒精度发酵酒，具有独特的麦芽香味、酒花香味和适口的酒花苦味，同时含有一定量的二氧化碳。在倒入杯子中时，啤酒会形成持久不消、洁白细腻的泡沫，这是啤酒独特风味的重要组成部分。目前啤酒已经遍及世界各地，成为世界上产量最大的饮料酒，这一切得益于其低酒精含量和丰富的营养成分。

啤酒的主要原料是大麦芽。在糖化过程中，麦芽中的高分子物质分解成可发酵性糖和可溶性浸出物，并溶解于水中。糖化麦芽汁中含有一定量的高分子多肽和水溶性蛋白质。如果这些多肽和蛋白质留在啤酒中，当受到外界条件影响时，多肽和蛋白质会从啤酒中分离出来，导致啤酒出现非生物性混浊。为了消除这种隐患，需要在麦芽汁煮沸时进行强烈的加热和分子间碰撞，使多肽和水溶性蛋白质絮凝和沉淀，即热凝固物，从而消除啤酒的非生物性混浊。啤酒中的苦味来自酒花。当麦芽汁煮沸 1 ~ 1.5 小时后，酒花的苦味会被最大程度地释放出来，同时酒花中的多酚物质与麦芽汁中的蛋白质结合成多酚 - 蛋白沉淀，促使麦芽汁澄清。随着啤酒酵母对麦芽汁中的某些组分进行代谢，会产生酒精和其他风味物质，从而形成具有啤酒独特风味的饮料酒。

三、实验材料

麦芽、粳米、酒花、耐高温 α- 淀粉酶、石膏、乳酸、蒸馏水、自来水、温度计、糖度计、小型啤酒生产线、粉碎机、白瓷板、 pH 计、恒温水浴锅、蒸馏瓶、容量瓶、玻璃珠、冷凝装置、比重瓶等。

四、实验步骤

啤酒酿造具体工艺流程见图 5-1。

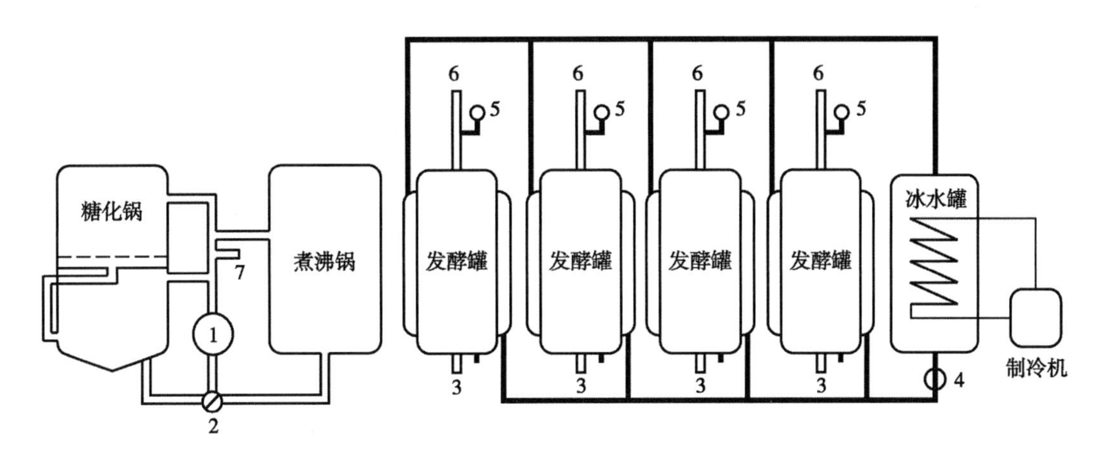

1. 糖化泵;2. 三通阀;3. 液体进出口;4. 冰水泵;5. 压力表;6. 气体进出口;
7. 麦汁出口(通过软管与5连接,将麦汁送入发酵罐)。

图 5-1 啤酒小型生产线流程图

(一)原料粉碎

分别将精选的优质麦芽和新鲜粳米进行粉碎。让麦芽自然吸潮5分钟后进行粉碎,麦芽粉碎过程应经常取样检查粉碎度,杜绝整粒进入粉碎后的原料。粉碎度要求表皮破而不碎,粗细粉比为1∶2.5,保证良好的过滤效果,大米粉碎越细越好。

(二)糊化

料水比1∶5,耐高温α-淀粉酶添加量为6～8U/g大米,用石膏和乳酸调pH在6.4～6.6之间。糊化锅投料水温控制在50℃,边搅拌边以1℃/min的速率升温至90℃,保持30分钟,再缓慢升温至100℃煮醪,送入糖化锅合醪。

(三)糖化

利用麦芽本身的酶将麦芽和辅料中的不溶性高分子物质逐步分解为可溶性的低分子物质,这个过程称为糖化。用石膏和乳酸调pH在5.4～5.5之间。温度50℃下料,蛋白质休止50分钟,然后65℃保温40分钟,68℃保温30分钟,72℃保温至碘液检测完全,升温至78℃进行醪液过滤。

（四）过滤

醪液泵入过滤槽中静置10分钟，自然形成过滤层，趁热进行过滤，开始过滤时，麦汁回流5 ~ 10分钟，直至麦汁清亮，停止回流，用78℃洗糟水分三次洗糟。

（五）煮沸

麦汁煮沸后分两次添加酒花，时间控制在60 ~ 90分钟。第一次，煮沸30分钟后添加颗粒酒花，添加量为总量的40%，目的是萃取出α-酸，增加啤酒中的泡沫稳定性；第二次为煮沸结束前10分钟添加颗粒酒花，添加量为总量的60%，目的是将啤酒花中的酒花油萃取出来，提高酒花香味。

（六）沉淀

将煮沸后的麦汁泵入回旋沉淀槽静置，以使热凝固物沉淀在底部。

（七）冷却

将回旋沉淀槽中的热麦汁依次从上至下放出进行冷却，冷水温度3℃，热麦汁温度85 ~ 95℃，麦汁出口温度8 ~ 9℃，热水温度60℃左右，同时进行通氧，通氧量控制在7 ~ 9mg/L，整个冷却时间控制在1.5小时之内。

（八）发酵

接种后，10℃发酵3 ~ 5天，20小时开始起泡，第3天测糖度，糖度降到5°P升温到12 ~ 13℃（使双乙酰还原），第4天封口（封前将高级醇、二氧化碳排出），压力0.2MPa，压力过高应适当放气，温度在12 ~ 13℃时，测糖度。如糖度降到2°P，开始降温，一天降2℃，一直降到0℃，排出酵母菌。发酵过程中酵母菌代谢生成了α-乙酰乳酸。双乙酰含量过高，会有股馊饭味，感官界限值为0.15mg/L。提高发酵温度，可使其前体物质α-乙酰乳酸的非酶分解和双乙酰的酶还原作用加强。温度高时，还原力强，还原速度也快。提高发酵温度到12℃，保持2天左右，使双乙酰还原至0.1mg/L，再降低温度。

（九）成品啤酒检测

酒精比重系指20℃时，酒精质量与同体积纯水质量之比，通常以D_{20}^{20}表示，然后查表可得试样中酒精含量的质量百分比，即酒精度，以 %（*w*/*w*）表示。

1. **酒精的测定**

（1）样品的制备：准确称取 100.0ml 除气发酵液于 500ml 蒸馏瓶中，用 50ml 蒸馏水冲洗容量瓶，加入蒸馏瓶中，再加数粒玻璃珠，以刚刚用过的 100ml 容量瓶接收蒸馏液。连接冷凝装置，收集蒸馏液，取下容量瓶，升温至 20℃，补水混合均匀。

（2）将比重瓶洗净、干燥、称量，反复操作，直至恒重。

（3）将煮沸冷却至 15℃ 的蒸馏水注满恒重的比重瓶，插上带温度计的瓶塞（瓶中应无气泡），立即浸于 20℃ 恒温水浴锅中，待温度为 20℃ 时维持 5 分钟。取出后用滤纸吸去溢出支管的水，立即盖好小帽，擦干称量。

（4）将水倒去，用样品反复冲洗比重瓶三次，然后装满制备的样品称重。

（5）计算：样品在 20℃ 的密度（ρ_{20}）按式式 5-5 计算，空气浮力校正值按式 5-6 计算

$$\rho_{20}=998.20\times\frac{m_2-m_0+A}{m_1-m_0+A} \quad 式(5\text{-}5)$$

$$A=\rho_u\times\frac{m_1-m_0}{997.0} \quad 式(5\text{-}6)$$

式中，ρ_{20}，样品在 20℃ 时的密度，单位为克每升（g/L）；998.20，20℃ 时蒸馏水的密度，单位为克每升(g/L)；m_2，20℃ 时密度瓶和试样的质量，单位为克(g)；m_0，密度瓶的质量，单位为克(g)；A，空气浮力校正值；m_1，浮力校正时密度瓶与水的质量，单位为克（g)；ρ_u，干燥空气在 20℃、1 013.25kPa 时的密度（1.2g/L)；997.0，20℃ 时蒸馏水与干燥空气密度值之差，单位为克（g)。

根据式样的密度 ρ_{20}，查 GB 5009.225—2023 附录表 A，求得酒精度，以体积分数“% vol”表示。以重复条件下获得 2 次独立测定结果的算数平均值表示，结果保留至小数点后 1 位，2 次测定结果的绝对值不得超过 0.1%vol。

2. **原麦芽汁浓度的计算**

$$P(\%)=\frac{A\times 2.066\,5+C}{100+1.066\,5\times A} \quad 式(5\text{-}7)$$

式中，*A* 为酒精度（%）；*C* 为实际浓度（%）。

3. **真正发酵度的计算**

$$F(\%)=(P-C)/P \quad 式(5\text{-}8)$$

式中，*F* 为真正发酵度（%）；*P* 为原麦芽汁浓度（%）；*C* 为实际浓度（%）。

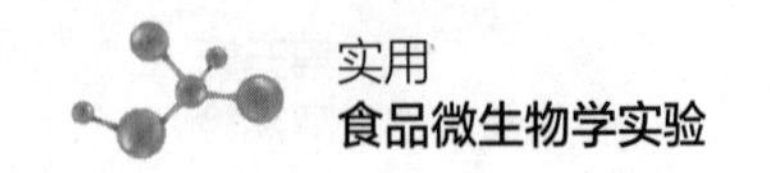

五、实验结果

1. **品评的方法**

(1) 选优法：在许多酒样中，通过品评比较优劣。从多数人的评语中得出结论。此法作为一般的选择方法，不作为质量控制的方法。

(2) 风味描述法：要求对啤酒进行解剖分析，说明不同酒样在风味上存在的特点和优点。用术语表述正常出现的风味，如酒花香味、麦芽香味、酯香味、焦香味、苦味、酸味、氧化味、后苦味、双乙酰味等。

2. **品评项目及要求**

(1) 外观：啤酒成品必须清亮，透明有光泽，瓶内不得有异物、杂质。不得有明显的片状或絮状凝聚物。启盖注入杯中以后应有大量的气泡升起，在杯口形成洁白细腻的泡沫，泡沫必须持久挂杯。

(2)持泡性检测方法：啤酒于20℃水浴中恒温，于20℃倒杯，满杯后记录泡沫消失时间。泡沫持续3分钟以上为合格，4.5分钟以上为优秀。

(3) 口感：质量好的啤酒应有明显的酒花清香味，一定的麦芽香味，口味纯正、爽口或醇厚。无后苦味，无异杂味，有充足的CO_2。淡色啤酒具有酒花的香气，苦味；浓色啤酒具有麦芽香味及醇厚感。

要求：先观察外观，再闻味。饮用时不宜连续饮用，避免失去判断力。

3. **品评结果**　将实验结果记入表5-5。

表5-5　品评结果表

指标	结果
泡沫	
外观	
气味与滋味	
综合评价	

六、思考与拓展

查阅资料，综述不同风味啤酒的研究和生产情况。

实验五十一 枯草芽孢杆菌固态发酵及活菌数测定

一、实验目的

1. 了解绿色产品生产的意义和固态发酵原理。
2. 以枯草芽孢杆菌为研究对象，掌握固态发酵的控制技术。
3. 掌握枯草芽孢杆菌活菌计数方法与操作。

二、实验原理

益生菌和酶制剂等作为抗生素的替代品备受瞩目。作为一种益生菌，芽孢杆菌制剂在动物生产中的研究和应用一直都受到畜牧业科研和生产人员的关注。枯草芽孢杆菌多采用液体深层发酵技术，再经喷雾干燥生产，但设备要求高，生产工艺复杂。相比之下，固体发酵采用的原料一般是廉价的农副产品（如草粉、麸皮等），采用的设备较液体发酵简单，生产成本大大降低。固态发酵指在没有或几乎没有自由水存在下，在一定湿度的水不溶性固态基质中，培养一种或多种微生物的生物反应过程，与自然界中多种微生物的生活方式类似，生产出的芽孢具有抗逆性强、质量好等优点。可以利用稀释涂布培养的方法对枯草芽孢杆菌进行活菌菌落计数。

三、实验材料

1. **实验菌种** 枯草芽孢杆菌。

2. **实验试剂** 葡萄糖、NaCl、酵母膏、蛋白胨、麸皮、稻草粉、玉米粉、豆粕、硫酸镁、硫酸铵、琼脂粉、无菌水、自来水、无菌生理盐水。

液体种子培养基的配制方法：葡萄糖 0.2g、NaCl 0.5g、酵母膏 0.5g、蛋白胨 1g、重蒸馏水 100ml，pH 7.0。固体发酵培养基的配制方法：麸皮 60g、稻草粉 10g、玉米粉 5g、豆粕 25g、硫酸镁 0.05g、硫酸铵 0.5g，重蒸馏水 110ml。

3. **实验设备及仪器** 三角瓶、培养箱、摇床、灭菌锅、恒温摇床、培养皿、接种环、玻璃珠。

四、实验步骤

1. **液体种子培养** 将50ml液体种子培养基装入250ml三角瓶中，在115℃条件下灭菌30分钟。灭菌后降温至室温，从斜面接一环菌苔至种子培养基，置于恒温摇床中以200r/min的转速培养，当产芽孢率达90%以上时即可停止培养，约需24小时。

2. **发酵培养** 将湿重为20 ~ 30g的固体发酵培养基加至250ml三角瓶中，在121℃灭菌30分钟。灭菌后降至室温，按2%（V/w：V为液体菌种体积，w为固体发酵培养基质量）接种液体种子培养基，置于37℃培养箱中静止培养，并间歇性拍打，以促进均匀生长，当脱落芽孢率达到80%以上时即可停止发酵，约需48小时。

3. **枯草芽孢杆菌活菌检测**

(1)配制检测培养基：配制方法同液体种子培养基，灭菌后放置52℃水浴锅中保温备用。

(2)稀释：取25g样品加入添加225ml无菌水的带玻璃珠的500ml三角瓶中，180r/min振荡30分钟，即为稀释度为10^{-1}的样品溶液；再从中取1.0ml至添加9.0ml无菌生理盐水的试管中，稀释至稀释度为10^{-2}的样品溶液，以此类推稀释至10^{-8}。

(3)倒培养平板：从上述已稀释至10^{8}倍的菌悬液中取0.1ml于灭菌的培养皿内，倒入15ml左右已经灭菌的保持在52℃水浴锅中的呈熔化状态的培养基于培养皿中，和菌悬液混合均匀，待培养基凝固后，再移入培养箱中培养。

(4)培养：37℃恒温培养箱培养24 ~ 48小时。

(5)培养完毕后，取出进行计数。

五、实验结果

1. 详细描述枯草芽孢杆菌固态培养物状态（外观、气味、培养物状态等）。
2. 记录活菌测定中各平行数据，计算最终平均值。
3. 同时用图片记录实验过程中各现象与结果。

六、思考与拓展

1. 在枯草芽孢杆菌固态生产过程中，为了防止霉菌与酵母菌的污染，应如何进行操作？
2. 查阅资料，总结枯草芽孢杆菌在实际生产中的应用情况和研究进展。

实验五十二　酒精发酵实验

一、实验目的

1. 了解酒精发酵工艺原理和我国白酒的文化历史。
2. 掌握酶法水解淀粉制备还原糖的原理及方法。
3. 能在实验室中模拟酒精发酵的工艺流程。

二、实验原理

白酒是经过蒸煮糊化、糖化发酵、蒸馏贮存、陈酿勾兑而成的蒸馏酒，在我国已有 2 000 多年的历史，是我国劳动人民智慧结晶。大米、小麦、高粱中含有丰富的淀粉，可作为糖化发酵的原料，但酿酒酵母缺乏相应的酶不能直接利用淀粉进行酒精发酵，因此必须对原料进行预处理，通常包括蒸煮、液化和糖化等处理工艺。蒸煮可使淀粉糊化并破坏细胞形成均一的醪液。液化后的醪液能更好地接受糖化酶的作用，并转化为可发酵性糖，以便酵母菌进行酒精发酵。在无氧培养条件下酵母菌利用糖发酵为酒精和二氧化碳。通过对发酵醪液酒精含量的测定可以判断酒精发酵的进程。

三、实验材料

1. **器材**　蒸馏设备、量筒、三角瓶、试管、培养箱、摇床、酒精计、筛子、培养皿、接种针、显微镜、载玻片、盖玻片、酒精灯、火柴、灭菌锅、无菌纱布、移液管、记号笔。

2. **试剂**　麦芽汁琼脂斜面培养基、玉米粉、糖化酶、硫酸铵、液化酶、酵母菌、HCl、重蒸馏水、自来水。

四、实验步骤

玉米粉的糖化采用双酶法，其工艺流程如下。

玉米粉→加水→液化→糖化→发酵→蒸馏→成品酒精

1. **液化**　玉米粉过 2.0mm筛子，取筛下物 100g，加入 300ml 自来水，液化温度为 90 ℃，pH 为 5.5，液化时间为 3.5 小时，液化酶的添加量为每 100g 玉米粉加 0.035g，液化结束后冷却至 60℃。

2. **糖化** 用 HCl 迅速调节试样 pH 为 4.5，在 58℃ 下维持 2.5 小时，糖化酶的添加量为每 100g 玉米粉加 0.3g。

3. **过滤** 糖化后的糖化液有可能存在没有彻底液化的玉米颗粒，会造成浑浊，用无菌双层纱布对糖化液进行过滤操作。

4. **活化菌种** 将酵母菌接种到麦芽汁琼脂斜面培养基上，28℃ 培养 2 天。

5. **扩大培养** 用接种针接种少量菌种于 11 ~ 13°Bé 麦芽汁液体培养基中，28℃ 培养 18 ~ 20 小时，镜检合格后接种发酵。

6. **发酵** 将糖化液稀释至 10% 浓度，添加辅料（硫酸铵 0.4%），pH 5.5 灭菌，用移液管按照发酵液 10% 的比例移取扩大培养液到发酵液中，30℃ 培养 2 天。按以下内容设置单因素发酵实验，确定影响发酵的主要因素。

（1）菌龄培养时间：①对数期 1：15 ~ 16 小时；②对数期 2：16 ~ 18 小时；③缓冲期：20 ~ 24 小时；④稳定期：24 ~ 26 小时。其他菌种培养 20 小时进行接种。

（2）不同菌量下的发酵：用移液管移取 8%、10%、12%、14% 的扩大菌种到发酵液中，30℃ 培养 2 天后进行酒精检测。

（3）不同醪液浓度下的发酵：分别按照 1：2、1：3、1：4、1：5 比例制作不同浓度的醪液，用移液管移取 10% 的扩大菌种到发酵液中。将发酵液按照序号存放于 30℃ 条件下发酵 2 天，对发酵后的发酵液进行酒精检测。

（4）不同发酵时间下的发酵：用移液管移取 10% 的扩大菌种到 4 个发酵液中。存放于 30℃ 条件下发酵，按照序号分别培养 2 天、2.5 天、3 天、3.5 天。对发酵后的发酵液进行酒精检测。

五、实验结果

1. 将 100ml 发酵液配制成 200ml 溶液于蒸馏瓶中。对 200ml 发酵液进行蒸馏，获得酒精溶液。

2. 取一定量蒸馏出的酒精溶液于试管中，放置酒精计进行酒精检测并记录数据。

六、思考与拓展

和传统的酒精发酵工艺相比，无蒸煮生产工艺有什么优缺点？在酿造工业中应用前景如何？

实验五十三　食醋酿造技术

一、实验目的

1. 了解我国食醋酿造历史文化。
2. 掌握醋酸发酵的原理及果醋的生产工艺。

二、实验原理

食醋是利用微生物细胞内各种酶类经过一系列发酵过程而制得的传统调味品。食醋生产在我国有着 3 000 多年的历史，是由醋酸菌以酒精作为基质进行酒精氧化而产生醋酸的过程。以大米、糯米、薯类等淀粉丰富的粮食为原料酿醋，要经过淀粉糖化、酒精发酵和醋酸发酵三个生化过程；以水果、蜂蜜等糖类为原料酿醋，须经过酒精和醋酸发酵；以白酒和酒糟为原料，只需进行醋酸发酵的生化过程。食醋的酿造方法有固态发酵、液态发酵和固稀发酵三大类。因水果中富含还原糖，利用水果酿造食醋，可省去淀粉糖化过程，促进水果深加工和提高其应用价值。

三、实验材料

1. 培养箱、电炉、粉碎机、榨汁机、铝锅、恒温水浴锅、恒温培养箱、恒温摇床、pH 计、三角瓶（100ml 和 250ml）、接种针、酒精灯、灭菌平板、烧杯、无菌玻璃棒、滤布。

2. 醋酸菌（*Acetobacter aceti*）、酿酒酵母（*Saccharomyces cerevisiae*）。

3. 醋酸菌培养基（碳酸钙琼脂培养基）：葡萄糖 1g、碳酸钙 2g、酵母膏 1g、蒸馏水 94ml、无水乙醇 6ml（培养基灭完菌后加入）。

4. 残次水果（苹果）、蔗糖、食盐、0.025% 果胶酶、柠檬酸、碳酸钙、0.4% 硅藻土。

四、实验步骤

1. **残次水果处理**　摘果柄、去残次部位，清洗干净，去皮，放入 pH=4 的柠檬酸溶液中保持 5 分钟进行护色处理，榨汁后加入 0.025% 果胶酶 40°C 酶解 2 小时后过滤。

2. **调整酸度和糖度**　为了保证产品品质，用柠檬酸和碳酸钙调整果汁 pH=3.5，用蔗糖调整糖度为 16°Bé。

3. **加热灭菌** 为了防止杂菌生长，将处理后的果汁置于65℃水浴锅中保持30分钟进行巴氏灭菌。

4. **酵母菌活化** 酵母菌按0.5%比例（*w/w*）加至2%蔗糖溶液中，于30℃恒温水浴锅中保温30分钟，每隔10分钟用无菌玻璃棒搅拌1次，直至有大量气泡产生，结束酵母菌活化。

5. **酒精发酵** 按照0.025%（*w/w*）酵母菌的接种量接入冷却至30℃的果汁中，于30℃培养7天，当酒精体积为8%，总糖含量下降为0.8%时即可转入醋酸发酵。

6. **醋酸菌母液制备** 在醋酸菌培养液中加入0.5%醋酸菌干粉，30℃、180r/min振荡培养24小时，备用。

7. **醋酸发酵** 加入培养的醋母液7%，28 ~ 33℃、180r/min振荡培养，醋酸发酵10天，基本结束。

8. **加盐后熟** 按醋醪量1.5% ~ 2%加入食盐，放置2 ~ 3天使其后熟，增加色泽和香气。

9. **过滤** 加入0.4%硅藻土澄清醋液，将醋醪放在滤布上，徐徐过滤，要求醋的总酸为5%左右。

10. **灭菌及装瓶灭菌（煎醋）** 温度控制在60 ~ 70℃以上，时间在10 ~ 15分钟左右。煎醋后即可装瓶。

五、实验结果

1. 用pH计测定食醋的酸度。
2. 从感官方面对酿造食醋进行品质鉴定。

六、思考与拓展

1. 试述食醋酿造应注意的问题。
2. 查阅资料，列出不同风味食醋的酿造工艺异同。

实验五十四 酱油酿造技术

一、实验目的

1. 了解我国酱油酿造的历史文化。
2. 熟悉酱油酿造的基本工艺流程。
3. 掌握酱油酿造过程中菌种的形态、菌落特征以及曲质量特征。

二、实验原理

酱油是以大豆、麸皮、小麦等为主要原料,经微生物的发酵作用生产的色、香、味俱全的日常调味品。酱油生产在我国已有上千年的历史,它是利用曲酶等微生物代谢过程中产生的蛋白酶和淀粉酶等酶类将蛋白质、淀粉质原料水解成各种氨基酸、糖类,并经酵母菌、乳酸菌等进一步发酵而成。根据醪及醅状态的不同,分为稀醪发酵、固稀发酵、固态发酵;根据加盐多少的不同,又分为无盐发酵、低盐发酵、高盐发酵。固态低盐发酵法是我国当前广泛采用的酱油生产方法。

三、实验材料

1. **原料** 菌种(米曲霉沪酿 3042)、麸皮、黄豆饼粉、食盐、马铃薯培养基、蔗糖、蒸馏水。

2. **材料与设备** 电炉、铝盒、搪瓷盘、标本缸、三角瓶、温度计、酒精灯、接种针、玻璃棒、75%酒精、波美计、量筒、纱布、冰箱、灭菌锅、超净工作台、微量移液器及吸头、恒温培养箱。

四、实验步骤

(一)菌种活化

马铃薯葡萄糖琼脂培养基(potato dextrose agar,PDA):将 200g 去皮马铃薯切成小块,加热煮沸 20 分钟,纱布过滤,定容至 200ml,制成 5× 的母液,高压灭菌后置于 4℃冰箱备用。在超净工作台用微量移液器量取 10ml 母液置于 250ml 三角瓶中,加入 1g 葡萄糖和 40ml 蒸馏水,115℃灭菌 30 分钟,冷却后接种试管菌,180r/min 振荡培养 2 ~ 3 天。

（二）三角瓶种曲的制作

1. **原料配比** 新鲜麸皮过筛，取 0.3 ～ 1.0cm 的粗片，按 100g 麸皮：100g 水比例拌匀。

2. **装瓶灭菌** 将配好的原料装入 250ml 三角瓶中，厚度为 1cm，擦净瓶口加棉塞，用牛皮纸包扎好，放入高压灭菌锅中，121℃ 灭菌 30 分钟，灭菌后趁热摇散。

3. **接种与培养** 待曲料冷却至 32℃ 左右，每个三角瓶接入 1 ～ 2ml 活化的米曲霉菌，摇匀后置于 30℃ 恒温培养箱中。18 小时左右，三角瓶内曲料稍微发白结块，摇瓶一次，将结块摇碎后继续培养。再过 4 小时左右，曲料会再次结块发白，再摇瓶后继续培养，2 天后将三角瓶倾斜，使底部曲料翻转过来进行扣瓶，待三角瓶内全部长满绿色孢子，即可使用，或者保存于冰箱中备用。若需要保存较长时间，可在 37℃ 温度下烘干后保存在阴凉处。

（三）酱油曲的制作

制曲是酱油酿造的重要环节，只有良好的曲才能酿造出品质优良的酱油，是酿造酱油的基础。

1. **原料配比** 豆饼 300g，麸皮 200g，水 500ml。

2. **制曲过程** 豆饼 300g，加入 500ml 热水（70 ～ 80℃），润水 30 ～ 40 分钟（不要搅动），加入麸皮 200g，装入铝盒于 121℃ 灭菌 30 分钟，倒入用 75%酒精消毒的瓷盘中摊冷到 40℃，接入 0.3% ～ 0.5% 的三角瓶种曲，搅拌均匀，盖上湿纱布，20 ～ 30℃ 下培养 30 ～ 40 小时。

3. **酱油大曲培养过程管理**

（1）培养 12 ～ 16 小时，当品温上升到 34℃ 左右，曲料面层稍有发白结块，进行一次翻曲，继续培养 4 ～ 6 小时，当品温又上升到 36℃ 时，再进行第二次翻曲。

（2）防止曲表面失水干燥，用湿纱布盖好，并要勤换。

（3）通过曲料颜色、温度、气味等观察其生长过程。

（4）通过酶活力（蛋白酶）分析可判断制曲的时间及质量。

（5）成曲质量标准：外观块状、疏松、内部白色菌状丝茂盛，并着生少量嫩黄绿色孢子，无灰黑色或褐色夹心，具有正常的浓厚曲香，无酸味、豆豉臭、氨臭及其他异味，含水量约 30%，蛋白酶活力约为每克曲 1 000U，细菌 <50 亿 /g（以干曲计）。

（四）发酵

1. **食盐水的配制**（12 ～ 13°Bé **盐水**） 食盐溶解后，用波美计测定浓度，并根据当时温度调整到规定浓度。一般经验是 100kg 水加盐 1.5kg 左右得到 1°Bé 盐水，但往往因为食盐质量不同而需要增减。采用波美计测定一般以 20℃ 为标准温度，但实际生产配制盐水时，往往高于或低于此温度，因此必须换算成标准温度时盐水的波美度。计算公式如下：

（1）当盐水温度高于 20℃ 时：

$$B \approx A+0.05(t-20℃) \qquad 式(5\text{-}9)$$

（2）当盐水温度低于 20℃ 时：

$$B \approx A-0.05(20℃-t) \qquad 式(5\text{-}10)$$

式（5-9）、式（5-10）中，B 为标准温度时盐水的波美度数；A 为测得盐水的波美度数；t 为测得盐水的当时温度，℃。

2. **制醅** 将大曲捏碎，拌入 300ml 55℃ 12 ～ 13°Bé 的盐水，使原料含水量达到 50% ～ 60%（包括成曲含水量 30% 在内），充分拌匀后装入标本缸中，稍压紧，在醅面加约 20g 的封口盐，盖上盖子。

3. **发酵管理** 将制好的酱醅于 40℃ 恒温培养箱中发酵 4 ～ 5 天，然后升温到 42 ～ 45℃ 继续发酵 8 ～ 10 天。整个发酵期为 12 ～ 15 天。发酵成熟的酱醅质量标准为：①红褐色有光泽，醅层颜色一致；②柔软、松散、不黏不干、无硬心；③有酱香、味鲜美，酸度适中，无苦涩及不良气味；④ pH 不低于 4.8，一般为 5.5 ～ 6.0 ；⑤细菌数 <30 万 /g。

（五）浸出与淋油

将纱布叠成四层铺在 2 000ml 分装器底部，把成熟酱醅移到分装器中，加入沸水 1 000ml，置于 60 ～ 70℃ 恒温培养箱中浸泡 20 小时左右，放开分装器出口流油，滤干后计量并用波美计测浓度，此油为头油。一般酱油波美度达到 18°Bé 为准，低于此值者加盐调节。

成品酱油的感官指标如下：

（1）光泽：棕褐色或红褐色，鲜艳，有光泽，不发乌。

（2）香气：有酱香及其他酯香气，无其他不良气味。

（3）滋味：鲜美，适口，味醇厚，不得有酸苦涩等异味。

（4）体态：澄清，不浑浊，无沉淀，无霉菌浮膜。

五、实验结果

对酿造酱油进行感官方面的品质鉴定。

六、思考与拓展

1. 试述在酱油酿造过程中容易出现的问题及防治措施。
2. 查阅资料，列出 1 ～ 2 种不同风味酱油的酿造工艺。

实验五十五　食用菌菌种的分离和制种技术

一、实验目的

1. 了解我国食用菌栽培的历史文化。
2. 了解食用菌菌种的采集方法和分离原理。
3. 掌握食用菌菌种的分离和制种的操作方法。

二、实验原理

食用菌的最大特征是形成形状、大小、颜色各异的大型肉质子实体。典型的食用菌，其子实体均由顶部的菌盖（包括表皮、菌肉和菌褶）、中部的菌柄（常有菌环和菌托）和基部的菌丝三部分组成。食用菌栽培菌种的来源有两种，一种是向有关菌种保藏或生产单位索取或购买，另一种是从自然界采集新鲜的食用菌进行分离。分离法有孢子分离、组织分离及菇木基质分离几种。其中最简便有效的方法是组织分离，成功率高，菌种质量好。在自行分离前，首先必须熟悉欲采集的食用菌的形态特征及生态环境，采集后应详细记录，然后带回实验室进行分离和鉴定。

三、实验材料

1. **菌种**　双孢蘑菇（*Agaricus bisporus*）菌种、平菇菌种等。
2. **培养基**　PDA 培养基、食用菌制种的营养原材料等。
3. **仪器及其他用品**　普通光学显微镜、恒温培养箱、载玻片、盖玻片、香柏油、擦镜纸、镊子、无菌培养皿、无菌滤纸、单面刀片、接种环、接种铲、试管等。

4. **试剂** 0.1% 氯化汞溶液、75% 乙醇溶液、乳酚油染色液、生理盐水、无菌水等。

四、实验步骤

(一)蘑菇菌丝体、子实体的观察

1. **蘑菇菌丝体的形态** 观察蘑菇菌丝体的形态结构,可直接从生长在斜面培养基或平板的培养物中挑取菌丝制片观察,若要观察菌丝体的自然着生形态,可采用如下方法制备观察标本。

(1)制 PDA 平板:在无菌培养皿中倒入约 20ml PDA 培养基,待凝固后备用。

(2)接蘑菇母种:在无菌操作环境下将蘑菇母种接入上述制备的平板培养基上。

(3)插片或搭片:用无菌镊子将无菌盖玻片以约 40° 角插入接有蘑菇母种块的培养基内,距离接种块 1cm 左右,每皿可插 2 ~ 3 片。

(4)恒温培养:将接种平板置 25℃ 恒温培养箱内培养。箱内放一盘水以保持足够的湿度,满足菌丝体的正常生长。

(5)制备镜检片:培养 2 ~ 3 天后,当菌丝已长到盖玻片上时,用镊子取出盖玻片。在一片洁净的载玻片上滴一滴乳酚油染色液,把盖玻片长有菌丝的一面朝下,覆盖在染液中,用滤纸吸取多余的染液。

(6)镜检观察:将载玻片置载物台上用低倍镜观察。

镜检锁状联合:移动载玻片,寻找到菌丝不成团并有锁状联合处,用高倍镜、油镜进行仔细观察,并把观察到的图像绘制下来。

2. **蘑菇子实体结构** 观察蘑菇子实体的层次结构,必须对其菌褶进行超薄切片(切片机法或徒手法)。切片的材料可用新鲜标本或某些干制标本,以新鲜蘑菇的徒手切片法作简介。

取菌褶块:取新鲜子实体菌褶部位的一小块组织,放置在培养皿内的纸片上,置于冰箱冷冻室内冷冻约 10 分钟。

(1)徒手切片:取出培养皿,开取皿盖,左手轻压按住标本,右手用单面刀片对标本进行快速仔细切削,使其形成许多菌褶层的薄片状。

(2)漂洗切片:将切片置于含生理盐水的培养皿内漂洗,选取薄而均匀透明的菌褶层切片制备成观察标本。

(3)镜检观察:可在低倍镜或中倍镜下观察菌褶层的菌丝形态及担子、担孢子结构形态等。

(二)蘑菇菌种的分离与培养方法

1. **采集菌样** 用小铲或小刀将子实体周围的土挖松,然后将子实体连带土层一起挖出(注意不能用手拨,以免损坏其完整性)。用无菌纸或纱布将整体包好,带回实验室。

2. **子实体消毒** 在无菌条件下将带泥部分的菌柄切除,如菌褶尚未裸露,可将整个子实体浸入1%氯化汞溶液中消毒2 ~ 3分钟,再用无菌水漂洗3次;如菌褶已外露,只能用75%乙醇擦菌盖和菌柄表面2 ~ 4次,以除去尘埃并杀死附着的菌落。

3. **收集孢子**

(1)放置搁架:将消毒后的菌盖与菌柄垂直放在消毒过的三脚架上,三脚架可用不锈钢丝或铅丝制作。

(2)放入无菌罩内:将菇架一起放到垫有无菌滤纸的培养皿内,然后盖上玻璃罩,玻璃罩下再垫一个直径稍大的培养皿。

(3)培养与收集孢子:将上述装置放在合适的温度下,让其释放孢子。不同菌种释放孢子的温度稍有差异,如双孢蘑菇为14 ~ 18℃、香菇为12 ~ 18℃、侧耳为13 ~ 20℃。在合适的温度下子实体的菌盖逐渐展开,成熟孢子即可掉落至培养皿内的无菌滤纸上。

4. **获取菌种**

(1)制备孢子悬液:用灭菌的接种环蘸少许无菌水,再用环蘸少量孢子移至含有5ml无菌水的试管中制成孢子悬液。

(2)接种于PDA斜面:挑一环孢了悬液接种到马铃薯斜面培养基上,即在斜面上做“Z”字形划线或拉一条线的接种方法制备斜面菌种。

(3)培养与观察:20 ~ 25℃培养4 ~ 5天,待斜面上布满白色菌丝体后即可作为菌种进行扩大培养与使用。

(4)单孢子纯菌斜面:若要获取单孢子纯菌落,可取上述孢子悬液1滴(约0.1ml)于马铃薯葡萄糖平板培养基上,然后用涂布棒均匀地涂布于整个平板表面上。培养后,选取单菌落移接至斜面培养基上就可获得由单孢子得来的纯菌斜面。

(5)组织分离法:即从消毒子实体的菌盖或菌褶部分切取一部分菌丝体,移至马铃薯葡萄糖斜面培养基上,经培养后在菌块周围会长出白色菌丝体。待菌丝布满整个斜面后就可作为菌种(整个过程要注意无菌操作,防止杂菌污染)。

（三）平菇原种和栽培种制备方法

母种的分离与培养：在食用菌栽培中，菌种优劣是获取经济效益的关键。它直接影响原种、栽培种的质量及其产量与效益。食用菌菌种的制备大致相同。

原种与栽培种的制备：由试管斜面菌种初步扩大繁殖至固体种（原种）。由原种再扩大繁殖应用于生产的菌种，称为生产种或栽培种。其逐步扩大的步骤如下：

1. **培养基配方**　棉籽壳 50kg、石膏粉 1kg、过磷酸钙（或尿素）0.25kg、白砂糖 0.5kg、水约 60kg，pH 5.5 ~ 6.5。

2. **拌料**　将棉籽壳、石膏粉、过磷酸钙按定量充分拌匀，将糖溶在 60kg 的水中，然后边拌边加入糖水，糖水加完后，再充分拌匀。静止 4 小时后，再测定其含水量，一般控制在 60% 左右，pH 5.5 ~ 6.5。

3. **装瓶**　将配好的培养料装入培养瓶中，装料时尽量做到瓶的四周料层较结实，中间稍松，并在中心留一个小洞，以利于接种。栽培种装料量常至瓶的齐瓶肩处。

4. **灭菌**　装瓶后应立即灭菌，温度 121℃ 维持 1.5 ~ 2 小时以达到彻底杀灭固料内杂菌的目的。取出瓶待冷却后及时接种。若用土法蒸笼灭菌，加热至培养基上冒蒸汽后，继续维持 4 ~ 6 小时，然后闷蒸 3 ~ 4 小时彻底杀灭固料中的微生物菌体细胞、孢子与芽孢。

5. **原种制备**　从菌种斜面挑取一定量的菌丝体移接到 500ml 三角瓶固体培养料中，拍匀培养料与菌丝体后置于适宜温度下培养。或将斜面母种划成 6 块，用无菌接种铲铲下一块放入原种培养基上（注意将长有菌丝的一面朝向原种的培养料），使母种与原种培养料直接接触，以利于生长。塞上棉塞，25℃ 左右室温避光培养。

6. **栽培种的接种**　可在无菌室或超净工作台上进行接种。将已灭菌且冷却至 50℃ 左右的培养料以无菌操作法接上原种培养物，菌种接入栽培种培养料的中间洞孔内及培养料的表层，使表面铺满原种培养物，然后用接种铲将表面压实，以利于原种与培养料紧密结合，促使菌种在培养料中快速伸展与繁殖。

7. **观察与培养**　接种完毕应立即将瓶口用无菌纸包扎好，25℃ 左右培养，原种瓶装的料面上布满菌丝体需 7 ~ 10 天，栽培种料面上布满菌丝体需 10 ~ 30 天。

五、实验结果

1. 绘制显微镜下观察到的蘑菇形态构造，并填入表 5-6。

表 5-6　蘑菇形态构造记录

观察部位	低倍镜下	中倍镜下	高倍镜下
蘑菇菌丝			
菌褶结构			
担子			
担孢子			

2. 将分离蘑菇的结果记录在表 5-7 中。

表 5-7　分离蘑菇记录

食用菌名称	收集孢子的温度	孢子的颜色与形状	菌丝体培养温度

3. 将观察到的蘑菇子实体形态构造记录在表 5-8 中。

表 5-8　蘑菇子实体形态构造记录

子实体	食用菌名称	
	双孢蘑菇	平菇
菌盖		
菌褶		
菌柄		
菌环		
菌托		

4. 记录平菇栽培种的制备与培养结果。

六、思考与拓展

1. 高等食用真菌的生活史与霉菌的生活史有何不同特点?
2. 食用蘑菇的菌种制备与形态特征观察中各须注意哪些方面?
3. 平菇的菌种制备与原种或栽培种的制备及管理等方面有何异同?

附录

附录一 微生物实验常用培养基的配制

1. **平板计数琼脂培养基** 胰蛋白胨 5.0g、酵母浸膏 2.5g、葡萄糖 1.0g、琼脂 15.0g，将上述成分加于 1 000ml 蒸馏水中，煮沸溶解，调节 pH 至 7.0 ± 0.2。分装于适宜容器，121℃ 高压灭菌 20 分钟。

2. **月桂基硫酸盐胰蛋白胨（lauryl sulfate tryptose，LST）肉汤** 胰蛋白胨或胰酪胨 20.0g、氯化钠 5.0g、乳糖 5.0g、磷酸氢二钾 2.75g、磷酸二氢钾 2.75g、月桂基硫酸钠 0.1g，将上述成分加于 1 000ml 蒸馏水中，调节 pH 至 6.8 ± 0.2。分装到有玻璃小倒管的试管中，每管 10ml。115℃ 高压灭菌 30 分钟。

3. **煌绿乳糖胆盐（brilliant green lactose bile，BGLB）肉汤** 将 10.0g 蛋白胨、10.0g 乳糖，溶于约 500ml 蒸馏水中，加入 200ml 牛胆粉（oxgall 或 oxbile）溶液（将 20.0g 脱水牛胆粉溶于 200ml 蒸馏水中，调节 pH 至 7.0 ～ 7.5），用蒸馏水稀释到 975ml，调节 pH 至 7.2 ± 0.1，再加入 0.1%煌绿水溶液 13.3ml，用蒸馏水补足到 1 000ml，用棉花过滤后，分装到有玻璃小倒管的试管中，每管 10ml。115℃ 高压灭菌 30 分钟。

4. **结晶紫中性红胆盐琼脂（violet red bile agar，VRBA）** 蛋白胨 7.0g、酵母膏 3.0g、乳糖 10.0g、氯化钠 5.0g、胆盐或 3 号胆盐 1.5g、中性红 0.03g、结晶紫 0.002g、琼脂 15 ～ 18g，将上述成分溶于 1 000ml 蒸馏水中，静置几分钟，充分搅拌，调节 pH 至 7.4 ± 0.1。煮沸 2 分钟，将培养基融化并恒温至 45 ～ 50℃ 倾注平板。使用前临时制备，不得超过 3 小时。

5. **马铃薯葡萄糖琼脂** 将马铃薯（去皮切块）200g，置于 1 000ml 蒸馏水中，煮沸 20 分钟。用纱布过滤，补足蒸馏水。加入葡萄糖和琼脂各 20.0g，加热溶解，分装后，115℃ 高压灭菌 30 分钟，备用。

6. **孟加拉红琼脂** 将蛋白胨 5.0g、葡萄糖 10.0g、磷酸二氢钾 1.0g、硫酸镁（无水）0.5g、琼脂 20.0g、孟加拉红 0.033g、氯霉素 0.1g 加至蒸馏水中，加热溶解，补足蒸馏水至 1 000ml，分装后，115℃ 高压灭菌 30 分钟。

7. Bolton **肉汤**（Bolton broth）

（1）基础培养基：动物组织酶解物 10.0g、乳白蛋白水解物 5.0g、酵母浸膏 5.0g、氯化钠 5.0g、丙酮酸钠 0.5g、偏亚硫酸氢钠 0.5g、碳酸钠 0.6g、α- 酮戊二酸 1.0g、蒸馏水 1 000.0ml，121℃ 灭菌 30 分钟，备用。

（2）无菌裂解脱纤维绵羊或马血：对无菌脱纤维绵羊或马血通过反复冻融进行裂解或使

用皂角苷进行裂解。

(3)抗生素溶液:头孢哌酮(cefoperazone)0.02g、万古霉素(vancomycin)0.02g、三甲氧苄氨嘧啶乳酸盐(trimethoprim lactate)0.02g、两性霉素 B(amphotericin B)0.01g、多黏菌素 B(polymyxin B)0.01g、乙醇 / 灭菌水(50/50,体积比)5.0ml。将各成分溶解于乙醇 / 灭菌水中。

(4)完全培养基:基础培养基 1 000.0ml,无菌裂解脱纤维绵羊或马血 50.0ml,抗生素溶液 5.0ml。当基础培养基的温度为 45℃ 左右时,无菌加入绵羊或马血和抗生素溶液,混匀,校正 pH 至 7.4(25℃),常温下放置不得超过 4 小时,或在 4℃ 左右避光保存不得超过 7 天。

8. **改良 CCD 琼脂**(modified charcoal cefoperazone deoxycholate agar,mCCDA)

(1)基础培养基:肉浸液 10.0g、动物组织酶解物 10.0g、氯化钠 5.0g、木炭 4.0g、酪蛋白酶解物 3.0g、去氧胆酸钠 1.0g、硫酸亚铁 0.25g、丙酮酸钠 0.25g、琼脂 8.0 ~ 18.0g、蒸馏水 1 000.0ml。将上述各成分溶于蒸馏水中,121℃ 灭菌 20 分钟,备用。

(2)头孢哌酮(cefoperazone)0.032g、两性霉素 B(amphotericin B)0.01g、利福平(rifampicin)0.01g、乙醇 / 灭菌水(50/50,体积比)5.0ml。将各成分溶解于乙醇 / 灭菌水中。

(3)完全培养基:基础培养基 1 000.0ml,抗生素 5ml。当基础培养基的温度为 45℃ 左右时,加入抗生素溶液,混匀。校正 pH 至 7.4 ± 0.2(25℃)。倾注 15ml 于无菌平皿中,静置至培养基凝固。使用前须预先干燥平板。制备的平板未干燥时在室温放置不得超过 4 小时,或在 4℃ 左右冷藏不得超过 7 天。

9. 60g/L **氯化钠蛋白胨水**(peptone water,PW) 蛋白胨 10.0g、氯化钠 60.0g、蒸馏水 1 000ml,将各成分加热溶解,调 pH 至 7.2,无菌操作分装于 500ml 广口瓶或 500ml 三角瓶中,每瓶 450ml。

10. **氯化钠多黏菌素 B 肉汤**(sodium chloride polymyxin broth base,SCPB) 酵母浸膏 3.0g、蛋白胨 10.0g、氯化钠 20.0g、多黏菌素 B 250U/ml(每毫升培养基)、蒸馏水 1 000ml。将各成分(除多黏菌素 B 外)加热溶解,校正 pH=7.4,于 121℃ 高压灭菌 15 分钟,待冷至 45 ~ 50℃ 时加入多黏菌素 B(配成水溶液)混匀,分装于灭菌的 17mm × 170mm 试管中,每管 10ml。

11. **含 0.6% 酵母浸膏的胰酪胨大豆肉汤**(tryptic soy broth with 0.6% yeast extract,TSB-YE) 胰胨 17.0g、多价胨 3.0g、酵母浸膏 6.0g、氯化钠 5.0g、磷酸氢二钾 2.5g、葡萄糖 2.5g、蒸馏水 1 000ml。将上述各成分加热搅拌溶解,调节 pH 至 7.2 ± 0.2,分装,121℃ 高压灭菌 20 分钟,备用。

12. **含 0.6% 酵母浸膏的胰酪胨大豆琼脂**(tryptic soy agar with 0.6% yeast extract,TSA-YE)

胰胨 17.0g、多价胨 3.0g、酵母浸膏 6.0g、氯化钠 5.0g、磷酸氢二钾 2.5g、葡萄糖 2.5g、琼脂 15.0g、蒸馏水 1 000ml。将上述各成分加热搅拌溶解，调节 pH 至 7.2 ± 0.2，分装，121℃ 高压灭菌 20 分钟，备用。

13. **李氏增菌肉汤**(listeria enrichment broth base，LB；LB1，LB2) 胰胨 5.0g、多价胨 5.0g、酵母膏 5.0g、氯化钠 20.0g、磷酸二氢钾 1.4g、磷酸氢二钠 12.0g、七叶苷 1.0g、蒸馏水 1 000ml。将上述成分加热溶解，调节 pH 至 7.2 ± 0.2，分装，121℃ 高压灭菌 20 分钟，备用。

(1) 李氏Ⅰ液(LB1)225ml 中加入 1% 萘啶酮酸(用 0.05mol/L 氢氧化钠溶液配制)0.5ml、1% 吖啶黄(用无菌蒸馏水配制)0.3ml。

(2) 李氏Ⅱ液(LB2)200ml 中加入 1% 萘啶酮酸 0.4ml、1% 吖啶黄 0.5ml。

14. PALCAM

(1) PALCAM 琼脂：酵母膏 8.0g、葡萄糖 0.5g、七叶苷 0.8g、柠檬酸铁铵 0.5g、甘露醇 10.0g、酚红 0.1g、氯化锂 15.0g、酪蛋白胰酶消化物 10.0g、心胰酶消化物 3.0g、玉米淀粉 1.0g、肉胃酶消化物 5.0g、氯化钠 5.0g、琼脂 15.0g、蒸馏水 1 000ml。将上述成分加热溶解，调节 pH 至 7.2 ± 0.2，分装，121℃ 高压灭菌 20 分钟，备用。

(2) PALCAM 选择性添加剂：多黏菌素 B 5.0mg、盐酸吖啶黄 2.5mg、头孢他啶 10.0mg、无菌蒸馏水 500ml。将 PALCAM 基础培养基溶化后冷却到 50℃，加入 2ml PALCAM 选择性添加剂，混匀后倾倒在无菌平皿中，备用。

15. SIM **动力培养基** 胰胨 20.0g、多价胨 6.0g、硫酸铁铵 0.2g、硫代硫酸钠 0.2g、琼脂 3.5g、蒸馏水 1 000ml。将上述各成分加热混匀，调节 pH 至 7.2 ± 0.2，分装小试管，121℃ 高压灭菌 20 分钟，备用。

16. **缓冲蛋白胨水**(buffered peptone water，BPW) 蛋白胨 10.0g、氯化钠 5.0g、磷酸氢二钠($12H_2O$)9.0g、磷酸二氢钾 1.5g、蒸馏水 1 000ml。将各成分加热搅拌至溶解，调节 pH 至 7.2 ± 0.2，121℃ 高压灭菌 20 分钟。

17. **营养肉汤** 蛋白胨 10.0g、牛肉膏 3.0g、氯化钠 5.0g、蒸馏水 1 000ml，将以上成分混合加热溶解，冷却至 25℃ 左右校正 pH 至 7.4 ± 0.2，分装适当的容器。121℃ 高压灭菌 20min。

18. **肠道菌增菌肉汤** 蛋白胨 10.0g、葡萄糖 5.0g、牛胆盐 20.0g、磷酸氢二钠 8.0g、磷酸二氢钾 2.0g、煌绿 0.015g、蒸馏水 1 000ml，将以上成分混合加热溶解，冷却至 25℃ 左右校正 pH 至 7.2 ± 0.2，分装，每瓶 30ml。115℃ 灭菌 30 分钟。

19. **麦康凯琼脂**(MacConkey agar，MAC) 蛋白胨 20.0g、乳糖 10.0g、3 号胆盐 1.5g、氯

化钠 5.0g、中性红 0.03g、结晶紫 0.001g、琼脂 15.0g、蒸馏水 1 000ml。将以上成分混合加热溶解，校正 pH 至 7.2 ± 0.2。121℃ 高压灭菌 15 分钟。冷却至 45 ~ 50℃，倾注平板。（注：如不立即使用，在 2 ~ 8℃ 条件下可贮存两周。）

20. **伊红美蓝（eosin methylene blue，EMB）琼脂** 蛋白胨 10.0g、乳糖 10.0g、磷酸氢二钾（K_2HPO_4）2.0g、琼脂 15.0g、2% 伊红 Y（曙红）水溶液 20.0ml、0.5% 美蓝（亚甲蓝）水溶液 13.0ml、蒸馏水 1 000ml。

在 1 000ml 蒸馏水中煮沸溶解蛋白胨、磷酸盐和乳糖，加水补足，冷却至 25℃ 左右校正 pH 至 7.1 ± 0.2。再加入琼脂，115℃ 高压灭菌 30 分钟。冷至 45 ~ 50℃，加入 2% 伊红 Y 水溶液和 0.5% 美蓝水溶液，摇匀，倾注平皿。

21. **三糖铁（triple sugar iron，TSI）琼脂** 蛋白胨 20.0g、牛肉浸膏 5.0g、乳糖 10.0g、蔗糖 10.0g、葡萄糖 1.0g、硫酸亚铁铵 [$(NH_4)_2Fe(SO_4)_2 \cdot 6H_2O$]0.2g、氯化钠 5.0g、硫代硫酸钠 0.2g、酚红 0.025g、琼脂 12.0g、蒸馏水 1 000ml。除酚红和琼脂外，将其他成分加于 400ml 水中，搅拌均匀，静置约 10 分钟，加热使完全溶化，冷却至 25℃ 左右校正 pH 至 7.4 ± 0.2。另将琼脂加于 600ml 水中，静置约 10 分钟，加热使完全溶化。将两溶液混合均匀，加入 5% 酚红水溶液 5ml，混匀，分装于小号试管，每管约 3ml。于 115℃ 灭菌 30 分钟，制成高层斜面。冷却后呈橘红色。如不立即使用，在 2 ~ 8℃ 条件下可贮存一个月。

22. **半固体琼脂** 蛋白胨 1.0g、牛肉膏 0.3g、氯化钠 0.5g、琼脂 0.3 ~ 0.5g、蒸馏水 100.0ml，按以上成分配好，加热溶解，冷却至 25℃ 左右校正 pH 至 7.4 ± 0.2，分装于小试管。121℃ 灭菌 20 分钟，直立凝固备用。

23. **尿素琼脂**（pH 7.2）

（1）配制方法：蛋白胨 1.0g、氯化钠 5.0g、葡萄糖 1.0g、磷酸二氢钾 2.0g、0.4% 酚红 3.0ml、琼脂 20.0g、20% 尿素溶液 100.0ml、蒸馏水 1 000ml。除酚红、尿素和琼脂外的其他成分加热溶解，冷却至 25℃ 左右校正 pH 至 7.2 ± 0.2，加入酚红指示剂，混匀，于 121℃ 灭菌 20 分钟。冷至约 55℃，加入用 0.22μm 过滤膜除菌后的 20% 尿素水溶液 100ml，混匀，以无菌操作分装灭菌试管，每管约 3 ~ 4ml，制成斜面后放冰箱备用。

（2）试验方法：挑取琼脂培养物接种，在 36℃ ± 1℃ 培养 24 小时，观察结果。尿素酶阳性者由于产碱而使培养基变为红色。

24. **氰化钾（KCN）培养基**

（1）配制方法：蛋白胨 10.0g、氯化钠 5.0g、磷酸二氢钾 0.225g、磷酸氢二钠 5.64g、0.5% 氰化钾 20.0ml、蒸馏水 1 000ml。将除氰化钾以外的成分加至蒸馏水中，煮沸溶解，分装后

121℃高压灭菌20分钟。放在冰箱内使其充分冷却。每100ml培养基加入0.5%氰化钾溶液2.0ml(最后浓度为1∶10 000),分装于无菌试管内,每管约4ml,立刻用无菌橡皮塞塞紧,放在4℃冰箱内,至少可保存两个月。同时,将不加氰化钾的培养基作为对照培养基,分装试管备用。

(2)试验方法:将琼脂培养物接种于蛋白胨水内成为稀释菌液,挑取1环接种于氰化钾(KCN)培养基。并另挑取1环接种于对照培养基。在36℃±1℃培养1~2天,观察结果。如有细菌生长即为阳性(不抑制),经2天细菌不生长为阴性(抑制)。

注:氰化钾是剧毒药,使用时应小心,切勿沾染,以免中毒。夏天分装培养基应在冰箱内进行。试验失败的主要原因是封口不严,氰化钾逐渐分解,产生氢氰酸气体逸出,以致药物浓度降低,细菌生长,因而造成假阳性反应。

25. **改良EC肉汤**(mEC+n) 胰蛋白胨20.0g、3号胆盐1.12g、乳糖5.0g、磷酸氢二钾($7H_2O$)4.0g、磷酸二氢钾1.5g、氯化钠5.0g、新生霉素钠盐溶液(20mg/ml)1.0ml、蒸馏水1 000ml。除新生霉素外,所有成分溶解在水中,加热煮沸,在20~25℃下校正pH至6.9±0.1,分装。于121℃高压灭菌20分钟,备用。制备浓度为20mg/ml的新生霉素储备溶液,过滤法除菌。待培养基温度冷至50℃以下时,按1 000ml培养基内加1ml新生霉素储备液,使最终浓度为20mg/L。

26. **改良山梨醇麦康凯琼脂**(modified sorbitol MacConkey Agar,CT-SMAC)

(1)山梨醇麦康凯(sorbitol MacConkey,SMAC)琼脂:蛋白胨20.0g、山梨醇10.0g、3号胆盐1.5g、氯化钠5.0g、中性红0.03g、结晶紫0.001g、琼脂15.0g、蒸馏水1 000ml。除琼脂、结晶紫和中性红外,所有成分溶解在蒸馏水中,加热煮沸,在20~25℃下校正pH至7.2±0.2,加入琼脂、结晶紫和中性红,煮沸溶解,分装。于121℃高压灭菌20分钟。

(2)亚碲酸钾溶液:亚碲酸钾0.5g、蒸馏水200ml。将亚碲酸钾溶于水,过滤法除菌。

(3)头孢克肟(cefixime)溶液:头孢克肟1.0mg、95%乙醇200ml。将头孢克肟溶解于95%乙醇中,静置1小时待其充分溶解后过滤除菌。分装试管,储存于–20℃,有效期1年。解冻后的头孢克肟溶液不应再冻存,且在2~8℃下有效期14天。

(4)CT-SMAC:取1 000ml灭菌融化并冷却至46℃±1℃的山梨醇麦康凯琼脂,加入1ml亚碲酸钾溶液和10ml头孢克肟溶液,使亚碲酸钾浓度达到2.5mg/L,头孢克肟浓度达到0.05mg/L,混匀后倾注平板。

27. **营养琼脂** 蛋白胨10.0g、牛肉膏3.0g、氯化钠5.0g、琼脂15.0g、蒸馏水1 000ml。将各成分溶解于蒸馏水中,加热煮沸至完全溶解,校正pH至7.4±0.2,分装。于121℃高压灭菌20分钟。

28. **月桂基硫酸盐胰蛋白胨肉汤**-MUG（laurye sulfate tryptose broth with MUG，LST-MUG） 胰蛋白胨20.0g、氯化钠5.0g、乳糖5.0g、磷酸氢二钾2.75g、磷酸二氢钾2.75g、十二烷基硫酸钠0.1g、4-甲基伞形酮-β-D-葡糖醛酸苷（4-Methylumbelliferyl-β-D-Glucuronide，MUG）0.1g、蒸馏水1 000ml。将各成分溶解于蒸馏水中，加热煮沸至完全溶解，于20 ~ 25℃下校pH至6.8 ± 0.2，分装到带有倒管的试管中，每管10ml，于121℃高压灭菌20分钟。

29. **庖肉培养基** 新鲜牛肉500.0g、蛋白胨30.0g、酵母浸膏5.0g、磷酸二氢钠5.0g、葡萄糖3.0g、可溶性淀粉2.0g、蒸馏水1 000.0ml。称取新鲜除去脂肪与筋膜的牛肉500.0g，切碎，加入蒸馏水1 000ml和1mol/L氢氧化钠溶液25ml，搅拌煮沸15分钟，充分冷却，除去表层脂肪，纱布过滤并挤出肉渣余液，分别收集肉汤和碎肉渣。在肉汤中加入成分表中其他物质并用蒸馏水补足至1 000ml，调节pH至7.4 ± 0.1，肉渣凉至半干。在20mm × 150mm试管中先加入碎肉渣1 ~ 2cm高，每管加入还原铁粉0.1 ~ 0.2g或少许铁屑，再加入配制肉汤15ml，最后加入液体石蜡覆盖培养基0.3 ~ 0.4cm，121℃高压蒸汽灭菌20分钟。

30. **胰蛋白酶胰蛋白胨葡萄糖酵母膏肉汤**（TPGYT Broth Base，TPGYT） 基础成分（TPGY肉汤）：胰酪胨（trypticase）50.0g、蛋白胨5.0g、酵母浸膏20.0g、葡萄糖4.0g、硫乙醇酸钠1.0g、蒸馏水1 000.0ml。将各成分溶于蒸馏水中，调节pH至7.2 ± 0.1，分装20mm × 150mm试管中，每管15ml，加入液体石蜡覆盖培养基0.3 ~ 0.4cm，115℃高压蒸汽灭菌30分钟。冰箱冷藏，两周内使用。临用接种样品时，每管加入胰酶液1.0ml，胰酶液的制取方法：称取胰酶（1 ∶ 250）1.5g，加入100ml蒸馏水中溶解，膜过滤除菌，4℃保存备用。

31. **卵黄琼脂培养基**

（1）基础培养基成分：酵母浸膏5.0g、胰胨5.0g、脲胨（proteose peptone）20.0g、氯化钠5.0g、琼脂20.0g、蒸馏水1 000.0ml。

（2）卵黄乳液：用硬刷清洗鸡蛋2 ~ 3个，沥干，杀菌消毒表面，无菌打开，取出内容物，弃去蛋白，用无菌注射器吸取蛋黄，放入无菌容器中，加等量无菌生理盐水，充分混合调匀，4℃保存备用。

（3）制法：将基础培养基成分溶于蒸馏水中，调节pH至7.0 ± 0.2，分装锥形瓶，121℃高压蒸汽灭菌20分钟，冷却至50℃左右，按每100ml基础培养基加入15ml卵黄乳液，充分混匀，倾注平板，35℃培养24小时进行无菌检查后，冷藏备用。

32. **胰胨-亚硫酸盐-环丝氨酸**（tryptose sulfite cycloserine，TSC）**琼脂**

（1）基础成分：胰胨15.0g、大豆胨5.0g、酵母粉5.0g、焦亚硫酸钠1.0g、柠檬酸铁铵1.0g、琼脂 15.0g、蒸馏水 900.0ml、pH 7.6 ± 0.2。

(2) D- 环丝氨酸溶液：溶解 1g D- 环丝氨酸于 200ml 蒸馏水中，膜过滤除菌后，于 4℃ 冷藏保存备用。

(3) 配制方法：将基础成分加热煮沸至完全溶解，调节 pH，分装到 500ml 烧瓶中，每瓶 250ml，121℃ 高压灭菌 20 分钟，于 50℃ ± 1℃ 保温备用。临用前每 250ml 基础溶液中加入 20ml D- 环丝氨酸溶液，混匀，倾注平皿。

33. **液体硫乙醇酸盐培养基**(fluid thioglycollate medium，FTG) 胰蛋白胨 15.0g、L- 胱氨酸 0.5g、酵母粉 5.0g、葡萄糖 5.0g、氯化钠 2.5g、硫乙醇酸钠 0.5g、刃天青 0.001g、琼脂 0.75g、蒸馏水 1 000.0ml，pH 7.1 ± 0.2。将以上成分加热煮沸至完全溶解，冷却后调节 pH，分装试管，每管 10ml，121℃ 高压灭菌 20 分钟。临用前煮沸或流动蒸汽加热 15 分钟，迅速冷却至接种温度。

34. **缓冲动力 - 硝酸盐培养基** 蛋白胨 5.0g、牛肉粉 3.0g、硝酸钾 5.0g、磷酸氢二钠 2.5g、半乳糖 5.0g、甘油 5.0ml、琼脂 3.0g、蒸馏水 1 000.0ml，pH 7.3 ± 0.2。将以上成分加热煮沸至完全溶解，调节 pH，分装试管，每管 10ml，115℃ 高压灭菌 30 分钟。如果当天不用，置 4℃ 左右冷藏保存。临用前煮沸或流动蒸汽加热 15 分钟，迅速冷却至接种温度。

35. **乳糖 - 明胶培养基** 蛋白胨 15.0g、酵母粉 10.0g、乳糖 10.0g、酚红 0.05g、明胶 120.0g、蒸馏水 1 000.0ml，pH 7.5 ± 0.2。加热溶解蛋白胨、酵母粉和明胶于 1 000ml 蒸馏水中，调节 pH，加入乳糖和酚红。分装试管，每管 10ml，115℃ 高压灭菌 30 分钟。如果当天不用，置 4℃ 左右冷藏保存。临用前煮沸或流动蒸汽加热 15 分钟，迅速冷却至接种温度。

36. **含铁牛奶培养基** 新鲜全脂牛奶 1 000.0ml、硫酸亚铁($7H_2O$)1.0g、蒸馏水 50.0ml。将硫酸亚铁溶于蒸馏水中，不断搅拌，缓慢加入 1 000ml 牛奶中，混匀。分装大试管，每管 10ml，121℃ 高压灭菌 20 分钟。本培养基必须新鲜配制。

37. 0.1% **蛋白胨水** 蛋白胨 1.0g、蒸馏水 1 000.0ml，pH 7.0 ± 0.2。加热溶解，调节 pH，121℃ 高压灭菌 15 分钟。

38. **改良胰蛋白胨大豆肉汤培养基**(modified tryptone soybean broth，mTSB)

(1)基础培养基(胰蛋白胨大豆肉汤 TSB)：胰蛋白胨 17.0g、大豆蛋白胨 3.0g、氯化钠 5.0g、磷酸二氢钾 2.5g、葡萄糖 2.5g、蒸馏水 1 000ml。将各成分溶于蒸馏水中，加热溶解，校正 pH 至 7.3 ± 0.2，121℃ 灭菌 20 分钟，备用。

(2)抗生素溶液

1)多黏菌素溶液：称取 10mg 多黏菌素 B 于 10ml 灭菌蒸馏水中，振摇混匀，充分溶解后过滤除菌。

2)萘啶酸钠溶液:称取 10mg 萘啶酸于 10ml 0.05mol/L 氢氧化钠溶液中,振摇混匀,充分溶解后过滤除菌。

(3)完全培养基:胰蛋白胨大豆肉汤(TSB)1 000ml、多黏菌素溶液 10.0ml、萘啶酸钠溶液 10.0ml。无菌条件下,将各成分进行混合,充分混匀,分装备用。

39. **哥伦比亚 CNA 血琼脂**(Columbia CNA blood agar) 胰酪蛋白胨 12.0g、动物组织蛋白消化液 5.0g、酵母提取物 3.0g、牛肉提取物 3.0g、玉米淀粉 1.0g、氯化钠 5.0g、琼脂 13.5g、多黏菌素 0.01g、萘啶酸 0.01g、蒸馏水 1 000ml。将各成分溶于蒸馏水中,加热溶解,校正 pH 至 7.3 ± 0.2,121℃灭菌 20 分钟,待冷却至 50℃左右时加 50ml 无菌脱纤维绵羊血,摇匀后倒平板。

40. **哥伦比亚血琼脂**(Columbia blood agar)

(1)基础培养基:动物组织酶解物 23.0g、淀粉 1.0g、氯化钠 5.0g、琼脂 8.0 ~ 18.0g,蒸馏水 1 000.0ml。将基础培养基成分溶解于蒸馏水中,加热促其溶解。121℃高压灭菌 20 分钟。

(2)无菌脱纤维绵羊血:无菌操作条件下,将绵羊血加至盛有灭菌玻璃珠的容器中,振摇约 10 分钟,静置后除去附有血纤维的玻璃珠即可。

(3)完全培养基:基础培养基 1 000.0ml、无菌脱纤维绵羊血 50.0ml。当基础培养基的温度为 45℃左右时,无菌加入绵羊血,混匀。校正 pH 至 7.2 ± 0.2。倾注 15ml 于无菌平皿中,静置至培养基凝固。使用前须预先干燥平板。预先制备的平板未干燥时在室温放置不得超过 4 小时,或在 4℃冷藏不得超过 7 天。

41. **灭菌脱脂乳** 无抗生素的脱脂乳经 115℃灭菌 20 分钟。也可采用无抗生素的脱脂牛乳粉,以蒸馏水 10 倍稀释,加热至完全溶解,115℃灭菌 20 分钟。

42. **麸皮斜面培养基** 称取一定量的麸皮,按麸皮:水 =1 : 6 的比例加水,搅拌均匀后,45℃下恒温水浴 1 ~ 2 小时,其间搅拌以便受热均匀。取出后冷却,用纱布过滤得到麸皮浸出液,浸出液中加入 1.5% 琼脂即可。

43. **酪素培养基** 磷酸二氢钾 0.036%、磷酸二氢钠($7H_2O$)0.107%、硫酸镁($7H_2O$)0.05%、氯化锌 0.001 4%、氯化钠 0.016%、氯化钙 0.000 2%、硫酸亚铁 0.000 2%、酪素 0.4%、胰蛋白胨 0.005%、琼脂 1.5%,蒸馏水配制,pH 6.5 ~ 7.0,121℃灭菌 20 分钟。

44. **发酵培养基** 麸皮 12g、豆粕 3g、水 8ml,放入 250ml 三角瓶中搅拌均匀,121℃灭菌 30 分钟。

45. **牛肉膏蛋白胨培养基(用于细菌培养)** 牛肉膏 3g、蛋白胨 10g、氯化钠 5g、水

1 000ml，pH 7.4 ～ 7.6。

46. **高氏一号培养基(用于放线菌培养)** 可溶性淀粉 20g、硝酸钾 1g、氯化钠 0.5g、磷酸氢二钾($3H_2O$)0.5g、硫酸镁($7H_2O$)0.5g、硫酸亚铁($7H_2O$)0.01g、水 1 000ml，pH 7.4 ～ 7.6。配制时注意可溶性淀粉要先用冷水调匀后再加至以上培养基中。

47. **马丁氏(Martin)培养基(用于从土壤中分离真菌)** 磷酸氢二钾 1g、硫酸镁($7H_2O$) 0.5g、蛋白胨 5g、葡萄糖 10g、1/3 000 孟加拉红溶液 100ml、水 900ml，自然 pH，115℃ 湿热灭菌 30 分钟。待培养基融化后冷却至 55 ～ 60℃ 时加入链霉素(链霉素含量为 30μg/ml)。

48. **察氏培养基** 蔗糖 30g、硝酸钠 2g、磷酸氢二钾 1g、硫酸镁($7H_2O$)0.5g、氯化钾 0.5g、硫酸亚铁($7H_2O$)0.1g、水 1 000ml，pH 7.0 ～ 7.2。

49. **Hayflick 培养基(用于支原体培养)** 牛心消化液(或浸出液)1 000ml、蛋白胨 10g、氯化钠 5g、琼脂 15g，pH 7.8 ～ 8.0，分装每瓶 70ml，121℃ 湿热灭菌 20 分钟，待冷却至 80℃ 左右，每 70ml 中加入马血清 20ml、25% 鲜酵母浸出液 10ml、15% 醋酸铊水溶液 2.5ml、青霉素钾盐水溶液(20 万 U 以上)0.5ml，以上混合后倾注平板。

需要注意的是，醋酸铊是极毒的药品，须特别注意安全操作。

50. **麦氏(McCLary)培养基(醋酸钠培养基)** 葡萄糖 0.1g、氯化钾 0.18g、酵母膏 0.25g、醋酸钠 0.82g、琼脂 1.5g、蒸馏水 100ml。溶解后分装试管，115℃ 湿热灭菌 30 分钟。

51. **葡萄糖蛋白胨水培养基(用于 V-P 反应和甲基红实验)** 蛋白胨 0.5g、葡萄糖 0.5g、磷酸氢二钾 0.2g、水 100ml，pH 7.2，115℃ 湿热灭菌 30 分钟。

52. **蛋白胨水培养基(用于吲哚实验)** 蛋白胨 10g、氯化钠 5g、水 1 000ml，pH 7.2 ～ 7.4，121℃ 湿热灭菌 20 分钟。

53. **糖发酵培养基(用于细菌糖发酵实验)**

(1)成分：蛋白胨 0.2g、氯化钠 0.5g、磷酸氢二钾 0.02g、水 100ml、溴麝香草酚蓝(1% 水溶液)0.3ml、糖类 1g。

(2)分别称取蛋白胨和氯化钠溶于热水中，调 pH 至 7.4，再加入溴麝香草酚蓝(先用少量 95% 乙醇溶解后，再加水配成 1% 水溶液)，加入糖类，分装试管，装量 4 ～ 5cm 高，并倒放入一个杜氏小管(管口向下，管内充满培养液)。115℃ 湿热灭菌 30 分钟。灭菌时注意适当延长煮沸时间，尽量把冷空气排尽以使杜氏小管内不残存气泡。常用的糖类，如葡萄糖、蔗糖、甘露糖、麦芽糖、乳糖、半乳糖等(后两种糖的用量常加大为 1.5%)。

54. **7.5% 氯化钠肉汤**

(1)成分：蛋白胨 10.0g、牛肉膏 5.0g、氯化钠 75g、蒸馏水 1 000ml。

(2)制法:将上述成分加热溶解,调节 pH 至 7.4 ± 0.2,分装,每瓶 225ml,121℃高压灭菌 15 分钟。

55. **血琼脂平板**

(1)成分:豆粉琼脂(pH 7.5 ± 0.2)1 000ml、脱纤维羊血(或兔血)5 ~ 10ml。

(2)制法:加热融化琼脂,冷却至 50℃,以无菌操作加入脱纤维羊血,摇匀,倾注平板。

56. Baird-Parker **琼脂平板**

(1)成分:胰蛋白胨 10.0g、牛肉膏 5.0g、酵母膏 1.0g、丙酮酸钠 10.0g、甘氨酸 12.0g、氯化锂($LiCl\text{-}6H_2O$)5.0g、琼脂 20.0g、蒸馏水 950ml。

(2)增菌剂的配法:30% 卵黄盐水 50ml 与通过 0.22μm 孔径滤膜进行过滤除菌的 1% 卵黄亚碲酸钾溶液 10ml 混合,保存于冰箱内。

(3)将各成分加到蒸馏水中,加热煮沸至完全溶解,调节 pH 至 7.0 ± 0.2,分装每瓶 95ml,121℃高压灭菌 15 分钟,临用时加热溶化琼脂,冷至 50℃,每 95ml 加入预热至 50℃的卵黄亚碲酸钾增菌剂 5ml,摇匀后倾注平板,培养基应致密不透明,使用前在冰箱中贮存不得超过 48 小时。

57. **脑心浸出液肉汤**(brain heart infusion broth,BHI)

(1)成分:胰蛋白质胨 10.0g、氯化钠 5.0g、磷酸氢二钠($12H_2O$)2.5g、葡萄糖 2.0g、牛心浸出液 500ml。

(2)制法:加热溶解,调节 pH 至 7.4 ± 0.2,分装于 16mm × 160mm 试管,每管 5ml,115℃ 20 分钟灭菌。

58. **兔血浆**

(1)取柠檬酸钠 3.8g,加蒸馏水 100ml,溶解质过滤,装瓶,121℃高压灭菌 20 分钟。

(2)兔血浆制备:取 3.8% 柠檬酸钠溶液 1 份,加兔全血 4 份,混好静置(或以 3 000r/min 离心 30 分钟),使血液细胞下降,即可得血浆。

59. **营养琼脂小斜面**

(1)成分:蛋白胨 10.0g、牛肉膏 3.0g、氯化钠 5.0g、琼脂 15.0 ~ 20.0g、蒸馏水 1 000ml。

(2)制法:将除琼脂以外的各成分溶解于蒸馏水内,加入 15% 氢氧化钠溶液约 2ml,调节 pH 至 7.3 ± 0.2。加入琼脂,加热煮沸,使琼脂液化,分装于 13mm × 130mm 试管,121℃高压灭菌 20 分钟。

60. BCG **牛乳培养基(用于乳酸发酵)**

(1)A 溶液:脱脂乳粉 100g、水 500ml,加入 1.6% 溴甲酚绿(bromocresol green,BCG)乙

醇溶液 1ml，80℃ 灭菌 20 分钟。

⑵ B 溶液：酵母膏 10g、水 500ml、琼脂 20g，pH 6.8，121℃ 湿热灭菌 20 分钟。以无菌操作趁热将 A、B 溶液混合均匀后倒平板。

61. **乳酸菌培养基（用于乳酸发酵）** 牛肉膏 5g、酵母膏 5g、蛋白胨 10g、葡萄糖 10g、乳糖 5g、氯化钠 5g、水 1 000ml，pH 6.8，121℃ 湿热灭菌 20 分钟。

62. **酒精发酵培养基** 蔗糖 10g、硫酸镁（$7H_2O$）0.5g、硝酸铵 0.5g、20% 豆芽汁 2ml、磷酸二氢钾 0.5g、水 100ml，自然 pH。

63. **豆芽汁培养基** 黄豆芽 500g，加水 1 000ml，煮沸 1 小时，过滤后补足水分，121℃ 湿热灭菌后存放备用，此为 50% 豆芽汁。

⑴ 用于细菌培养：10% 豆芽汁 200ml、葡萄糖（或蔗糖）50g、水 800ml，pH 7.2 ~ 7.4。

⑵ 用于霉菌或酵母菌培养：10% 豆芽汁 200ml、糖 50g、水 800ml，自然 pH。霉菌用蔗糖，酵母菌用葡萄糖。

64. **LB（luria-bertani）培养基** 重蒸馏水 950ml、胰蛋白胨 10g、氯化钠 10g、酵母提取物 5g，用 1mol/L 氢氧化钠调节 pH 至 7.0，加重蒸馏水至总体积为 1L，121℃ 湿热灭菌 20 分钟。

65. **品红亚硫酸钠培养基（又称远藤氏培养基，用于水体中大肠菌群测定）**

⑴ 配方：蛋白胨 10g、牛肉浸膏 5g、酵母浸膏 5g、琼脂 20g、乳糖 10g、磷酸氢二钾 0.5g、无水亚硫酸钠 5g、5% 碱性品红乙醇溶液 20ml、蒸馏水 1 000ml。

⑵ 制作过程：先将蛋白胨、牛肉浸膏、酵母浸膏和琼脂加至 900ml 水中，加热溶解，再加入磷酸氢二钾，溶解后补充水至 1 000ml，调 pH 至 7.2 ~ 7.4。随后加入乳糖，混匀溶解后，于 115℃ 湿热灭菌 30 分钟。再称取亚硫酸钠至一个无菌空试管中，用少许无菌水使其溶解，在水浴中煮沸 10 分钟后，立即滴加于 20ml 5% 碱性品红乙醇溶液中，直至深红色转变为淡粉红色为止。将此混合液全部加至上述已灭菌的并仍保持融化状态的培养基中，混匀后立即倒平板，待凝固后存放冰箱备用。若颜色由淡红变为深红，则不能再用。

66. **乳糖蛋白胨半固体培养基（用于水体中大肠菌群测定）** 蛋白胨 10g、牛肉浸膏 5g、酵母膏 5g、乳糖 10g、琼脂 5g、蒸馏水 1 000ml，pH 7.2 ~ 7.4，分装于试管（10ml/ 管），115℃ 湿热灭菌 30 分钟。

67. **乳糖蛋白胨培养液（用于多管发酵法检测水体中大肠菌群）** 蛋白胨 10g、牛肉膏 3g、乳糖 5g、氯化钠 5g、蒸馏水 1 000ml、1.6% 溴甲酚紫乙醇溶液 1ml。调 pH 至 7.2，分装于试管（10ml/ 管），并放入倒置杜氏小管，115℃ 湿热灭菌 30 分钟。

68. **三倍浓乳糖蛋白胨培养液（用于水体中大肠菌群测定）** 将乳糖蛋白胨培养液中各

营养成分扩大 3 倍加至 1 000ml 水中，制法同上，分装于放有倒置杜氏小管的试管中，每管 5ml，115℃ 湿热灭菌 30 分钟。

69. **伊红美蓝培养基**（eosin-methylene blue medium，EMB **培养基；用于水体中大肠菌群测定和细菌转导**）

(1) 配方：蛋白胨 10g、乳糖 10g、磷酸氢二钾 2g、琼脂 25g、2% 伊红 Y（曙红）水溶液 20ml、0.5% 美蓝（亚甲蓝）水溶液 3ml，pH 7.4。

(2) 制作过程：先将蛋白胨、乳糖、磷酸氢二钾和琼脂混匀，加热溶解后，调 pH 至 7.4，115℃ 湿热灭菌 30 分钟，然后加入已分别灭菌的伊红水溶液和美蓝水溶液，充分混匀，防止产生气泡。待培养基冷却到 50℃ 左右倒平皿。如培养基太热会产生过多的凝集水，可在平板凝固后倒置存于冰箱备用。在细菌转导实验中用半乳糖代替乳糖，其余成分不变。

70. **麦芽汁琼脂培养基** 麦芽提取物 20g，蛋白胨 5g，琼脂 15g，蒸馏水 1 000ml。

以上各种培养基均可配制成固体或半固体状态，只需改变琼脂用量即可，前者为 1.5% ~ 2.0%，后者为 0.3% ~ 0.8%。

附录二 微生物实验染色剂的配制

1. **齐氏苯酚品红染液**

(1) 甲液：取苯酚 5g，溶解在 95ml 蒸馏水中。

(2) 乙液：取 0.3g 碱性品红，放入研钵中研磨，逐渐加入 10ml 95% 乙醇溶液，继续淹没，使它溶解。

(3) 配制方法：将甲液和乙液混合后，摇匀，过滤，装瓶，备用。

2. **吕氏碱性美蓝染液**

(1) 甲液：将 0.3g 美蓝溶于 30ml 95% 乙醇溶液中，制成美蓝 - 乙醇饱和液。

(2) 乙液：取氢氧化钾 0.01g（或 1% 氢氧化钾溶液 1ml），溶液可用于放线菌染色，0.1% 浓度也可用于酵母菌染色。

(3) 配制方法：将甲液和乙液混合即可。

3. 0.1% **美蓝染色液** 吕氏美蓝染色液 46ml，蒸馏水 54ml。

4. **革兰氏染色液**

(1) 结晶紫染色液：结晶紫 1.0g、95% 乙醇溶液 20.0ml、1% 草酸铵水溶液 80.0ml。将结

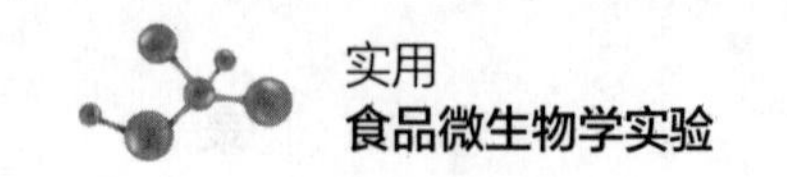

晶紫完全溶解于乙醇溶液中，后与草酸铵溶液混合。

(2)革兰氏碘液：碘 1.0g、碘化钾 2.0g、蒸馏水 300ml。将碘与碘化钾先进行混合，加入蒸馏水少许，充分振摇，待完全溶解后，再加蒸馏水至 300ml。

(3)番红复染液：番红 0.25g、95% 乙醇溶液 10.0ml、蒸馏水 90.0ml。将番红溶解于乙醇中，然后用蒸馏水稀释。

5. **乳酸苯酚棉蓝染液** 苯酚 10g、乳酸 10ml、甘油 20ml、蒸馏水 10ml、棉蓝 0.02g，将苯酚于蒸馏水中加热溶解，然后加入乳酸和甘油，最后加入棉蓝，使其溶解即成，用于进行真菌的固定和染色。

6. **芽孢染液** 用此配方染色是用甲液染色后，用乙液复染。

(1)甲液：取 5g 孔雀绿，加入少量蒸馏水，使其溶解后，用蒸馏水稀释到 100ml，即成孔雀绿染液。

(2)乙液：取番红花红 0.5g，加入少量蒸馏水，使其溶解后，用蒸馏水稀释到 100ml，即成番红花红复染液。

7. **荚膜染液** 此配方先用甲液染色，后用乙液复染。

(1)甲液：取结晶紫 0.1g，溶于少量蒸馏水后，加水稀释到 100ml，再加入 0.25ml 冰醋酸，即成结晶紫染液。

(2)乙液：取硫酸铜 31.3g，溶于少量蒸馏水后，加水稀释到 100ml，即成 20% 硫酸铜脱色剂。

8. **鞭毛染液**

(1)甲液：饱和明矾溶液 2ml、5% 苯酚溶液 5ml、20%单宁酸溶液 2ml。

(2)乙液：碱性品红 11g、95% 乙醇溶液 100ml。

(3)使用方法：使用前取甲液 9ml 和乙液 1ml 相混，过滤即可。

附录三 微生物实验常用检测试剂的配制

1. **酚酞试剂** 将 0.1g 酚酞溶解于 100ml 60% 乙醇溶液里，装在试剂瓶内密闭保存。酚酞试剂 pH 变色范围为 8.2 ~ 10.0，pH8.2 ~ 10.0 显粉色，pH < 8.2 显无色，pH>10.0 显红色。

2. **石蕊试剂** 取 1 ~ 2g 石蕊于 100ml 水中不断搅拌，静置 1 天后倒出上层溶液即得。石蕊是一种常用的酸碱指示剂，变色范围为 pH 5.0 ~ 8.0。pH 5.0 ~ 8.0 显紫色，pH < 5.0

显红色,pH > 8.0 显蓝色。

3. **溴甲酚紫溶液** 取 1.6g 溴甲酚紫,溶解于无水乙醇溶液中,定容至 100ml,摇匀备用。单一酸碱指示剂,溴甲酚紫变色范围为 pH 5.2 ~ 6.8,颜色由黄变紫。

4. **溴麝香草酚蓝溶液** 取 0.2g 溴麝香草酚蓝,加 0.05mol/L 氢氧化钠溶液 1.6ml 使溶解,再加水稀释至 100ml 即可。变色范围为 pH 6.0 ~ 7.6(黄 ~ 蓝)。

5. **甲基红溶液** 取甲基红 0.1g,用 95% 乙醇溶液定容到 100ml,pH 4.4 ~ 6.2(红 ~ 黄)。其 pH 在 4.5 ~ 6.1 区间时呈橙色,pH ≤ 4.4 时呈红色,pH ≥ 6.2 时呈黄色。

6. **检查细胞生活力的试剂** 分别配制 1% 中性红溶液和 1% 甲基蓝溶液,这两种溶液各一份混合,用来鉴定细胞的死活。该试剂使活细胞的液泡染上红色,使死细胞全部染成蓝色。

7. **氧化酶试剂** 取 *N*,*N*,*N′*,*N′*- 四甲基对苯二胺盐酸盐 0.1g,溶解于 10ml 蒸馏水中,2 ~ 8℃ 避光保存,用来检测细菌是否具有氧化酶活性。

(1)方法一:将滤纸用氧化酶试剂润湿,用细玻璃棒或一次性接种针挑取单个菌落,涂在试纸上。在 30 秒内变为蓝色或蓝紫色为阳性,不变色为阴性。

(2)方法二:将氧化酶试剂溶液直接滴加至纯化的菌落上,在 30 秒内变为蓝色或蓝紫色为阳性,不变色为阴性。

8. **吲哚试剂** 将 5g 对二甲氨基苯甲醛溶解于 75ml 戊醇中,然后缓慢加入浓盐酸 25ml。利用吲哚试剂鉴别菌种,有些细菌,如大肠埃希菌、变形杆菌、霍乱弧菌等能分解培养基中的色氨酸生成吲哚(靛基质),经与试剂中的对二甲氨基苯甲醛作用,生成玫瑰吲哚而呈红色,为吲哚实验阳性。

9. **蛋白胨水、靛基质试剂** 胰蛋白胨 20.0g、氯化钠 5.0g、蒸馏水 1 000ml。将以上成分混合加热溶解,冷却至 25℃ 左右校正 pH 至 7.4 ± 0.2,分装于小试管,121℃ 高压灭菌 15 分钟。(注:此试剂在 2 ~ 8℃ 条件下可贮存 1 个月。)

10. **靛基质试剂**

(1)柯凡克试剂:将 5g 对二甲氨基苯甲醛溶解于 75ml 戊醇中,然后缓慢加入浓盐酸 25ml。

(2)欧 - 波试剂:将 1g 对二甲氨基苯甲醛溶解于 95ml 95% 乙醇溶液中,然后缓慢加入浓盐酸 20ml。

(3)试验方法:挑取少量培养物接种,在 36℃ ± 1℃ 培养 1 ~ 2 天,必要时可培养 4 ~ 5 天。加入柯凡克试剂约 0.5ml,轻摇试管,阳性者试剂层呈深红色;或加入欧 - 波试剂约 0.5ml,沿管壁流下，覆盖于培养液表面，阳性者液面接触处呈玫瑰红色。

11. **氧化酶试剂**

(1)配制方法：*N,N'*-二甲基对苯二胺盐酸盐或*N,N,N',N'*-四甲基对苯二胺盐酸盐1.0g、蒸馏水100ml，少量新鲜配制，于2～8℃冰箱内避光保存，在7天内使用。

(2)试验方法：用无菌棉拭子取单个菌落，滴加氧化酶试剂，10秒内呈现粉红或紫红色即为氧化酶试验阳性，不变色者为氧化酶试验阴性。

12. **硝酸盐还原试剂**

(1)甲液(对氨基苯磺酸溶液)：在1 000ml 5mol/L乙酸中溶解8g对氨基苯磺酸。

(2)乙液(α-萘酚乙酸溶液)：在1 000ml 5mol/L乙酸溶液中溶解5g α-萘酚。

附录四 微生物实验常用溶液的配制

1. **无菌磷酸盐缓冲液** 称取34.0g的磷酸二氢钾溶于500ml蒸馏水中，用约175ml的1mol/L氢氧化钠溶液调节pH至7.2，用蒸馏水稀释至1 000ml后贮存于冰箱。取贮存液1.25ml，用蒸馏水稀释至1 000ml，分装于适宜容器中，121℃高压灭菌20分钟。

2. **30g/L氯化钠稀释液** 氯化钠30.0g、蒸馏水1 000ml，加热溶解，调至pH至7.0，121℃高压灭菌20分钟，以无菌操作分装于500ml广口瓶或500ml三角瓶中，每瓶450ml。

3. **缓冲甘油-氯化钠溶液** 甘油100.0ml、氯化钠4.2g、磷酸氢二钾12.4g、磷酸二氢钾4.0g、蒸馏水900.0ml，pH 7.2±0.1。将以上成分加热至完全溶解，调节pH，121℃高压灭菌20分钟。配制双料缓冲甘油溶液时，用甘油200ml和蒸馏水800ml。

4. **4% 2,3,5-三苯基氯化四氮唑(2,3,5-triphenyltetrazolium chloride，TTC)水溶液** 称取TTC 1g，溶于5ml灭菌蒸馏水中，装褐色瓶内，于2～5℃保存。如果溶液变为半透明的白色或淡褐色，则不能再用，临用时用灭菌蒸馏水5倍稀释，即为4% TTC水溶液。

5. **PBS-Tween20洗液** 按照商品用*E. coli* O157免疫磁珠的洗液配方进行制备，或按照下列配方制备：氯化钠8.0g、氯化钾0.2g、磷酸氢二钠1.15g、磷酸二氢钾0.2g、聚山梨酯20 0.5g、蒸馏水1 000ml。将上述成分溶解于水中，于20～25℃下校正pH至7.3±0.2，分装于锥形瓶。121℃高压灭菌20分钟，备用。

6. **标准酪氨酸溶液** 称取预先在105℃烘干至恒重的酪氨酸50mg，溶解于0.2mol/L的盐酸溶液中，并定容至100ml，再加水稀释5倍即得100μg/ml的酪氨酸溶液。

7. **无菌生理盐水** 将 0.9g 氯化钠溶解于蒸馏水中，定容至 100ml，121℃ 灭菌 20 分钟。

8. **脱脂牛奶** 将新鲜牛奶用离心机分离后，去除上层奶油，下层即为脱脂牛奶；或者将新鲜牛奶煮沸，在阴凉处静置 24 小时，除去上层奶皮，取出底层牛奶；也可将脱脂奶粉 10g 溶解于 100ml 水中获得。

9. 1mol/L **氢氧化钠溶液** 准确称取氢氧化钠 4g，溶解于蒸馏水中定容至 100ml。

10. 1mol/L **盐酸溶液** 准确量取 36% 浓盐酸 8.6ml，用蒸馏水溶解并定容至 100ml。

11. 50×TAE **缓冲液** 将 Tris 242g、硼酸 27.5g、$Na_2EDTA \cdot 2H_2O$ 37.2g 溶解于 800ml 蒸馏水中，充分搅拌均匀，加入 57.1ml 冰醋酸充分溶解，用蒸馏水定容至 1L，用时稀释成 1×，主要用于 DNA 琼脂糖凝胶电泳实验。

12. 5×TBE **缓冲液** 称量 Tris 54g、0.5mol/L EDTA（pH 8.0）20ml、硼酸 27.5g 溶解在 800ml 的去离子水，定容至 1L，室温保存。使用时稀释 10 倍成 0.5×。

13. **上样缓冲液** 0.25% 溴酚蓝、40%（*w/V*）蔗糖水溶液，4℃ 冰箱保存，用于 DNA 上样。

14. **溴化乙锭溶液** 称取溴化乙锭 0.1g，溶于 10ml 蒸馏水中，配成终浓度为 10mg/ml 的母液，4℃ 冰箱保存。染色时，吸取 12.5μl 母液，加至 250ml 水中，使其终浓度为 0.5μg/ml，混合均匀。

15. **蛋白质电泳脱色液** 75ml 冰醋酸、50ml 甲醇，加重蒸馏水定容至 1 000ml。

16. **蛋白上样缓冲液** 1mol/L Tris-HCl（pH=6.8）1.25ml，SDS 0.5g，溴酚蓝 0.025g，甘油 2.5ml，加重蒸馏水定容到 5ml，分装后保存室温，使用前加入 β- 巯基乙醇，使其终浓度达到 5%（*w/V*），室温放置 1 个月。

17. 57。**放置使其甘氨酸配方**（SDS-PAGE **电泳液缓冲液**） 称量 Tris 15.1g，甘氨酸 94g、SDS 5g，加入约 800ml 去离子水中，搅拌溶解，定容至 1L，室温保存，用时稀释 5 倍，取 160ml 配制成 800ml 即可。

18. TE **缓冲液** 1mol/L Tris-HCl（pH=8.0）5ml、0.5mol/L Na_2EDTA（pH=8.0）1ml，向烧杯中加入约 400ml 重蒸馏水混合均匀，将溶液定容到 500ml，室温保存。

19. **磷酸盐缓冲液**

（1）$Na_2HPO_4 \cdot 2H_2O$ 35.61g 或 $NaH_2PO_4 \cdot 12H_2O$ 71.64g 溶解在 1L 蒸馏水中，配成浓度为 0.2mol/L 的溶液。

（2）$NaH_2PO_4 \cdot 2H_2O$ 31.21g 溶解在 1L 蒸馏水中，配成浓度为 0.2mol/L 的溶液。

按照不同量混合，可获得不同 pH 的缓冲液，具体配方见附录表 -1。

附录表 -1　不同 pH 磷酸盐缓冲液配方　单位：ml

pH	0.2mol/L Na_2HPO_4	0.2mol/L NaH_2PO_4	pH	0.2mol/L Na_2HPO_4	0.2mol/L NaH_2PO_4
5.8	8.0	92.0	7.0	61.0	39.0
5.9	10.0	90.0	7.1	67.0	33.0
6.0	12.3	87.7	7.2	72.0	28.0
6.1	15.0	85.0	7.3	77.0	23.0
6.2	18.5	81.5	7.4	81.0	19.0
6.3	22.5	77.5	7.5	84.0	16.0
6.4	26.5	73.5	7.6	87.0	13.0
6.5	31.5	68.5	7.7	89.5	10.5
6.6	37.5	62.5	7.8	91.5	8.5
6.7	43.5	56.5	7.9	93.0	7.0
6.8	49.5	51.0	8.0	94.7	5.3
6.9	55.0	45.0			

20. Tris-HCl缓冲液(0.05mol/L)　50ml 0.1mol/L 三羟甲基氨基甲烷 [Tris(hydroxymethyl) aminomethane，Tris] 溶液与 *x* ml 0.1mol/L 盐酸混匀后，加水稀释至 100ml，具体配方见附录表 -2。

附录表 -2　不同 pH Tris-HCl 缓冲液配方

pH	x/ml	pH	x/ml
7.10	45.7	8.10	26.2
7.20	44.7	8.20	22.9
7.30	43.4	8.30	19.9
7.40	42.0	8.40	17.2
7.50	40.3	8.50	14.7
7.60	38.5	8.60	12.4
7.70	36.6	8.70	10.3
7.80	34.5	8.80	8.5
7.90	32.0	8.90	7.0
8.00	29.2		

21. **硼砂-硼酸缓冲液** 0.05mol/L 硼砂和 0.2mol/L 硼酸溶液，按附录表-3进行混合，获得不同 pH 的缓冲液。

附录表-3 不同 pH 硼砂-硼酸缓冲液配方

pH	硼砂 /ml	硼酸 /ml	pH	硼砂 /ml	硼酸 /ml
7.4	1.0	9.0	8.2	3.5	6.5
7.6	1.5	8.5	8.4	4.5	5.5
7.8	2.0	8.0	8.7	6.0	4.0
8.0	3.0	7.0	9.0	8.0	2.0

22. **pH 计校正溶液配制的标准方法**

(1) pH 4，邻苯二甲酸氢钾标准缓冲液：精密称取在 115℃ ± 5℃ 干燥 2 ~ 3 小时的邻苯二甲酸氢钾（$KHC_8H_4O_4$）10.12g，加水溶解，定容至 1 000ml。

(2) pH 7，磷酸盐标准缓冲液（pH 7.4）：精密称取在 115℃ ± 5℃ 干燥 2 ~ 3 小时的无水磷酸氢二钠 4.303g、磷酸二氢钾 1.179g，加水溶解，定容至 1 000ml。

另补充磷酸盐标准缓冲液（pH 6.8）配制方法：精密称取在 115℃ ± 5℃ 干燥 2 ~ 3 小时的无水磷酸氢二钠 3.533g、磷酸二氢钾 3.387g，加水溶解，定容至 1 000ml。

(3) pH 9，硼砂标准缓冲液：精密称取硼砂（$Na_2B_4O_7·10H_2O$）3.80g（避免风化），加水溶解，定容至 1 000ml，置于聚乙烯塑料瓶中，密塞，避免与空气中的二氧化碳接触。

附录五 微生物实验常用抗生素

1. **氨苄青霉素** 将 0.5g 氨苄青霉素钠盐溶解于 10ml 无菌水中，过滤除菌，分装成小份，–20℃ 保存，以 50μg/ml 的工作浓度添加于培养基中。

2. **羧苄青霉素** 将 0.5g 羧苄青霉素钠盐溶解于 10ml 无菌水中，过滤除菌，分装成小份，–20℃ 保存，以 50μg/ml 的工作浓度添加于培养基中。

3. **卡那霉素** 将 0.5g 卡那霉素溶解于 10ml 无菌水中，过滤除菌，分装成小份，–20℃ 保存，以 50μg/ml 的工作浓度添加于培养基中。

4. **氯霉素** 将 0.25g 氯霉素溶于 10ml 无水乙醇中，分装成小份，–20℃ 保存，以

12.5 ~ 25μg/ml 的工作浓度添加于培养基中。

5. **链霉素** 将 0.5g 链霉素硫酸盐溶解于 10ml 无水乙醇中，以 10 ~ 50μg/ml 的工作浓度添加于培养基中。

6. **萘啶酸** 将 0.15g 萘啶酸钠盐溶于 10ml 水中，分装成小份，–20℃保存，以 15μg/ml 的工作浓度添加于培养基中。

7. **青霉素参照溶液** 精密称取青霉素钾盐 30.0mg，溶于无菌磷酸盐缓冲液中，使其浓度为 100 ~ 1 000U/ml。再将该溶液用灭菌的无抗生素的脱脂乳稀释至 0.004U/ml，分装于无菌小试管中，密封备用。–20℃保存不超过 6 个月。

附录六 微生物专用实验试剂的配制

1. **MR 和 V-P 试验**

(1) 缓冲葡萄糖蛋白胨水：多价胨 7.0g、葡萄糖 5.0g、磷酸氢二钾 5.0g、蒸馏水 1 000ml。溶化后调节 pH 至 7.0 ± 0.2，分装于试管，每管 1ml，121℃高压灭菌 20 分钟，备用。

(2) 甲基红（methyl red，MR）试验：甲基红 10mg、95% 乙醇溶液 30ml、蒸馏水 20ml。10mg 甲基红溶于 30ml 95% 乙醇溶液中，然后加入 20ml 蒸馏水。取适量琼脂培养物接种于缓冲葡萄糖蛋白胨水中，36℃ ± 1℃培养 2 ~ 5 天。滴加甲基红试剂一滴，立即观察结果。鲜红色为阳性，黄色为阴性。

(3) V-P 试验

1) 6% α- 萘酚乙醇溶液：取 α- 萘酚 6.0g，加无水乙醇使其溶解，定容至 100ml。

2) 40% 氢氧化钾溶液：取氢氧化钾 40g，加蒸馏水溶解，定容至 100ml。

3) 取适量琼脂培养物接种于缓冲葡萄糖蛋白胨水中，36℃ ± 1℃培养 2 ~ 4 天。加入 6% α- 萘酚乙醇溶液 0.5ml 和 40% 氢氧化钾溶液 0.2ml，充分振摇试管，观察结果。阳性反应立刻或于数分钟内出现红色，如为阴性应放在 36℃ ± 1℃继续培养 1 小时再进行观察。

2. **血琼脂试验** 蛋白胨 1.0g、牛肉膏 0.3g、氯化钠 0.5g、琼脂 1.5g、蒸馏水 100ml、脱纤维羊血 5 ~ 8ml。除新鲜脱纤维羊血外，加热溶化上述各组分，121℃高压灭菌 20 分钟，冷却到 50℃，以无菌操作加入新鲜脱纤维羊血，摇匀，倾注平板。

3. **糖发酵管试验**

(1) 配制方法：牛肉膏 5.0g、蛋白胨 10.0g、氯化钠 3.0g、十二水磷酸氢二钠 2.0g、0.2% 溴麝香草酚蓝溶液 12.0ml、蒸馏水 1 000ml。

(2)葡萄糖发酵管按上述成分配好后，按 0.5% 比例加入葡萄糖，分装于有一个倒置小管的小试管内，调节 pH 至 7.4，115℃ 高压灭菌 30 分钟，备用。

(3)其他各种糖发酵管可按上述成分配好后，分装每瓶 100ml，115℃ 高压灭菌 15 分钟。另将各种糖类分别配成 10% 溶液，进行高压灭菌。将 5ml 糖溶液加入 100ml 培养基内，以无菌操作分装于含倒置小管的小试管中。或按照葡萄糖发酵管的配制方法制备其他糖类发酵管。取适量纯培养物接种于糖发酵管，36℃ ± 1℃ 培养 24 ~ 48 小时，观察结果，蓝色为阴性，黄色为阳性。

4. **过氧化氢酶试验** 3% 过氧化氢溶液，临用时配制。用细玻璃棒或一次性接种针挑取单个菌落，置于洁净玻璃平皿内，滴加 3% 过氧化氢溶液 2 滴，观察结果。于半分钟内发生气泡者为阳性，不发生气泡者为阴性。

附录七 大肠菌群、金黄色葡萄球菌和单核细胞增生李斯特菌最可能数（MPN）检索表

阳性管数 / 个			MPN	95% 可信限		阳性管数 / 个			MPN	95% 可信限	
0.10	0.01	0.001		下限	上限	0.10	0.01	0.001		下限	上限
0	0	0	<3.0	–	9.5	2	2	0	21	4.5	42
0	0	1	3.0	0.15	9.6	2	2	1	28	8.7	94
0	1	0	3.0	0.15	11	2	2	2	35	8.7	94
0	1	1	6.1	1.2	18	2	3	0	29	8.7	94
0	2	0	6.2	1.2	18	2	3	1	36	8.7	94
0	3	0	9.4	3.6	38	3	0	0	23	4.6	94
1	0	0	3.6	0.17	18	3	0	1	38	8.7	110
1	0	1	7.2	1.3	18	3	0	2	64	17	180
1	0	2	11	3.6	38	3	1	0	43	9	180
1	1	0	7.4	1.3	20	3	1	1	75	17	200
1	1	1	11	3.6	38	3	1	2	120	37	420
1	2	0	11	3.6	42	3	1	3	160	40	420
1	2	1	15	4.5	42	3	2	0	93	18	420

续表

阳性管数 / 个			MPN	95% 可信限		阳性管数 / 个			MPN	95% 可信限	
0.10	0.01	0.001		下限	上限	0.10	0.01	0.001		下限	上限
1	3	0	16	4.5	42	3	2	1	150	37	420
2	0	0	9.2	1.4	38	3	2	2	210	40	430
2	0	1	14	3.6	42	3	2	3	290	90	1 000
2	0	2	20	4.5	42	3	3	0	240	42	1 000
2	1	0	15	3.7	42	3	3	1	460	90	2 000
2	1	1	20	4.5	42	3	3	2	1 100	180	4 100
2	1	2	27	8.7	94	3	3	3	>1 100	420	–

注 1：本表采用 3 个稀释度 [0.1g(ml)、0.01g(ml)、0.001g(ml)]，每个稀释度接种 3 管。

注 2：表内所列检样量如改用 1g(ml)、0.1g(ml)和 0.01g(ml)时，表内数字应相应减小 10 倍；如改用 0.01g(ml)、0.001g(ml)和 0.000 1g(ml)时，则表内数字应相应增高 10 倍，其余类推。

参考文献

[1] 中华人民共和国国家卫生和计划生育委员会，国家食品药品监督管理总局．食品安全国家标准 食品微生物学检验 金黄色葡萄球菌检验：GB 4789.10—2016[S/OL].[2023-12-26].https://sppt.cfsa.net.cn:8086/db?type=2&guid=089D9F16-AFB3-479A-B9D2-38698E3CD9CB.

[2] 中华人民共和国国家卫生和计划生育委员会．食品安全国家标准 食品微生物学检验 β 型溶血性链球菌检验：GB 4789.11—2014[S/OL].[2023-12-26].https://sppt.cfsa.net.cn:8086/db?type=2&guid=4BC6B2A4-E99C-44A6-B240-01DE29AC9F78.

[3] 中华人民共和国国家卫生和计划生育委员会，国家食品药品监督管理总局．食品安全国家标准 食品微生物学检验 肉毒梭菌及肉毒毒素检验：GB 4789.12—2016[S/OL].[2023-12-26].https://sppt.cfsa.net.cn:8086/db?type=2&guid=1A9FFAA9-05E5-474A-9AC8-98C3F10C60A3.

[4] 中华人民共和国卫生部．食品安全国家标准 食品微生物学检验 产气荚膜梭菌检验：GB 4789.13—2012[S/OL].[2023-12-26].https://sppt.cfsa.net.cn:8086/db?type=2&guid=9856A6DA-C47A-436B-ADDC-E798643F44FF.

[5] 中华人民共和国国家卫生和计划生育委员会．食品安全国家标准 食品微生物学检验 霉菌和酵母计数：GB 4789.15—2016[S/OL].[2023-12-26].https://sppt.cfsa.net.cn:8086/db?type=2&guid=32AA7ED2-89E4-4660-8194-C5FC7EE00856.

[6] 中华人民共和国国家卫生健康委员会，国家市场监督管理总局．食品安全国家标准 食品微生物学检验 菌落总数测定：GB 4789.2—2022[S/OL].[2023-12-26].https://sppt.cfsa.net.cn:8086/db?type=2&guid=40D6F1C1-5EBF-48D6-B876-11308B0F4687.

[7] 中华人民共和国国家卫生和计划生育委员会，国家食品药品监督管理总局．食品安全国家标准 食品微生物学检验 单核细胞增生李斯特氏菌检验：GB 4789.30—2016[S/OL].[2023-12-26].https://sppt.cfsa.net.

cn:8086/db?type=2&guid=BC60573F-7E60-4E3F-AC6C-19E2484D73CD.

[8] 中华人民共和国国家卫生和计划生育委员会,国家食品药品监督管理总局.食品安全国家标准 食品微生物学检验 乳酸菌检验:GB 4789.35—2023[S/OL].[2023-12-26].https://sppt.cfsa.net.cn:8086/db?type=2&guid=5DA9E166-7962-4A92-B4EF-F30F7252010D.

[9] 中华人民共和国国家卫生和计划生育委员会,国家食品药品监督管理总局.食品安全国家标准 食品微生物学检验 大肠埃希氏菌 O157:H7/NM 检验:GB4789.36—2016[S/OL].[2023-12-26].https://sppt.cfsa.net.cn:8086/db?type=2&guid=E1DF6855-E1D9-4A4F-9D61-41322D947C61.

[10] 中华人民共和国国家卫生和计划生育委员会,国家食品药品监督管理总局.食品安全国家标准 食品微生物学检验 沙门氏菌检验:GB 4789.4—2016[S/OL].[2023-12-26].https://sppt.cfsa.net.cn:8086/db?type=2&guid=457C19F7-F6D9-4FC5-812B-ABB3F1A789C5.

[11] 中华人民共和国卫生部.食品安全国家标准 食品微生物学检验 志贺氏菌检验:GB 4789.5—2012[S/OL].[2023-12-26].https://sppt.cfsa.net.cn:8086/db?type=2&guid=1B9BF68F-2288-41FD-A84C-CE0025D1A148.

[12] 中华人民共和国国家卫生和计划生育委员会,国家食品药品监督管理总局.食品安全国家标准 食品微生物学检验 致泻大肠埃希氏菌检验:GB 4789.6—2016[S/OL].[2023-12-26].https://sppt.cfsa.net.cn:8086/db?type=2&guid=85EF45AB-1655-4D7A-BF8A-D8231D656A2D.

[13] 中华人民共和国国家卫生和计划生育委员会.食品安全国家标准 食品微生物学检验 空肠弯曲菌检验:GB 4789.9—2014[S/OL].[2023-12-26].https://sppt.cfsa.net.cn:8086/db?type=2&guid=DD3C892A-9E67-43C6-B58C-35C63DE51727.

[14] 中华人民共和国卫生部,中国国家标准化管理委员会.食品卫生微生物学检验 大肠菌群测定:GB/T 4789.3—2003[S].北京:中国标准出版社,2004.

[15] 中华人民共和国国家质量监督检验检疫总局.进出口食品中副溶血性弧菌快速及鉴定检测方法 实时荧光 PCR 方法:SN/T 2424—2010[S].北京:中国标准出版社,2010.

[16] 中华人民共和国国家质量监督检验检疫总局.出口食品中蜡样芽孢杆菌快速检测方法 实时荧光定量 PCR 法:SN/T 3932-2014[S/OL].[2023-12-26].https://std.samr.gov.cn/hb/search/stdHBDetailed?id=8B1827F1408DBB19E05397BE0A0AB44A.

[17] 曾柏全,李淼,冯金儒.双亲灭活青霉菌与枯草芽孢杆菌原生质体融合 [J].中国食品学报,2015,15(6):

45-50.

[18] 陈金春，陈国强. 微生物学实验指导 [M]. 北京：清华大学出版社，2005.

[19] 陈金峰. 草菇 VvLaeA 调控球孢白僵菌的生长发育 [J]. 生物工程学报，2023，39(2)：685-694.

[20] 陈秋媛. 食品安全抽样微生物检验过程的质量控制 [J]. 现代食品，2022，28(6)：127-129.

[21] 戴宇婷，赵晓星，张金玺. 药品检验用计数培养基配制、灭菌及贮藏研究 [J]. 中国卫生标准管理，2020，11(1)：94-97.

[22] 邓毛子. 微波灭菌法在固体琼脂培养基快速制备中的应用 [J]. 国际检验医学杂志，2012，33(6)：753-754.

[23] 翟玉洁，姜军坡，王迈，等.NTG 诱变筛选赖氨酸缺陷型大肠埃希菌 [J]. 河南农业科学，2015，44(11)：137-140.

[24] 樊嘉训. 高产蛋白酶米曲霉菌株的选育及对酱油风味生成的影响 [D]. 无锡：江南大学，2022.

[25] 郭春晓. 鼠曲草啤酒的研制 [D]. 自贡：四川理工学院，2009.

[26] 郭兴燃. 细胞融合选育高产 γ- 氨基丁酸菌株关键技术及发酵培养基条件优化研究 [D]. 长春：吉林农业大学，2023.

[27] 韩治磊. 比利时小麦啤酒工艺研究 [D]. 济南：齐鲁工业大学，2018.

[28] 胡懋，曾杨璇，苗华彪，等. 根癌农杆菌介导真菌遗传转化的研究及应用 [J]. 微生物学通报，2021，48(11)：4344-4363.

[29] 黄勤妮，刘佳，宋秀珍，等. 大肠杆菌和枯草芽孢杆菌的原生质体融合 [J]. 首都师范大学学报(自然科学版)，2002，23(1)：55-59.

[30] 贾欣. 食品安全检测中微生物检测技术的运用分析 [J]. 食品安全导刊，2022(15)：161-163.

[31] 姜羽亭. 志贺菌检验技术的新进展 [J]. 中国继续医学教育，2017，9(1)：64-65.

[32] 蒋予箭，何炯灵，王晶晶. 黄酒固定化发酵过程及香气物质形成的研究 [J]. 中国食品学报，2020，20(5)：130-137.

[33] 金海炎. 猕猴桃酒优良酿酒菌株的选育及混菌发酵工艺优化研究 [D]. 南阳：南阳师范学院，2023.

[34] 雷晓凌，刘颖，王玲. 食品微生物学实验 [M]. 郑州：郑州大学出版社，2017.

[35] 李伟.BacillomycinD 高产菌株的选育及其发酵工艺 [D]. 南京：南京农业大学，2020.

[36] 李旋 . 高产蛋白酶米曲霉的诱变选育及培养条件优化 [D]. 济南：山东轻工业学院，2011.

[37] 林路成，徐志伟，张建泽，等 . 原生质体融合结合基因编辑技术显著提高酿酒酵母 2- 苯乙醇产量 [J]. 食品与发酵工业，2023，49(5)：18-28.

[38] 任莉琼，吴敬，陈晟 . 共表达 N- 乙酰转移酶提高 *Aspergillus nidulans* α- 葡糖苷酶在毕氏酵母中的表达研究 [J]. 中国生物工程杂志，2019，39(10)：75-81.

[39] 沈萍，陈向东 . 微生物学实验 [M].4 版 . 北京：高等教育出版社，2007.

[40] 孙天利，程楚怡，杨涔，等 . 山芹菜金翠香梨混合果醋酿造工艺的研究 [J]. 中国调味品，2022，47(9)：101-105.

[41] 王成树，夏永亮，商艳芳 . 虫草素的合成基因簇的鉴定和应用 [P]. 上海市：CN105441517B，2019.

[42] 汪滢，杨占山，鲍大鹏，等 . 全局调控因子 LaeA 对蛹虫草生长发育和次生代谢的作用 [J]. 食用菌学报，2022，29(1)：20-26.

[43] 王远亮，宁喜斌 . 食品微生物学实验指导 .[M]. 北京：轻工业出版社，2020.

[44] 魏华，谢俊杰，吴凌伟，等 . 啤酒酵母的培养与保藏 [J]. 酿酒科技，1996(3)：22-23.

[45] 魏建萍 . 微生物检测技术在食品安全检测中的运用与发展研究 [J]. 口岸卫生控制，2020，25(4)：39-40.

[46] 向丽萍，范斌强，黄娇，等 . 包包曲中可培养酵母菌的分离纯化与鉴定 [J]. 酿酒科技，2021(6)：29-33.

[47] 肖舒元 . 寒富苹果食醋的酿造工艺研究 [D]. 沈阳：沈阳农业大学，2017.

[48] 颜菲，毕平，张涛，等 . 紫外和 EMS 诱变选育大肠杆菌赖氨酸营养缺陷型突变株的综合实验设计与实践 [J]. 实验技术与管理，2021，38(9)：204-209.

[49] 袁仲 . 苦瓜啤酒生产工艺与 HACCP 研究 [D]. 南京：南京农业大学，2009.

[50] 张莉 . 枯草芽孢杆菌 BS1 Surfactin 高产菌株的选育研究 [D]. 南京：南京农业大学，2014.

[51] 张晓东，王鑫钰，张毅 . 蜡样芽孢杆菌聚乙烯醇脱氢酶的表达及酶学特性 [J]. 微生物学通报，2023，50(5)：1840-1852.

[52] 张英波，李惠萍 . 油镜观察细胞形态的重要性 [J]. 实用医技杂志，2007(7)：840.

[53] 赵航 . 发酵乳中乳酸菌含量检测技术研究进展 [J]. 食品安全导刊，2022(18)：158-160.

[54] 赵慧婷，李利宏，张荣珍，等 . 牛乳铁蛋白 N- 叶在毕赤氏酵母中的高效表达及抑菌性 [J]. 微生物学报，

2022,62(4):1425-1437.

[55] 郑菲菲,吴志新,李莉娟,等.传统插片法接种方法的改进与应用:以水产微生物学实验放线菌的形态结构观察为例[J].安徽农学通报,2022,28(1):138-139.

[56] 周群英,王士芬.环境工程微生物学[M].4版.北京:高等教育出版社,2015.

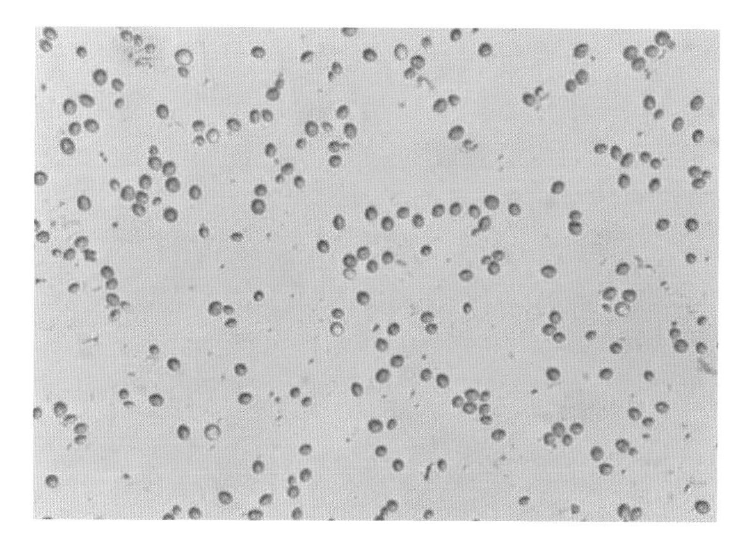

图 2-6　酵母菌细胞的亚甲蓝染色

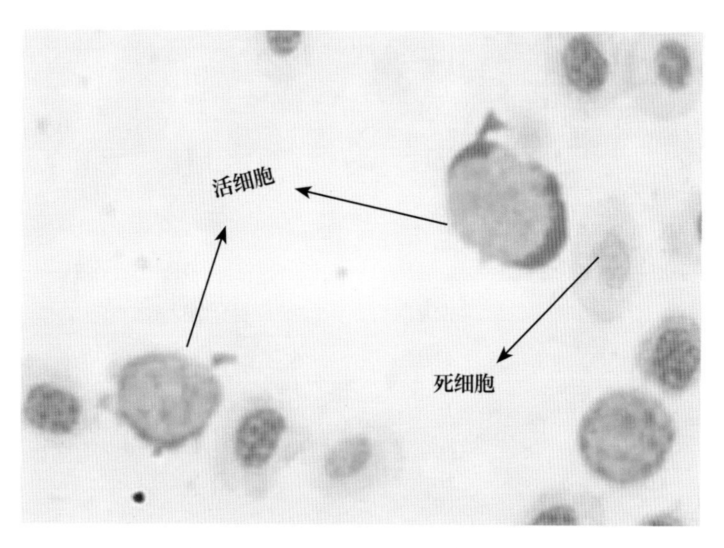

图 2-7　酵母菌细胞的中性红染色

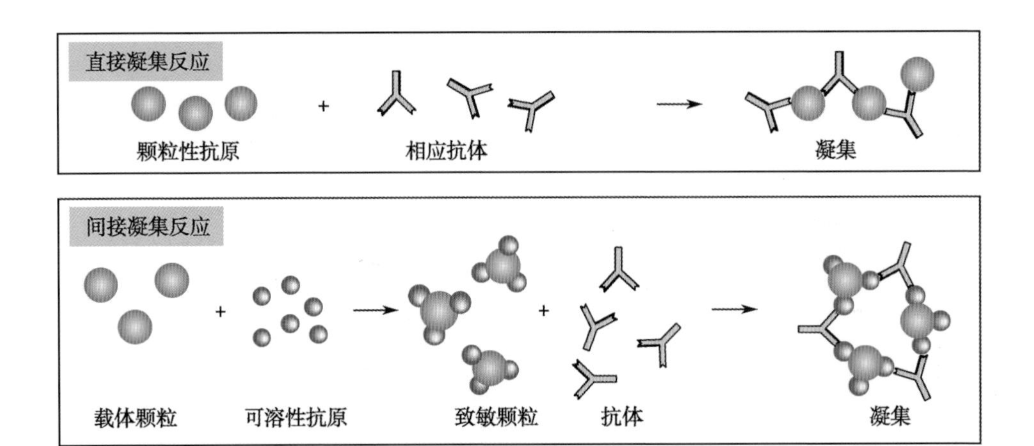

图 3-19　直接凝集反应和间接凝集反应示意图

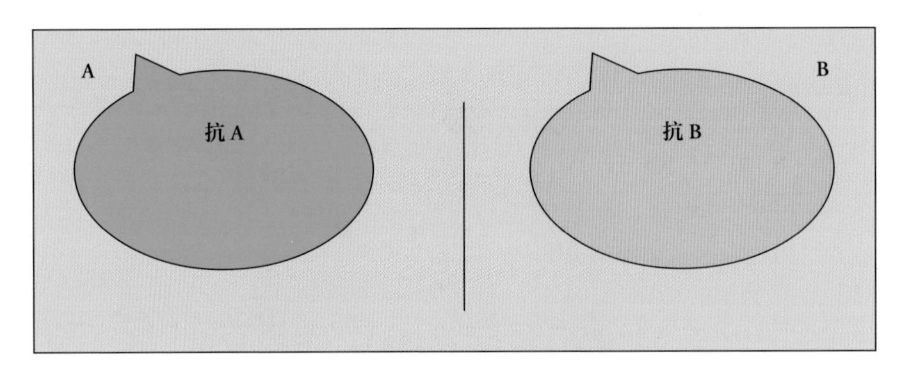

图 3-21　ABO 血型鉴定载玻片标记图示